中国水利教育协会组织编写
全国中等职业教育水利类专业规划教材

水利水电工程施工资料整编

主　编　张保同
副主编　化全利　王　辉
主　审　林卫东　王海军

中国水利水电出版社
www.waterpub.com.cn

内 容 提 要

本教材为全国中等职业教育水利类专业规划教材。本书共分 8 章，内容包括：工程建设管理资料整编、工程施工资料整编、工程监理资料整编、工程土建质量资料整编、机电安装质量资料整编、水利水电工艺设备材料资料整编、工程竣工验收资料整编、水利水电工程资料组卷与归档。

本书可作为中等职业水利水电及相关专业课程的教材，也可作为其他职业学校相关专业的教材或教学参考书，还可供水利水电工程技术人员参考使用。

图书在版编目（CIP）数据

水利水电工程施工资料整编/张保同主编 . —北京
：中国水利水电出版社，2011.1（2018.1 重印）
全国中等职业教育水利类专业规划教材
ISBN 978 - 7 - 5084 - 8071 - 8

Ⅰ.①水…　Ⅱ.①张…　Ⅲ.①水利工程-工程施工-资料-汇编-专业学校-教材②水力发电工程-工程施工-资料-汇编-专业学校-教材　Ⅳ.①TV51

中国版本图书馆 CIP 数据核字（2011）第 000048 号

书　名	全国中等职业教育水利类专业规划教材 **水利水电工程施工资料整编**
作　者	主编 张保同　副主编 化全利　王辉　主审 林卫东　王海军
出版发行	中国水利水电出版社 （北京市海淀区玉渊潭南路 1 号 D 座　100038） 网址：www. waterpub. com. cn E - mail：sales@waterpub. com. cn 电话：（010）68367658（营销中心）
经　售	北京科水图书销售中心（零售） 电话：（010）88383994、63202643、68545874 全国各地新华书店和相关出版物销售网点
排　版	中国水利水电出版社微机排版中心
印　刷	北京瑞斯通印务发展有限公司
规　格	184mm×260mm　16 开本　17 印张　403 千字
版　次	2011 年 1 月第 1 版　2018 年 1 月第 2 次印刷
印　数	3001—4500 册
定　价	**42.00 元**

凡购买我社图书，如有缺页、倒页、脱页的，本社营销中心负责调换

全国中等职业教育水利类专业规划教材
编　委　会

前　言

　　本书是根据教育部《关于进一步深化中等职业教育教学改革的若干意见》（教职成〔2008〕8号）及全国水利中等职业教育研究会2009年7月于郑州组织的中等职业水利水电工程技术专业教材编写会议精神组织编写的，是全国水利中等职业教育新一轮教学改革规划教材，适用于中等职业学校水利水电类专业教学。

　　为了推进教学改革，促进教学过程与生产实践密切结合，培养学生专业技能，本书对与专业技能培养有关的教学内容实行综合化。本着"必须、够用、实用"的编写原则，贯彻素质教育和能力本位思想，围绕中职教育的培养目标，遵循职业教育规律，注重针对性、科学性、实用性，力求体现中等职业教育的特色和创新精神，尽可能地反映本专业发展动态和当前水利水电工程技术的新理论、新规范、新工艺、新方法，为学生综合职业能力的形成打下良好的基础。

　　本书共分为8章：第一章、第八章由河南省郑州水利学校张保同编写；第二章由北京水利水电学校化全利编写；第三章由河南省水利水电学校陈亮编写；第四章由河南省郑州水利学校马竹青编写；第五章、第六章、第七章由河南省水利水电学校王辉编写。全书由河南省郑州水利学校张保同任主编，由北京水利水电学校化全利、河南省水利水电学校王辉任副主编，郑州市水利勘测设计院林卫东、王海军担任主审。

　　本书编写过程中，参考引用了有关专业的培训教材和生产单位的文件资料，得到了全国水利中等职业教育研究会的大力支持和帮助，并得到郑州市水务局、河南省水利建筑工程有限公司、河南省水利第一工程局等单位的帮助，在此表示衷心的感谢。

　　由于编者水平有限，书中难免存在不足之处，敬请读者批评指正。

编　者

2010年6月

目 录

第一章　工程建设管理资料整编

学习目标：通过学习工程建设管理资料整编，理解工程资料编制应该掌握的基础知识；了解水利水电工程基本建设程序、工程项目划分原则；掌握工程资料分类与编辑要求；了解和掌握工程施工前期资料的收集内容和要求以及资料格式和填写方法。

水利水电工程资料内容广泛，知识面广，专业性强，要求严格，根本原因是中国水利水电工程建设关系到国计民生，建设规模庞大，涉及专业多，牵涉范围广，质量要求严格，施工地点偏僻，地质地形情况复杂，施工组织与管理困难，工程资料编制内容庞杂、整理难度较大。

工程建设管理资料包括流域（或区域）规划阶段至施工准备阶段的文件资料，由各主管部门负责完成，内容主要包括可行性研究报告、初步设计、招投标、移民拆迁安置补偿、环境影响评价等文件及批复。

第一节　工程资料整编基础知识

一、水利水电工程基本建设程序

基本建设程序是指基本建设项目从决策、设计、施工到竣工验收全过程中各项工作所必须遵循的先后次序。水利水电基本建设因其规模大、施工难、费用高、制约因素多等特点，更具复杂性及失事后的严重性。水利工程建设须经规划、设计、施工等阶段及试运转和验收等过程，各工作环节环环相扣，紧密相连，正确反映工程建设的整个过程。

（一）工程基本建设程序的特点

水利水电工程基本建设程序具有以下特点。

（1）工程建设项目的独特性。水电建设项目有特定的目的和用途，须单独设计和单独建设。即使为相同规模的同类项目，由于工程地点、地区条件和自然条件如水文、气象等不同，其设计和施工也具有一定的差异。

（2）工程耗资大，工期较长。水电建设项目施工中需要消耗大量的人力、物力和财力。由于工程复杂和艰巨性，建设周期长，大型水利水电工程工期甚至长达十几年，如小浪底水利枢纽、长江三峡工程、南水北调工程等。

（3）工程环节多，统筹兼顾。由于水电建设项目的特殊性，建设地点须经多方案选择和比较，并进行规划、设计和施工等工作。在河道中施工时，需考虑施工导流、截流及水下作业等问题。

（4）工程涉及面广，错综复杂。水电建设项目一般为多目标综合开发利用，工程（如水库、大坝、溢洪道、泄水建筑物、引水建筑物、电厂、船闸等）具有防洪、发电、灌溉、供水、航运等综合效益，需要科学组织和编写施工组织设计，并采用现代施工技术和科学的施工管理，优质、高速地完成预期目标。

（二）工程基本建设程序

水利水电工程基本建设程序简图（图1—1）。

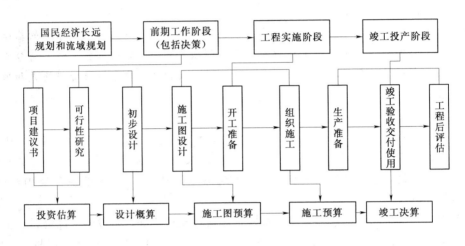

图1—1   水利水电工程建设程序简图

1. 流域（或区域）规划阶段

流域（或区域）规划就是根据该流域（或区域）的水资源条件和国家长远计划对该地区水利水电建设发展的要求，该流域（或区域）水资源的梯级开发和综合利用的最优方案。

2. 项目建议书阶段

项目建议书阶段是在流域（或区域）规划的基础上，由主管部门提出的建设项目轮廓设想，主要是从宏观上衡量分析该项目建设的必要性和可能性，即分析其建设条件是否具备，是否值得投入资金和人力。项目建议书是进行可行性研究的依据。

3. 可行性研究阶段

可行性研究的目的是研究兴建本工程技术上是否可行，经济上是否合理。其主要任务包括以下几点。

（1）论证工程建设的必要性，确定本工程建设任务和综合利用的主次顺序。

（2）确定主要水文参数和成果，查明影响工程的主地质条件和存在的主要地质问题。

（3）基本选定工程规模。

（4）初选工程总体布置，选定基本坝型和主要建筑物的基本型式。

（5）初选水利工程管理方案。

（6）初步确定施工组织设计中的主要问题，提出控制性工期和分期实施意见。

（7）评价工程建设对环境和水土保持设施的影响。

（8）提出主要工程量和建材需用量，估算工程投资。

（9）明确工程效益，分析主要经济指标，评价工程的经济合理性和财务可行性。

4. 初步设计阶段

初步设计是在可行性研究的基础上进行的，是安排建设项目和组织施工的主要依据。初步设计阶段的主要任务包括以下几点。

（1）复核工程任务，确定工程规模，选定水位、流量、扬程等特征值，明确运行要求。

（2）复核区域构造稳定，查明水库地质和建筑物工程地质条件、灌区水文地质条件和设计标准，提出相应的评价和结论。

（3）复核工程的等级和设计标准，确定工程总体布置以及主要建筑物的轴线、结构形式与布置、控制尺寸、高程和工程数量。

（4）提出消防设计方案和主要设施。

（5）选定对外交通方案、施工导流方式、施工总布置和总进度、主要建筑物施工方法及主要施工设备，提出建筑材料、劳动力、供水和供电的需要量及其来源。

（6）提出环境保护措施设计，编制水土保持方案。

（7）拟定水利工程的管理机构，提出工程管理范围、保护范围以及主要管理措施。

（8）编制初步设计概算，利用外资的工程应编制外资概算。

（9）复核经济评价。

5. 施工准备阶段

项目在主体工程开工之前，必须完成以下各项施工准备工作。

（1）施工现场的征地、拆迁工作。

（2）完成施工用水、用电、通信、道路和场地平整等工程。

（3）必需的生产、生活临时建筑工程。

（4）组织招标设计、咨询、设备和物资采购等服务。

（5）组织建设监理和主体工程招投标，并择优选定建设监理单位和施工承包队伍。

6. 建设实施阶段

建设实施阶段是指主体工程的全面建设实施，项目法人按照批准的建设文件组织工程建设，保证项目建设目标的实现。主体工程开工必须具备以下条件。

（1）前期工程各阶段文件已按规定批准，施工详图设计可满足初期主体工程施工需要。

（2）建设项目已列入国家或地方水利水电建设投资年度计划，年度建设资金已落实。

（3）主体工程招标已经决标，工程承包合同已经签订，并已得到主管部门同意。

（4）现场施工准备和征地移民等建设外部条件能够满足主体工程开工需要。

（5）建设管理模式已经确定，投资主体与项目主体的管理关系已经理顺。

（6）项目建设所需全部投资来源已经明确，且投资结构合理。

7. 生产准备阶段

生产准备是项目投产前要进行的一项重要工作，是建设阶段转入生产经营的必要条件。项目法人应按照建管结合和项目法人责任制的要求，适时做好有关生产准备工作。生产准备应根据不同类型的工程要求确定，一般应包括以下内容。

（1）生产组织准备。

（2）招收和培训人员。

（3）生产技术准备。

（4）生产物资准备。

（5）正常的生活福利设施准备。

8. 竣工验收阶段

竣工验收是工程完成建设目标的标志，是全面考核基本建设成果、检验设计和工程质量的重要步骤。竣工验收合格的项目即可从基本建设转入生产或使用。

当建设项目的建设内容全部完成，经过单位工程验收，符合设计要求并按水利基本建设项目档案管理的有关规定，完成了档案资料的整理工作，在完成竣工报告、竣工决算等必需文件的编制后，项目法人按照有关规定，向验收主管部门提出申请，根据国家和部颁验收规程，组织验收。竣工决算编制完成后，须由审计机关组织竣工审计，其审计报告作为竣工验收的基本资料。

二、基本建设项目审批

1. 规划及项目建议书阶段审批

规划报告及项目建议书编制一般由政府或开发业主委托有相应资质的设计单位承担，并按国家现行规定权限向主管部门申报审批。

2. 可行性研究阶段审批

可行性研究报告按国家现行规定的审批权限报批。申报项目可行性研究报告，必须同时提出项目法人组建方案及执行机制、资金筹措方案、资金结构及回收资金办法，并依照有关规定附具有管辖权的水行政主管部门或流域机构签署的规划同意书。

3. 初步设计阶段审批

可行性研究报告被批准以后，项目法人应择优选定有与本项目相应资质的设计单位承担勘测设计工作。初步设计文件完成后报批前，一般由项目法人委托有相应资质的工程咨询机构或组织有关专家，对初步设计中的重大问题进行咨询论证。

4. 施工准备阶段和建设实施阶段的审批

施工准备工作开始前，项目法人或其代理机构须依照有关规定，向水行政主管部门办理报建手续，项目报建须交验工程建设项目的有关批准文件。工程项目进行项目报建登记后，方可组织施工准备工作。

5. 竣工验收阶段的审批

在完成竣工报告、竣工决算等必需文件的编制后，项目法人应按照有关规定，向验收主管部门提出申请，根据国家和部颁验收规程组织验收。

三、水利水电工程质量验收标准常用术语

（1）水利水电工程质量。工程满足国家和水利行业相关标准及合同约定要求的程度，在安全、功能、适用、外观及环境保护等方面的特性总和。

（2）质量检验。通过检查、量测、试验等方法，对工程质量特性进行的符合性评价。

（3）质量评定。将质量检验结果与国家和行业技术标准以及合同约定质量标准所进行的比较活动。

（4）单位工程。具有独立发挥作用或独立施工条件的建筑物。

（5）分部工程。在一个建筑物内能组合发挥一种功能的建筑安装工程，是组成单位工程的部分。对单位工程安全、功能或效益起决定性作用的分部工程称为主要分部工程。

（6）单元工程。在分部工程中由几个工序（或工种）施工完成的最小综合体，是日常质量考核的基本单位。

（7）关键部位单元工程。对工程安全、或效益、或使用功能有显著影响的单元工程。

（8）重要隐蔽单元工程。主要建筑物的地基开挖、地下洞室开挖、地基防渗、加固处理和排水等隐蔽工程中，对工程安全或使用功能有严重影响的单元工程。

（9）主要建筑物及主要单位工程。主要建筑物，指失事后将造成下游灾害或严重影响工程效益的建筑物，如堤坝、泄洪建筑物、输水建筑物、电站厂房及泵站等。属于主要建筑物的单位工程称为主要单位工程。

（10）中间产品。工程施工中使用的砂石骨料、石料、混凝土拌和物、砂浆拌和物、混凝土预制构件等土建类工程的成品及半成品。

（11）见证取样。在监理机构或项目法人监督下，由施工单位有关人员进行的现场取样。

（12）外观质量。通过观察和必要的量测所反映的工程外表质量。

（13）质量事故。在水利水电工程建设过程中，由于建设管理、监理、勘测、设计、咨询、施工、材料、设备等原因造成工程质量不符合国家和行业相关标准以及合同约定的质量标准，影响使用寿命和对工程安全运行造成隐患和危害的事件。

（14）质量缺陷。指对工程质量有影响，但小于一般质量事故的质量问题。

（15）建筑工程。指为新建、改建或扩建房屋建筑物和附属构筑物设施所进行的规划、勘察、设计和施工、竣工等各项技术工作和完成的工程实体。

（16）建筑工程质量。指反映建筑工程满足相关标准规定或合同约定的要求，包括其在安全、使用功能及其在耐久性能、环境保护等方面所有明显的隐含能力的特性总和。

（17）验收。指建筑工程在施工单位自行质量检查评定的基础上，参与建设活动的有关单位共同对检验批、分项、分部、单位工程的质量进行抽样复验，根据相关标准以书面形式对工程质量达到合格与否做出确认。

（18）进场验收。指对进入施工现场的材料、构配件、设备等按相关标准规定要求进行检验，对产品达到合格与否做出确认。

（19）检验批。指按同一的生产条件或按规定的方式汇总起来供检验用的，由一定数量样本组成的检验体。

（20）检验。指对检验项目中的性能进行量测、检查、试验等，并将结果与标准规定要求进行比较，以确定每项性能是否合格所进行的活动。

（21）见证取样检测。将施工单位的见证取样送至具备相应资质的检测单位所进行的检测。

（22）交接检验。指由施工的承接方与完成方经双方检查并对可否继续施工做出确认的活动。

（23）主控项目。指建筑工程中的对安全、卫生、环境保护和公众利益起决定性作用的检验项目。

（24）一般项目。指除主控项目以外的检验项目。

（25）抽样检验。指按照规定的抽样方案，随机地从进场的材料、构配件、设备或建筑工程检验项目中，按检验批抽取一定数量的样本所进行的检验。

（26）抽样方案。指根据检验项目的特性所确定的抽样数量和方法。

（27）计数检验。指在抽样的样本中，记录每一个体有某种属性或计算每一个体中的缺陷数目的检查方法。

（28）计量检验。指在抽样检验的样本中，对每一个体测量其某个定量特性的检查方法。

（29）观感质量。指通过观察和必要的量测所反映的工程外在质量，又称外观质量。

（30）返修。指对工程不符合标准规定的部位采取整修等措施。

（31）返工。指对不合格的工程部位采取的重新制作、重新施工等措施。

水利水电工程最重要的固有特性是安全性、功能性、适用性、外观及环保功能。安全性指建筑物的强度、稳定性、耐久性对建筑物本身、人及周围环境的保证。功能指水利水电工程对建设目的（如蓄水、输水、发电、挡水、防洪等）的保证。适用性指工程技术先进、布局合理、使用方便、功能适宜。外观是工程外在质量特性的体现。环境保护指由于工程的兴建对自然环境和社会环境有利影响的利用程度和不利影响的减免或改善程度。国家及水利行业标准及合同的规定就是水利水电工程应满足的要求。水利水电工程质量包含设计质量、施工质量和管理质量。施工质量检验评定规程，只涉及工程施工质量。按其规定，工程建设中发生的以下质量问题属于质量缺陷：①发生在大体积混凝土、金结制作安装及机电设备安装工程中，处理所需物资、器材及设备、人工等直接损失费用不超过20万元人民币；②发生在土石方工程或混凝土薄壁工程中，处理所需物资、器材及设备、人工等直接损失费用不超过10万元人民币；③处理后不影响工程正常使用和寿命。

四、工程建设项目的划分

（一）项目名称

（1）水利水电工程质量检验与评定应进行项目划分。项目按级划分为单位工程、分部工程、单元（工序）工程等三级。

（2）工程中永久性房屋（管理设施用房）、专用公路、专用铁路等工程项目，可按相关行业标准划分和确定项目名称。

（二）项目划分原则

水利水电工程项目划分应结合工程结构特点、施工部署及施工合同要求进行，划分结果应有利于保证施工质量以及施工质量管理。

1. 单位工程项目划分原则

（1）枢纽工程，一般以每座独立的建筑物为一个单位工程。当工程规模大时，可将一个建筑物中具有独立施工条件的一部分划分为一个单位工程。

（2）堤防工程，按标段或工程结构划分单位工程。规模较大的交叉联结建筑物及管理设施以每座独立的建筑物为一个单位工程。

（3）引水（渠道）工程，按标段或工程结构划分单位工程。大、中型引水（渠道）建筑物以每座独立的建筑物为一个单位工程。

（4）除险加固工程，按标段或加固内容，并结合工程量划分单位工程。

2. 分部工程项目划分原则

（1）枢纽工程，土建部分按设计的主要组成部分划分；金属结构及启闭机安装工程和机电设备安装工程按组合功能划分。

（2）堤防工程，按长度或功能划分。

（3）引水（渠道）工程中的河（渠）道按施工部署或长度划分。大、中型建筑物按设计主要组成部分划分。

（4）除险加固工程，按加固内容或部位划分。

（5）同一单位工程中，各个分部工程的工程量（或投资）不宜相差太大，每个单位工程中的分部工程数目，不宜少于 5 个。

3. 单元工程划分原则

（1）按《水利水电基本建设工程单元工程质量等级评定标准》（试行）（SDJ 249.1～6—88，SL 38—92 及 SL 239—1999）（以下简称《单元工程评定标准》）规定进行划分。

（2）河（渠）道开挖、填筑及衬砌单元工程划分界限宜设在变形缝或结构缝处，长度一般不大于 100m。同一分部工程中各单元工程的工程量（或投资）不宜相差太大。

（3）《单元工程评定标准》中未涉及的单元工程可依据设计结构、施工部署或质量考核要求划分的层、块、段进行划分。

（三）项目划分程序

（1）由项目法人组织监理、设计及施工等单位进行工程项目划分，并确定主要单位工程、主要分部工程、重要隐蔽单元工程和关键部位单元工程。项目法人在主体工程开工前将项目划分表及说明书面报送相应质量监督机构确认。

（2）工程质量监督机构收到项目划分书面报告后，应在 14 个工作日内项目划分进行确认并将确认结果书面通知项目法人。

（3）工程实施过程中，需对单位工程、主要分部工程、重要隐蔽单元工程和关键部位单元工程的项目划分进行调整时，项目法人应重新报送工程质量监督机构进行确认。

五、施工检查、验收用表的签字责任人说明

为了执行相关责任制度，参加有关工程检查、验收、处理某项工程事宜的人员，在施工检查、验收用表中，需要签字。说明如下：

（1）建设单位项目负责人。指建设单位派驻施工现场代表建设单位（甲方）行使建设项目实施中的负责人。签字有效。

（2）设计单位项目负责人。指设计单位派驻施工现场代表设计单位（乙方）行使建设项目工程的负责人。签字有效。

（3）勘察单位项目负责人。指勘察单位派驻施工现场代表勘察单位（乙方）行使建设项目工程负责人。签字有效。

（4）监理单位的总监理工程师。由监理单位法定代表人书面授权，全面负责委托监理合同的履行、主持项目监理机构工作的监理工程师。签字有效。

（5）专业监理工程师。根据项目监理岗位职责分工和总监理工程师的指令，负责实施某一专业或某一方面的监理工作，具有相应文件签字权的监理工程师。签字有效。

（6）项目经理。指企业法人指派在承包的建设工程施工项目上的委托代理人。签字有效。

（7）建设单位代表。指建设单位派遣参加工程建设某项事宜、工程检查或验收等代表建设单位行使授权范围内事宜的代表人。签字有效。

（8）监理单位代表。指监理单位派遣参加工程建设某项事宜、工程检查或验收等代表监理单位行使授权范围内事宜的代表人。签字有效。

（9）设计单位代表。指设计单位派遣参加工程建设某项事宜、工程检查或验收等代表设计单位行使授权范围内事宜的代表人。签字有效。

（10）施工单位代表。指施工单位派遣参加工程建设某项事宜、工程检查或验收等代表施工单位行使授权范围内事宜的代表人。签字有效。

（11）专业工长。通常指施工单位的单位工程专业技术负责人。签字有效。

（12）专职质检员。指负责该单位工程的某一专业的专职质检员。签字有效。

（13）施工班组长。指施工单位直接参加该项工程施工操作班组长。签字有效。

六、工程资料分类与编制要求

1. 工程资料分类

工程资料是指在水利水电工程建设过程中形成并收集汇编的各种形式的信息记录，一般可分为基建资料、监理资料、施工资料及竣工验收资料等。

（1）基建资料。建设单位在工程建设过程中形成并收集汇编的关于立项、征用地、拆迁、地质勘察、测绘、设计、招投标、工程验收等文件或资料的统称。

（2）监理资料。监理单位在工程建设监理过程中形成的资料的统称，包括监理规划、监理实施细则、监理月报、监理日志、监理工作记录、竣工验收资料、监理工作总结及其他资料。

（3）施工资料。施工单位在施工过程中形成的资料的统称，包括施工管理资料、施工技术文件、施工物资资料、施工测量监测记录、施工记录、施工试验记录、施工验收资料、施工质量评定资料等。

（4）竣工验收资料。在工程竣工验收过程中形成的资料，如竣工验收申请及其批复、竣工验收会议文件材料、竣工图、竣工验收鉴定书等。

2. 工程资料编制要求

（1）工程资料应真实反映工程的实际情况，具有永久和长期保存价值的材料必须完整、准确和系统。

（2）工程资料应使用原件，因各种原因不能使用原件的，应在复印件上加盖原件存放单位公章、注明原件存放处，并有经办人签字及时间。

（3）工程资料应保证字迹清晰，签字、盖章手续齐全，签字必须使用档案规定用笔。计算机形成的工程资料应采用内容打印、手工签名的方式。

（4）施工图的变更、洽商绘图应符合技术要求。凡采用施工蓝图改绘竣工图的，必须使用反差明显的蓝图，竣工图图面应整洁。

（5）工程档案的填写和编制应符合档案缩微管理和计算机输入的要求。

（6）工程档案的缩微制品，必须按国家缩微标准进行制作，主要技术指标（解像力、密度、海波残留量等）应符合国家标准规定，保证质量，以适应长期安全保管的需要。

（7）工程资料的照片及声像档案，应图像清晰，声音清楚，文字说明或内容准确。

七、各单位资料管理职责

水利水电工程资料的形成，应符合国家地方相关法律、法规、施工质量验收标准和规范、工程合同与设计文件的规定。各建设单位对工程建设中所形成的各类资料的管理职责包括以下内容。

1. 通用职责

（1）工程项目各参建单位应将工程资料的形成和积累纳入工程建设管理的各个环节，并设置专职或兼职人员具体负责。

（2）在项目建设过程中，所形成的各类工程资料应随工程进度同步收集和整理，并按有关规定进行移交。

（3）工程资料应实行分级管理，由建设、监理、施工单位主管（技术）负责人组织本单位工程资料的全过程管理工作。工程资料的收集、整理工作和审核工作应有专人负责，并按规定取得相应的岗位资格。

（4）工程各参建单位应确保各自文件的真实、有效、完整和齐全，对工程资料进行涂改、伪造、随意抽撤或损毁、丢失等的，应按有关规定予以处罚，情节严重的，应依法追究法律责任。

2. 建设单位管理职责

（1）建设单位应负责基建文件的管理工作，并设专人对基建文件进行收集、整理和归档。

（2）在工程招标及与参建各方签订合同或协议时，应对工程资料和工程档案的编制责任、套数、费用、质量和移交期限等提出明确要求。

（3）必须向参与工程建设的勘察、设计、施工、监理等单位提供与建设工程有关的资料。

（4）由建设单位采购的建筑材料、构配件和设备，建设单位应保证建筑材料、构配件和设备符合设计文件和合同要求，并保证相关物资文件的完整、真实和有效。

（5）应负责组织监督和检查各参建单位工程资料的形成、积累和立卷工作，也可委托监理单位检查工程资料的形成、积累和立卷归档工作。并对须建设单位签认的工程资料应签署意见。

（6）应收集和汇总勘察、设计、监理和施工等单位立卷归档的工程档案。建设单位在组织工程竣工验收前，应提请工程管理单位档案管理部门对工程档案进行预验收；未取得工程档案预验收认可的，不得组织工程验收。

（7）建设单位应在工程竣工验收后三个月内将工程档案移交工程管理单位档案管理部门。

3. 勘察、设计单位管理职责

（1）工程项目勘察、设计单位应按合同和规范要求提供勘察、设计文件。

（2）对需勘察、设计单位签认的工程资料应签署意见，并出具工程质量检查报告。

4. 监理单位管理职责

（1）应负责监理资料的管理工作，并设专人对监理资料进行收集、整理和归档。

（2）应按照合同约定，检查工程资料的真实性、完整性和准确性。并对按规定项目由监理签认的工程资料予以签认。

（3）列入工程管理单位档案管理部门接收范围的监理资料，监理单位应在工程竣工验收后三个月内移交建设单位。

5. 施工单位管理职责

（1）应负责施工资料的管理工作，实行主管负责人负责制，逐级建立健全施工资料管理岗位责任制。

（2）总承包单位负责汇总、审核各分包单位编制的施工资料。分包单位应负责其分包范围内施工资料的收集和整理，并对施工资料的真实性、完整性和有效性负责。

（3）应在工程竣工验收前，将工程的施工资料整理、汇总完成，并移交建设单位进行工程竣工验收。

（4）负责编制的施工资料除自行保存一套外，移交建设单位两套，其中包括移交城建档案馆原件一套。资料的保存年限应符合相应规定。如建设单位对施工资料的编制套数有特殊要求的，可另行约定。

第二节 项目建议书

一、项目建议书的概念与作用

工程项目建议书是指在流域规划基础上，由主管部门或投资者提出工程项目轮廓设想，主要从客观上分析项目建设的必要性和可能性，就项目是否有必要建设、是否具备建设条件等进行分析后，向国家有关部门提出申请建设该项目的建议文件，其主要作用如下：

（1）项目建议书是国家选择建设项目的依据。

（2）项目建议书批准后，即为立项。

（3）批准立项的工程即可进一步开展可行性研究。

（4）涉及利用外资的项目，只有在批准立项后方可对外开展工作。

二、项目建议书的内容

（一）建设规模

1. 通则

（1）对规划阶段拟定的工程规模进行复核。

（2）在确定单项任务的工程规模时，应分析对其他综合利用任务的影响。必要时，应为以后的综合利用开发留有余地。

（3）对多泥沙河流应分析泥沙特点及对工程的影响，初拟工程运行方式。有冰凌问题的工程，应分析冰凌特性和特殊冰情对工程的影响，初拟相应的措施。

（4）说明有关分期建设的要求及其原因。

（5）通过初步技术经济分析，初选工程规模指标。

2. 防洪工程

（1）分析防洪保护对象近、远期防洪要求，初步确定不同时期的防洪标准，初选防洪工程总体方案以及工程项目规模。

（2）河道与堤防工程。

1）初步确定各河段安全泄量和控制断面设计水位。

2）研究洪水特性及排涝要求，初选河道治导线、堤线、堤距、行洪断面型式，以及重要的河控节点。

3）对涨潮河段，应考虑潮位对行洪的影响。

（3）水库工程。

1）根据防洪工程总体方案，初拟水库工程的防洪运用方式和泄量。

2）初选水库防洪库容、防洪高水位、总库容和汛期限制水位。

（4）行、蓄、滞洪区。

1）初拟行、蓄、滞洪区的控制运用原则，初选分洪口门位置、分洪水位和流量以及隔堤布置。

2）初步确定行、蓄、滞洪区的范围，初选行、蓄、滞洪区设计水位与相应库容，提出行、蓄、滞洪区生产、安全建设安排的总体设想。

3．治涝工程

（1）初步确定治涝区范围、治涝标准和治涝措施，初选治涝工程总体布置方案。大型涝区应初拟治涝分区。

（2）初选治涝骨干沟道（渠道）的排水流量和水位。

（3）分析洪水期向外河排水时受外河水位及潮位顶托的影响，初拟相应的措施。

（4）采用抽排方式时，初选泵站装机容量、设计流量及扬程。

4．河道整治工程

（1）初步确定河道的治理河段。

（2）初步确定治理河段的治理标准，对河道洪水流量进行断面复核，初选治理河段的设计水（潮）位、设计流量和设计河宽。

（3）研究河流、潮流水文特性和河床、河口演变规律及河势发展趋势，结合考虑岸线利用问题，初选治导线和河道整治工程总体布置方案，初选重要河道控节点的位置。

（4）初拟治理工程分期实施方案。

5．灌溉工程

（1）分析灌溉水源可供水量，初步确定灌区范围和总灌溉面积，初拟灌区开发方式、设计水平年和灌溉保证率。

（2）初拟灌区作物种植结构、灌溉制度，分析灌溉定额，初步确定灌溉需水量和年内分配过程。

（3）初选灌区灌溉系统整体规划和工程总体布置方案。

（4）初选骨干渠道的渠首设计水位和设计引水流量。

（5）初选引水枢纽及泵站等水源工程的设计引水流量、扬程及装机容量。

（6）以水库为水源工程时，初选水库正常蓄水位、最低引水水位、灌溉调节库容和总库容，初拟引水方式。

（7）分析灌区排水条件和排水方式，对有排渍、改良盐碱要求的灌区，初拟排渍、改碱标准及排水工程措施和规模。

6．城镇和工业供水工程

（1）初步确定工程供水范围、主要供水用户，初拟设计水平年和供水保证率。

（2）分析水源可供水量和水质状况，初选供水工程总体布置方案，初步确定引水工程设计引水流量、年引水总量。

（3）以水库为水源工程时，初选水库的正常蓄水位、最低引水水位、调节库容和总库容，初拟引水方式。

（4）初选主要输水、扬水、交叉建筑物的规模。

7. 跨流域调水工程

(1) 初步确定工程总目标和主要任务以及分期实施顺序。

(2) 分析水源条件，初步确定适宜的调水量、相应的水源工程以及补偿工程措施和规模。

(3) 初步确定调水量在地区和部门间的分配，初拟输水工程、调蓄工程布置及规模。

8. 水力发电工程

(1) 分析供电范围和电站在电力系统中的任务、作用，初拟设计水平年和设计保证率。

(2) 初选水库正常蓄水位、死水位、调节库容和总库容，初拟其他特征水位。

(3) 初选装机容量，提出电站的保证电力和多年平均发电量指标。

9. 垦殖工程

(1) 初步确定垦殖区范围和垦殖面积，初拟开发利用方式。

(2) 分析可利用的供水水源条件、水量及其保证程度。

(3) 初步确定防洪、防潮设计标准，初选工程总体布置方案，初拟垦殖区灌溉、排水体系。

(4) 初选挡水堤、围堤、涵闸等工程位置和规模。

10. 综合利用工程

(1) 综合利用水库按各综合利用任务的主次顺序，分析不同任务对水库水位、库容的要求，初拟水库运用方式，初选水库的正常蓄水位、防洪高水位和总库容，初拟其他特征水位。

(2) 对具有综合利用和综合治理任务的其他枢纽工程，应按各项任务的主次顺序，协调各建筑物之间的关系，初拟整个枢纽工程的运用方式，初选各建筑物的设计流量和水位。

(3) 有通航、过木要求的综合利用水利枢纽，应根据设计水平年通航、漂木发展需求及过坝（闸）运量，初选通航、过木建筑物规模。

11. 附图

(1) 工程项目总体布置图（比例尺：1:1000～1:200000）。

(2) 有分期建设要求的分期建设布置图（比例尺：1:1000～1:200000）。

(3) 供电范围电力系统地理接线图（现状及远景）（比例尺：1:1000～1:200000）。

(二) 主要建筑物布置

1. 工程等别和标准

根据初选的建设规模及有关规定，初步确定工程等级及主要建筑物级别、相应的设计洪水标准和地震设防烈度。

2. 工程选址（选线）、选型及布置

(1) 根据规划阶段初拟的工程场址（坝址、闸址、厂址、洞线、河线、堤线、渠线等）的建筑条件、工程布置要求、施工和投资等因素以及必要的补充勘探工作，初选工程场址。

(2) 初选主要建筑物基本形式，对工程量较大或关键性建筑物作方案比较，初拟次要建筑物的基本形式。

(3) 根据初选（或初拟）的建筑物形式，经综合比较，提出工程总布置初步方案。

3. 主要建筑物

简述主要建筑物初定的基本布置、结构型式、控制高程、主要尺寸及结构、水力学核算成果，初选地基处理措施。对技术难度大的特殊建筑物宜作重点分析研究。

4. 机电和金属结构

(1) 根据动能参数和装机规模，初拟水轮发电机组或水泵电动机组的单机容量、机组台数和机型。

(2) 初拟输配电工程的规模，初步提出接入电力系统的供电或送电方向、进出线电压、回路数和输配电距离，初拟电气主接线。

(3) 初拟金属结构及启闭设备的规模、型式及布置。

5. 工程量

(1) 分项列出工程各建筑物及地基处理的工程量。

(2) 分项列出机电设备和金属结构的工程量。

6. 附图

(1) 工程总平面布置图（比例尺：1：1000～1：2000）。

(2) 主要建筑物平、剖面图（比例尺：1：500～1：1000）。

(3) 大型长距离调水总干渠纵断面图（横向比例尺：1：5000～1：10000；纵向比例尺：1：500～1：1000）。

（三）施工条件

(1) 简述工程区水文气象、对外交通、通信及施工场地条件。

(2) 初步提出施工期通航、过木、供水及排水等要求。

(3) 简述主要外购材料来源及水、电、燃料等供应条件。

(4) 简述天然砂砾料、石料、土料等来源、开采和运输方式。

（四）工程管理

(1) 初步提出项目建设管理机构的设置与隶属关系以及资产权属关系。

(2) 初步提出维持项目正常使用所需管理维护费用及其负担原则、来源和应采取的措施。

(3) 根据工程管理有关规定，初步匡算工程管理占地规模。

(4) 根据项目主管部门（业主）及有关部门意见，初步提出工程管理运用原则及要求。

（五）投资估算及资金筹措

1. 投资估算

(1) 简述投资估算的编制原则、依据及采用的价格水平年。初拟主要基础单价及主要工程单价。

(2) 提出投资主要指标，包括主要单项工程投资、工程静态总投资及动态总投资。估算分年度投资。

(3) 对主体建筑工程、导流工程应进行单价分析，按工程量估算投资。其他建筑工程、临时工程投资，可按类比法估算。交通、房屋、设备及安装工程投资，可采用扩大指标估算。其他费用可根据不同工程类别、不同工程规模逐项分别估算或综合估算。

(4) 引进外资的投资估算，要结合利用外资特点考虑单价变化和可能发生的其他费用进行投资估算。

2. 资金筹措设想

(1) 提出项目投资主体的组成以及对投资承诺的初步意见和资金来源的设想。

(2) 利用国内外贷款的项目，应初拟资本金和贷款额度及来源，贷款年利率以及借款偿还措施。对利用外资的项目，还应说明外资用途及汇率。

（六）经济评价

1. 经济评价依据

说明经济评价的基本依据。

2. 国民经济初步评价

（1）说明采用的价格水平、主要参数及评价准则。

（2）费用估算。

1）说明项目的固定资产投资和资金流量。简述流动资金及年运行费的计算方法及成果。

2）简述综合利用工程费用，分摊原则、方法及成果。

（3）效益估算。

1）概述项目的主要效益，对不能量化的效益进行初步分析。

2）说明经济效益的估算方法及成果。

3）对综合利用工程的效益进行初步分摊。

（4）国民经济评价。

1）提出项目经济初步评价指标。必要时，提出综合利用工程各功能经济评价指标。

2）对项目国民经济合理性进行初步评价及敏感性分析。

3. 财务初步评价

（1）说明财务评价的价格水平、主要参数及评价准则。

（2）财务费用估算。

1）说明项目总投资、资金来源和条件。

2）说明各项财务支出。

3）说明构成项目成本的各项费用。

（3）财务收入估算。

1）初估项目收入。

2）简述项目利润分配原则。

（4）财务评价。

1）提出财务初步评价指标。

2）简述还贷资金来源，预测满足贷款偿还条件的产品价格。

3）对项目的财务可行性进行初步评价。

4. 综合评价

综述项目的社会效益、经济效益和财务效益以及国民经济和财务初步评价结果，提出项目综合评价结论。

三、项目建议书的编制

1. 编制要求

（1）项目建议书应根据国民经济和社会发展规划与地区经济发展规划的总要求，在经批准（审查）的江河流域（区域）综合利用规划或专业规划的基础上提出开发目标和任务，对项目的建设条件进行调查和必要的勘测工作，并在对资金筹措进行分析后，择优选定建设项目和项目的建设规模、地点和建设时间，论证工程项目建设的必要性，初步分析项目建设的可行性和合理性。

（2）水利水电工程项目建议书的编制，应贯彻国家有关基本建设的方针政策和水利行业及相关行业的法规，并应符合有关技术标准。

（3）水利水电工程项目建议书由项目业主或主管部门委托具有相应资格的水利水电勘测设计部门编制。项目业主应承担所需编制费用，并提供必要的外部条件。

工程项目建议书大多由项目法人委托咨询单位、设计单位负责编制，其主要表现在论证重点、宏观信息、估算误差（±20％左右）和最终结论等几个方面。

2. 基本建设项目

（1）建设项目提出的必要性和依据。

（2）产品方案、拟建规模和建设地点的初步设想。

（3）资源情况、建设条件、协作关系和引进国别、厂商的初步分析。

（4）投资估算的资金筹措设想。

（5）项目进度安排。

3. 更新改造项目

水利工程更新改造项目项目建议书的主要内容如下：

（1）对于限额以上项目，项目建议书中应明确提出项目建设的目的、必要性和依据，如企业概况和生产技术现状，与国外技术的差距等。如果是引进技术项目，还要说明引进的理由、联合引进的科研单位及其技术现状、与企业的分工、承担消化吸收的能力及目标设计等。更新改造和技术引进项目限额划分标准见表1-1。

表1-1　　　　　　　更新改造和技术引进项目限额划分标准　　　　　　　单位：万元

项　　　目		总投资限额以上项目	总投资限额以下项目	小　型
更新改造项目	能源、交通、原材料工业	≥5000	100～5000	<100
	其他项目	≥3000	100～3000	<100
技术引进项目		≥500	<500	—

（2）产品方案和引进技术消化吸收方案，应包括建设单位对市场需求的初步预测及对改造规模的初步意见。

（3）资源情况，包括建设条件、协作关系和可能从哪些国家、厂商引进的初步意见。

（4）投资估算和资金筹措办法，包括建设期内总投资额估算、偿还贷款能力的大体预测、利用外资项目要说明利用的方式和可能性。

（5）改造的主要内容和进度的初步安排，建设单位对经济效益和社会效益的初步估算。

（6）对于限额以下项目的项目建议书可简化，但至少应包括企业概况及需要改造理由、技术改造及技术引进的主要内容、改造后预期达到的技术经济效果、投资概算及资金来源以及经济效益和社会效益的初步估计。

4. 外商投资项目

外商投资项目的项目建议书的主要内容包括：中方合营单位；合营目的；合营对象以及合营范围和规模；投资估算、投资方式和资金来源；生产技术和主要设备；主要原材料、水、电、气、运输等的需要量和来源；人员的数量、构成和来源；经济效益，并着重说明外汇收支的安排；主要附件。

四、项目建议书的审批

1．申请资料报送

（1）上报资料目录清单。

（2）县级以上水利（务）及发展和改革部门的初审意见。

（3）设计单位资质证明文件复印件。

（4）项目建议书报告。

（5）工程设计图纸。

（6）工程投资估算书（含电子文档光盘）。

（7）主管部门对工程项目（包括河流规划、水利发展计划等）的有关审批文件。

（8）有关地区和部门对本项目意见的书面文件（包括有关单位及提供资金单位的意向性文件、淹没区和占地范围所在地方政府及主管部门的书面意见、具有城镇工业和生活供水任务项目的供水意向协议书、具有通航任务的项目，附航道主管部门的初步意见，跨行政区或对其他行政区、部门有影响的项目应附有关协调文件，涉及军事设施工程的项目应附军事主管部门的书面意见等）。

（9）具有城镇工业和生活供水及改善水质任务项目的水质检测报告。

（10）主要机电设备定价依据（如厂家报价函等）。

（11）当地建设部门颁布的近期建筑材料信息价格。

（12）勘察及设计合同复印件。

2．审批内容

（1）项目是否符合国家的建设方针和长期规划，以及产业结构调整的方向和范围。

（2）项目的产品符合市场需要的论证理由是否充分。

（3）项目建设地点是否合适，有无不合理的布局或重复建设。

（4）对项目的财务、经济效益和还款要求的粗略估算是否合理，与业主的投资设想是否一致。

（5）对遗漏、论证不足的问题，要求咨询单位补充修改。

（6）小型或限额以下的工程项目建议书，可按隶属关系，直接由各主管部门或省、自治区、直辖市的发改委审批。大中型及限额以上项目建议书的审批见表1—2。

（7）审批完项目建议书后，应按照国家颁布的有关文件规定、审批权限申请立项。

表1—2　　　　　　　　　大中型及限额以上项目建议书的审批

审批程序	审批单位	审 批 内 容	备　注
初　审	行业归口主管部门	资金来源；建设布局；资源合理利用；经济合理性；技术政策	
终　审	国家发展和改革委员会	建设总规模；生产力总布局；资源优化配置；资金供应可能性；外部协作条件	投资额超过2亿元的项目，还需报国务院审批

第三节　可行性研究报告

工程项目建议书由主管部门批准后，建设单位即可组织进行该项目的可行性研究工作。通过调查、勘测、方案比较等工作，对建设项目在技术上是否可行进行科学分析和研究，提出评价意见。可行性研究是进行建设项目立项决策的依据。

一、可行性研究报告的内容

水利工程项目可行性研究报告应按表1-3所示的内容和结构进行编写。

表 1-3 项目可行性研究报告的内容

序号	项 目	编 写 内 容	备注
1	总 论	项目提出的背景与概况；可行性研究报告编制的依据；项目建设条件；问题与建议	
2	资源条件评价	资源可利用量；资源品质情况；资源贮存条件；资源开发价值	
3	建设规模	项目建设规模的构成；建设规模的比选及推荐采用的建设规模	
4	场址选择	场址现状及建设条件描述；场址比选及推荐的场址方案	
5	技术、设备、工程方案	技术方案选择；主要设备方案选择；工程方案选择	
6	总图运输与公用、辅助工程	总图布置方案；场（厂）内外运输方案；公用工程与辅助工程方案	
7	原材料、燃料供应	主要原材料供应方案选择；燃料供应方	
	节能措施	节能措施及能耗指标分析	
	节水措施	节水措施及水耗指标分析	
8	环境影响评价	环境条件调查；影响环境因素分析；环境保护措施	
9	劳动安全卫生与消防	危险因素和危害程度分析；安全防范措施；卫生保健措施；消防设施	
10	组织机构与人力资源配置	组织机构设置及其适应性分析；人力资源配置及员工培训	
11	项目实施进度	建设工期；实施进度安排	
12	投资估算	投资估算的范围与依据；建设投资估算；流动资金估算；总投资额及分年投资计划	
13	融资方案	融资组织形式选择；资本金筹措；债务资金筹措；融资方案分析	
14	财务评价	财务评价基础数据与参数选取；销售收入与成本费用估算；编制财务评价报表；盈利及偿债能力分析；不确定性分析；财务评价结论	
15	国民经济评价	影子价格及评价参数的选取；效益费用范围调整；编制国民经济评价报表；计算国民经济评价指标；国民经济评价结论	
16	社会评价	项目对社会影响分析；项目与所在地互适性分析；社会风险分析；社会评价结论	
17	风险分析	项目主要风险；风险程序分析；防范与降低风险对策	
18	研究结论与建议	推荐方案总体描述；推荐方案的优缺点描述；主要对比方案；结论与建议	

二、可行性研究的依据

项目法人对项目进行可行性研究时，其主要依据如下：

（1）国家有关的发展规划、计划文件。

（2）项目主管部门对项目建设要求请示的批复。

（3）项目建议书及其审批文件，双方签订的可行性研究合同协议。

（4）拟建地区的环境现状资料；自然、社会、经济等方面的有关资料。

（5）试验、试制报告；主要工艺和设备的技术资料。

（6）项目法人与有关方面达成的协议；国家或地方颁布的与项目建设有关的法规、标准、规范、定额。

（7）其他有关资料。

三、可行性研究报告的审批

（一）需报送审核的资料

水利水电工程可行性研究报告审核时，需报送以下文件资料。

（1）上报资料目录清单。

（2）县级以上水利（务）及发展和改革部门的初审意见。

（3）自筹资金或资本金筹集的有效文件。

（4）设计单位资质证明文件复印件。

（5）可行性研究报告。

（6）工程地质报告。

（7）工程水文水利分析计算专题报告。

（8）工程设计图纸。

（9）工程投资估算书（含电子文档光盘 1 份）。

（10）水土保持方案专项设计报告。

（11）移民安置、淹没处理及工程永久占地处理专项报告（附补偿标准依据文件）。

（12）水情自动测报、自动化监测与控制系统、三防指挥系统等专题可行性研究报告。

（13）工程招标方式、组织形式及招标范围表。

（14）工程用地预审手续。

（15）工程管理单位定编批文及工程管理、养护维修经费测算及落实依据；政府批准或承诺的水价改革实施办法；工程管理体制改革措施。

（16）项目法人组建的有效文件。

（17）主要工程量计算书及初审单位审核表。

（18）主要机电设备定价依据（如厂家报价函等）。

（19）当地建设部门颁布的近期工程材料信息价格。

（20）勘察设计合同复印件。

（21）具有城镇工业和生活供水及改善水质任务项目的水质检测报告。

（22）具有城镇工业和生活供水任务项目的供水协议书。

（23）具有通航任务的项目，附航道主管部门的批复意见。

（24）跨行政区或对其他行政区、部门有影响的项目，附有关协调文件。

（25）涉及军事设施的项目，附军事主管部门的书面意见。

（26）涉及取水的项目，附取水许可预申请文件。

（27）水库（闸）工程安全鉴定批复（核查）意见；重建泵站、电站工程附工程报废批复。

（二）对可行性研究报告的评价

可行性研究报告是项目法人做出投资决策的依据，必须对报告进行审查和评价。

1. 建设项目的必要性

（1）从国民经济和社会发展等宏观角度审查建设项目是否符合国家的产业政策、行业规划和地区规划，是否符合经济和社会发展需要。

（2）分析市场预测是否准确，项目规模是否经济合理，产品的性能、品种、规格构成和价格是否符合国内外市场需求的趋势和有无竞争能力。

2. 建设条件与生产条件

（1）项目所需资金能否落实，资金来源是否符合国家有关政策规定。

（2）分析选址是否合理，总体布置方案是否符合国土规划、城市规划、土地管理和文物保护的要求和规定。

（3）项目建设过程中和建成投产后原料、燃料的供应条件，及供电、供水、供热、交通运输等要求能否落实。

（4）项目的"三废"治理是否符合保护生态环境的要求。

3. 工艺、技术、设备

（1）分析项目采用的工艺、技术、设备是否符合国家的技术发展政策和技术装备政策，是否可行、先进、适用、可靠，是否有利于资源的综合利用，是否有利于提高产品质量、降低消耗、提高劳动生产率。

（2）项目所采用的新工艺、新技术、新设备是否安全可靠。

（3）引进设备有无必要，是否符合国家有关规定和国情，能否与国内设备、零配件、工艺技术相互配套。

4. 建设工程的方案和标准

（1）建设工程有无不同方案的比选，分析推荐的方案是否经济、合理。

（2）审核工程地质、水文、气象、地震等自然条件对工程的影响和采取的治理措施。

（3）建设工程采用的标准是否符合国家的有关规定，是否贯彻了勤俭节约的方针。

5. 基础经济数据的测算

（1）分析投资估算的依据是否符合国家或地区的有关规定，工程内容和费用是否齐全，有无高估冒算、任意提高标准、扩大规模以及有无漏项、少算、压低造价等情况。

（2）资金筹措方式是否可行，投资计划安排是否得当。

（3）报告中的各项成本费用计算是否正确，是否符合国家有关成本管理的标准和规定。

（4）产品销售价格的确定是否符合实际情况和预测变化趋势，各种税金的计算是否符合国家规定的税种和税率。

（5）对预测的计算期内各年获得的利润额进行审核与分析。

（6）分析报告中研究的项目建设期、投产期、生产期等时间安排是否切实可行。

6. 财务效益

从项目本身出发，结合国家现行财税制度和现行价格，项目的投入费用、产出效益、偿还贷款能力，以及外汇效益等财务状况，来判别项目财务上的可行性。

审查效益指标主要是复核财务内部收益率、财务净现值、投资回收率、投资利润率、投资利税率和固定资产借款偿还期。涉外项目还应评价外汇净现值、财务换汇成本和财务节汇成本等指标。

7. 国民经济效益

国民经济效益评价是从国家、社会的角度，考虑项目需要国家付出的代价和国民经济带来的效益。一般审查时用影子价格、影子工资、影子汇率和社会折现率等，分析项目给国民经济带来的净效益，以判别项目经济上的合理性。评价指标主要是审查计算的经济内部收益率、经济净现值、投资效益率等。

8. 社会效益

社会效益包括生态平衡、科技发展、就业效果、社会进步等方面。应根据项目的具体情况，分析和审查可能产生的主要社会效益。

9. 不确定性分析

审查不确定性分析一般应对报告中的盈亏平衡分析、敏感性分析进行鉴定，以确定项目在财务上、经济上的可靠性和抗风险能力。

业主对以上各方面进行审核后，对项目的投资机会进一步做出总的评价，进而做出投资决策。若认为推荐方案成立时，可就审查中所发现的问题，要求咨询单位对可行性研究报告进行修改、补充、完善，并提出结论性的意见并上报有关主管部门批准。

（三）水利工程项目可行性研究报告的审查

水利工程项目是一种非盈利或微利项目，在经济评价方面，应重点审查国民经济效益评价，财务评价不作为主要内容，只要求采取必要措施使之具有一定的生命力即可。

综合水利枢纽工程项目应作为一个系统进行总体评价，计算总效益和总费用。同时，还应按其中各个单位工程项目分别计算效益和费用。审查时，应注意防止效益的重复计算和漏算。水利工程项目的效益主要是防洪、防涝、灌溉、城镇供水、水土保持，以及发电、航运、养殖、旅游等产生的效益或减免的损失。计算范围应限于直接效益和一次相关效益，要考虑效益发生的随机性和计算期内的效益变化。对难以定量计算的效益应作定性描述。水利工程项目的总投资包括工程项目建设费用和运行费用两部分。投资来源可能包括国家、集体和个人投入的资金或劳动投入折算的费用。此外，还应计算相关工程费用，以及项目建设后产生的负效益。

第四节 工程各阶段鉴定书

一、分部工程验收鉴定书

正本数量可按参加验收单位、质量和安全监督机构各一份以及归档所需要的份数确定。自验收鉴定书通过之日起30个工作日内，由项目法人发送有关单位，并报送法人验收监督管理机关备案。分部工程验收鉴定书填写式样见表1-4。

二、单位工程验收鉴定书

正本数量可按参加验收单位、质量和安全监督机构、法人验收监督管理机关各一份以及归档所需要的份数确定。自验收鉴定书通过之日起30个工作日内，由项目法人发送有关单位并报送法人验收监督管理机关备案。单位工程验收鉴定书填写式样见表1-5。

表 1-4　　　　　　　　　　　　　　　分部工程验收鉴定书

编号 ×××××工程 ×××分部工程验收 **鉴 定 书** 单位工程名称：＿＿＿＿＿ ×××分部工程验收工作组 　年　　月　　日　　封面	前言（包括验收依据、组织机构、验收过程等） 一、分部工程开工完工日期 二、分部工程建设内容 三、施工过程及完成的主要工程量 四、质量事故及质量缺陷处理情况 五、拟验工程质量评定（包括单元工程、主要单元工程个数、合格率和优良率；施工单位自评结果；监理单位复核意见；分部工程质量等级评定意见） 六、验收遗留问题及处理意见 七、结论 八、保留意见（保留意见人签字） 九、分部工程验收工作组成员签字表 十、附件 　　　　　遗留问题处理记录　　　　附页

填表说明：1. 本表由项目法人或监理机构负责填写。
　　　　　2. 本表所填内容均为本分部工程相关资料。
　　　　　3. 本表书写材料应符合档案管理的有关规定，可使用打印件。

表 1-5　　　　　　　　　　　　　　　单位工程验收鉴定书

×××××工程 ×××单位工程验收 **鉴 定 书** ×××单位工程验收工作组 　年　　月　　日 封面	前言（包括验收依据、组织机构、验收过程等） 一、单位工程概况 （一）单位工程名称及位置 （二）单位工程主要建设内容 （三）单位工程建设过程（包括工程开工、完工时间，施工中采取的主要措施等） 二、验收范围 三、单位工程完成情况和完成的主要工程量 四、单位工程质量评定 （一）分部工程质量评定 （二）工程外观质量评定 （三）工程质量检测情况 （四）单位工程质量等级评定意见 五、分部验收遗留问题处理情况 六、运行准备情况（投入使用验收需要此部分） 七、存在的主要问题及处理意见 八、意见和建议 九、结论 十、保留意见（应有本人签字） 十一、单位工程验收工作组成员签字表 十二、附件 （一）提供给验收工作组资料目录 （二）分部工程验收鉴定书目录　　附页

三、合同工程完工验收鉴定书

正本数量可按参加验收单位、质量和安全监督机构以及归档所需要的份数确定。自验收鉴定书通过之日起 30 个工作日内，由项目法人发送有关单位，并报送法人验收监督管理机关备案。合同工程完工验收鉴定书填写式样见表1-6。

表1-6 合同工程完工验收鉴定书

	前言（包括验收依据、组织机构、验收过程等） 一、合同工程概况 （一）合同工程名称及位置 （二）合同工程主要建设内容 （三）合同工程建设过程 二、验收范围 三、合同执行情况（包括合同管理、工程完成情况和完成的主要工程量、结算情况等） 四、合同工程质量评定 五、历次验收遗留问题处理情况 六、存在的主要问题及处理意见 七、意见和建议 八、结论 九、保留意见（应有本人签字） 十、合同工程验收工作组成员签字表 十一、附件 （一）提供给验收工作组资料目录 （二）施工单位向项目法人移交资料目录
×××××工程 ×××合同工程完工验收 （合同名称及编号） 鉴 定 书 ×××合同工程完工验收工作组 年 月 日	
封面	附页

第五节 工程建设管理文件

一、移民安置规划

（1）已经成立项目法人的大中型水利水电工程，由项目法人编制移民安置规划大纲，按照审批权限报省、自治区、直辖市人民政府或者国务院移民管理机构审批；省、自治区、直辖市人民政府或者国务院移民管理机构在审批前应征求移民区和移民安置区县级以上地方人民政府的意见。没有成立项目法人的大中型水利水电工程，项目主管部门应会同移民区和移民安置区县级以上地方人民政府编制移民安置规划大纲，按照审批权限报省、自治区、直辖市人民政府或者国务院移民管理机构审批。

（2）移民安置规划大纲应根据工程占地和淹没区实物调查结果以及移民区、移民安置区经济社会情况和资源环境承载能力编制。工程占地和淹没区实物调查，由项目主管部门或者项目法人会同工程占地和淹没区所在地的地方人民政府实施；实物调查应全面准确，调查结果经调查者和被调查者签字认可并公示后，由有关地方人民政府签署意见。实物调查工作开始前，工程占地和淹没区所在地的省级人民政府应发布通告，禁止在工程占地和淹没区新增建设项目和迁入人口，并对实物调查工作做出安排。

（3）移民安置规划大纲应主要包括移民安置的任务、去向、标准和农村移民生产安置方式以及移民生活水平评价和搬迁后生活水平预测、水库移民后期扶持政策、淹没线以上受影响范围的划定原则、移民安置规划编制原则等内容。

（4）编制移民安置规划大纲应广泛听取移民和移民安置区居民的意见；必要时，应采取听证的方式。经批准的移民安置规划大纲是编制移民安置规划的基本依据，应严格执行，不得随意调整或者修改；确需调整或者修改的，应报原批准机关批准。

（5）已经成立项目法人的，由项目法人根据经批准的移民安置规划大纲编制移民安置规划；没有成立项目法人的，项目主管部门应会同移民区和移民安置区县级以上地方人民政府，根据经批准的移民安置规划大纲编制移民安置规划。大中型水利水电工程的移民安置规划，按照审批权限经省、自治区、直辖市人民政府移民管理机构或者国务院移民管理机构审核后，由项目法人或者项目主管部门报项目审批或者核准部门，与可行性研究报告或者项目申请报告一并审批或者核准。省、自治区、直辖市人民政府移民管理机构或者国务院移民管理机构审核移民安置规划，应征求本级人民政府有关部门以及移民区和移民安置区县级以上地方人民政府的意见。

（6）编制移民安置规划应以资源环境承载能力为基础，遵循本地安置与异地安置、集中安置与分散安置、政府安置与移民自寻门路安置相结合的原则。编制移民安置规划应尊重少数民族的生产、生活方式和风俗习惯。移民安置规划应与国民经济和社会发展规划以及土地利用总体规划、城市总体规划、村庄和集镇规划相衔接。

（7）移民安置规划应对农村移民安置、城（集）镇迁建、工矿企业迁建、专项设施迁建或者复建、防护工程建设、水库水域开发利用、水库移民后期扶持措施、征地补偿和移民安置资金概（估）算等做出安排。对淹没线以上受影响范围内因水库蓄水造成的居民生产、生活困难问题，应纳入移民安置规划，按照经济合理的原则，妥善处理。

（8）对农村移民安置进行规划，应坚持以农业生产安置为主，遵循因地制宜、有利生产、方便生活、保护生态的原则，合理规划农村移民安置点；有条件的地方，可以结合小城镇建设进行。农村移民安置后，应使移民拥有与移民安置区居民基本相当的土地等农业生产资料。

（9）对城（集）镇移民安置进行规划，应以城（集）镇现状为基础，节约用地，合理布局。工矿企业的迁建，应符合国家的产业政策，结合技术改造和结构调整进行；对技术落后、浪费资源、产品质量低劣、污染严重、不具备安全生产条件的企业，应依法关闭。

（10）编制移民安置规划应广泛听取移民和移民安置区居民的意见；必要时，应采取听证的方式。经批准的移民安置规划是组织实施移民安置工作的基本依据，应严格执行，不得随意调整或者修改；确需调整或者修改的，应依照规定重新报批。未编制移民安置规划或者移民安置规划未经审核的大中型水利水电工程建设项目，有关部门不得批准或者核准其建设，不得为其办理用地等有关手续。

（11）征地补偿和移民安置资金、依法应缴纳的耕地占用税和耕地开垦费以及依照国务院有关规定缴纳的森林植被恢复费等应列入大中型水利水电工程概算。征地补偿和移民安置资金包括土地补偿费，安置补助费，农村居民点迁建、城（集）镇迁建、工矿企业迁建以及专项设施迁建或者复建补偿费（含有关地上附着物补偿费），移民个人财产补偿费（含地上附着物和青苗补偿费）和搬迁费，库底清理费，淹没区文物保护费和国家规定的其他费用。

（12）农村移民集中安置的农村居民点、城（集）镇、工矿企业以及专项设施等基础设施的迁建或者复建选址，应依法做好环境影响评价、水文地质与工程地质勘察、地质灾害防治和地质灾害危险性评估。

（13）对淹没区内的居民点、耕地等，具备防护条件的，应在经济合理的前提下，采取修建防护工程等防护措施，减少淹没损失。防护工程的建设费用由项目法人承担，运行管理费用由大中型水利水电工程管理单位负责。

二、征地补偿

（1）依法批准的流域规划中确定的大中型水利水电工程建设项目的用地，应纳入项目所在地的土地利用总体规划。大中型水利水电工程建设项目核准或者可行性研究报告批准后，项目用地应列入土地利用年度计划。属于国家重点扶持的水利、能源基础设施的大中型水利水电工程建设项目，其用地可以以划拨方式取得。

（2）大中型水利水电工程建设项目用地，应依法申请并办理审批手续，实行一次报批、分期征收，按期支付征地补偿费。对于应急的防洪、治涝等工程，经有批准权的人民政府决定，可以先行使用土地，事后补办用地手续。

（3）大中型水利水电工程建设征收耕地的，土地补偿费和安置补助费之和为该耕地被征收前三年平均年产值的 16 倍。土地补偿费和安置补助费不能使需要安置的移民保持原有生活水平、需要提高标准的，由项目法人或者项目主管部门报项目审批或者核准部门批准。征收其他土地的土地补偿费和安置补助费标准，按照工程所在省、自治区、直辖市规定的标准执行。被征收土地上的零星树木、青苗等补偿标准，按照工程所在省、自治区、直辖市规定的标准执行。被征收土地上的附着建筑物按照其原规模、原标准或者恢复原功能的原则补偿；对补偿费用不足以修建基本用房的贫困移民，应给予适当补助。使用其他单位或者个人依法使用的国有耕地，参照征收耕地的补偿标准给予补偿；使用未确定给单位或者个人使用的国有未利用地，不予补偿。

（4）大中型水利水电工程建设临时用地，由县级以上人民政府土地主管部门批准。

（5）工矿企业和交通、电力、电信、广播电视等专项设施以及中小学的迁建或者复建，应按照其原规模、原标准或者恢复原功能的原则补偿。

（6）大中型水利水电工程建设占用耕地的，应执行占补平衡的规定。为安置移民开垦的耕地、因大中型水利水电工程建设而进行土地整理新增的耕地、工程施工新造的耕地可以抵扣或者折抵建设占用耕地的数量。大中型水利水电工程建设占用 25°以上坡耕地的，不计入需要补充耕地的范围。

三、移民安置

（1）大中型水利水电工程开工前，项目法人应根据经批准的移民安置规划，与移民区和移民安置区所在的省、自治区、直辖市人民政府或者市、县人民政府签订移民安置协议；签订协议的省、自治区、直辖市人民政府或者市人民政府，可以与下一级有移民或者移民安置任务的人民政府签订移民安置协议。

（2）项目法人应根据大中型水利水电工程建设的要求和移民安置规划，在每年汛期结束后 60 日内，向与其签订移民安置协议的地方人民政府提出下年度移民安置计划建议；签订移民安置协议的地方人民政府，应根据移民安置规划和项目法人的年度移民安置计划建议，在与项目法人充分协商的基础上，组织编制并下达本行政区域的下年度移民安置年度计划。

（3）项目法人应根据移民安置年度计划，按照移民安置实施进度将征地补偿和移民安置资金支付给与其签订移民安置协议的地方人民政府。

（4）农村移民在本县通过新开发土地或者调剂土地集中安置的，县级人民政府应将土地补偿费、安置补助费和集体财产补偿费直接全额兑付给该村集体经济组织或者村民委员会。农村移民分散安置到本县内其他村集体经济组织或者村民委员会的，应由移民安置村集体经济组织或者村民委员会与县级人民政府签订协议，按照协议安排移民的生产和生活。

（5）农村移民在本省行政区域内其他县安置的，与项目法人签订移民安置协议的地方人民政府，应及时将相应的征地补偿和移民安置资金交给移民安置区县级人民政府，用于安排移民的生产和生活。农村移民跨省安置的，项目法人应及时将相应的征地补偿和移民安置资金交给移民安置区省、自治区、直辖市人民政府，用于安排移民的生产和生活。

（6）搬迁费以及移民个人房屋和附属建筑物、个人所有的零星树木、青苗、农副业设施等个人财产补偿费，由移民区县级人民政府直接全额兑付给移民。

（7）移民自愿投亲靠友的，应由本人向移民区县级人民政府提出申请，并提交接收地县级人民政府出具的接收证明；移民区县级人民政府确认其具有土地等农业生产资料后，应与接收地县级人民政府和移民共同签订协议，将土地补偿费、安置补助费交给接收地县级人民政府，统筹安排移民的生产和生活，将个人财产补偿费和搬迁费发给移民个人。

（8）城（集）镇迁建、工矿企业迁建、专项设施迁建或者复建补偿费，由移民区县级以上地方人民政府交给当地人民政府或者有关单位。因扩大规模、提高标准增加的费用，由有关地方人民政府或者有关单位自行解决。

（9）农村移民集中安置的农村居民点应按照经批准的移民安置规划确定的规模和标准迁建。农村移民集中安置的农村居民点的道路、供水、供电等基础设施，由乡（镇）、村统一组织建设。农村移民住房，应由移民自主建造。有关地方人民政府或者村民委员会应统一规划宅基地，但不得强行规定建房标准。

四、水资源论证报告书

1. 受理范围

对直接从江河、湖泊或者地下取水并需申请取水许可证的新建项目，或涉及取水规模、取水口位置、取水用途等变化的改建、扩建的建设项目，在报审"可行性研究报告"前，应先报审"建设项目水资源论证报告书"。省级水行政主管部门负责"建设项目水资源论证报告书"的审批工作。其受理范围为日取地表水 $5000m^3$ 及以上或日取地下水 $1000m^3$ 以上，且符合下列条件之一的：

（1）省管水利（含供水）工程的取水。

（2）总装机容量 5 万 kW 及以上的水电工程取水。

（3）跨地级以上市行政区域的取水。

（4）其他日取地表水 15 万 m^3 及以上工程的取水。

（5）其他由水利部门授权办理取水许可的项目取水。

2. 审批依据

水利工程建设项目水资源论证报告书审批依据主要有以下三种。

（1）《国务院对确需保留的行政审批项目设定行政许可的决定》（2004年6月中华人民共和国国务院令第412号）。

（2）《建设项目水资源论证管理办法》（2002年3月水利部、原国家发展计划委员会令第15号）。

（3）《水利部关于修改或者废止部分水利行政许可规范性文件的决定》（2005年水利部令第25号）。

3. 审批条件

（1）建设项目利用水资源符合江河流域或区域的综合规划及水资源保护规划等专项规划。

（2）遵守经批准的水量分配方案或协议。

（3）业主单位应委托有建设项目水资源论证资质的单位，对其建设项目进行水资源论证。

（4）建设项目水资源论证报告书，应包括：建设项目概况；取水水源论证；用水合理性论证；退（排）水情况及其对水环境影响的分析；对其他用水户权益的影响分析及其他事项等内容。

4. 需提交的申请材料

（1）水行政主管部门采用一般受理程序时，应提交以下申请材料。

1）申请人对审批机关提出申请审查的公函（送审稿，一式一份，原件）。

2）建设项目水资源论证报告书（纸质资料原件一式二份，并附电子文档的光盘一份）。

3）建设项目水资源论证工作委托合同（一式一份，复印件）。

4）属于水库或自来水供水的提供供水协议、环评报告。

（2）水资源论证报告书通过特别程序后受理时，应提交以下申请材料。

1）经专家组组长和审批机关复核合格的建设项目水资源论证报告书（正式稿，纸质资料原件一式八份，并附电子文档的光盘三份）。

2）建设项目水资源论证报告书评审专家意见（一式一份，复印件）。

3）编制单位盖章的专家意见复核表（一式一份，原件）。

4）经专家组组长同意"报告书满足评审要求"的证明。

5）上报资料目录清单。

五、工程招投标与分包管理文件

（一）招标文件

招标文件包括表1-7所列文件。

（二）投标文件

投标人应按招标文件规定的内容和格式编制并提交投标文件，投标文件除包括表1-7所列文件外还包括以下补充内容：①投标报价书；②投标保函；③授权委托书；④已标价的工程量清单；⑤投标辅助资料；⑥资格审查资料；⑦投标人按本投标须知要求提交的其他资料。

表 1-7   招 标 文 件 的 组 成

卷号	章号	名　称	卷号	章号	名　称
一		商务条款	...		……
	1	投标邀请书		7	钻孔和灌浆
	2	投标须知		8	基础防渗工程
	3	合同条件		9	地基加固工程
	4	协议书、履约担保证件和工程预付款保函		10	土石方填筑工程
	5	投标报价书、投标保函和授权委托书		11	混凝土工程
	6	工程量清单		12	沥青混凝土工程
	7	投标辅助资料		13	砌体工程
	8	资格审查资料		14	疏浚工程
二		技术条款		15	压力钢管的制造和安装
	1	一般规定		16	钢结构的制造和安装
	2	施工导流和水流控制		17	闸门及启闭机的安装
	3	土方明挖		18	预埋件的埋设
	4	石方明挖	...		……
			三		招标图纸

1. 应提交的资格材料

(1) 投标人的基本情况，并附投标人的法人营业执照和企业资质证件的复印件及其证明。

(2) 近期完成的类似本招标工程的工程情况。

(3) 正在施工的和新承接的工程情况。

(4) 最近三个年度的财务会计报表中的资产负债表和损益表的复印件（附审计报告或其他证明材料），并说明为实施本合同拟投入的流动资金金额及其来源（附证明材料）。

(5) 履约信誉的证明材料和近三年内涉及的诉讼案件资料。

2. 投标文件提交规定

(1) 联合体各方应分别提交上述规定的全部文件。

(2) 提交联合体各方共同签订的联合体协议。应指明其中的一方为联合体的责任方，并明确责任方和其他各方所承担的工作范围和责任，声明联合体各方应为履行合同承担连带责任。

(3) 提交联合体各方的合法授权人共同签署的授权委托书。应授权其责任方代表联合体的任一方或全体成员承担本合同的责任，负责与发包人和监理人联系并接受指示，以及负责全面履行合同。

(4) 不允许任一单位对同一合同提交或参与提交两份或两份以上不同的投标文件。

1) 除规定的替代方案的投标外，不允许一个投标人对同一合同提交两份或两份以上不同的投标文件。

2) 任一投标人或联合体的各成员均不准以任何方式参加其他投标人或变换联合体的责任方对同一合同投标。

3. 投标费用

投标人为准备和进行投标所发生的费用一概自理。除本合同另有规定外，投标文件一律不予退还。

4. 保密

招投标双方应分别为对方在投标文件和招标文件中涉及的商业和技术等秘密保密，违者应对由此造成的后果承担责任。

5. 投标文件的提交

（1）投标文件的密封和标记。

1）投标文件的正本和副本应分开装袋密封，不密封的投标文件无效。封袋面上应标明"正本"或"副本"字样，并写明：①发包人的名称和地址；②投标的合同名称及其编号；③在____年____月____日____时（规定的开标日期和时间）前不准启封；④投标人的名称和地址。

2）若投标人未将投标文件按上述规定进行密封和标记，发包人将不承担与此有关的责任。

（2）投标截止时间。

1）投标人应在____年____月____日____时前将投标文件送达(地点名称)、投标文件应面交。

2）发包人认为有必要时可以发补充通知延长投标截止时间。若投标人同意延长投标截止时间，则招标文件规定的发包人和投标人与投标截止时间有关的义务和权利亦将适用至延长后的投标截止时间。

（3）迟到的投标文件。在规定的投标截止时间以后送达的投标文件，发包人将拒收。

（4）投标文件的修改与撤回。

1）若投标人需要修改或撤回其投标文件，必须在规定的投标截止时间前将修改或撤回其投标文件的书面通知送达发包人。上述书面通知应按规定进行编制、密封和标记，并标明"修改"或"撤回"字样。

2）除另有规定外，投标人不得在投标截止时间后修改投标文件。

（三）劳务、工程分包管理制度

（1）劳务、工程分承包方的信息收集。在各工程项目合同签订（或项目部组建）后三日内，公司派员（或与项目人员）以合法有效的方式，向当地已快完工的建筑工程项目的各相应劳务班组、人员传递工程所需的劳务班组信息，以广泛收集当地劳务班组的相关信息资料。

（2）劳务、工程分承包方的考察评价。在收到劳务班组报名后三日内，建材公司组织项目部等有关部门人员，对其进行考察、评价、筛选，查其目前实际施工项目与其签订的分包合同及现场施工质量、能力、交工期、能否及时退场、信誉情况等，填写《劳务、工程分包方资格调查表》、《劳务、工程分包方主要业绩调查表》，推荐合格分承包方，原则上每一分项工程选择3～5家合格分承包方，报总经理审批后，公布《合格分承包方名册》。

（3）劳务、工程分承包方招标书的编制。劳务、工程分承包方招标书由公司汇总编制。其中，工程分包合同由经营部提供，报价书由审计科提供，其他与工程相关的特殊内容由项目公司（项目部）提供。

（4）劳务、工程分承包方的招、投标。在项目公司（项目部）组建后二日内，须填报《_____项目劳务招标计划表》，经工程部审核后，由公司按《合格分承包方名册》进行工程分包招、投标的组织实施。

1）劳务、工程分承包方按招标书内容进行投标。

2）公司收标后二日内，即组织工程部等相关部门进行开标，并将开标记录及推荐中标候选单位的结果，报总经理审批后，由项目公司（项目部）与中标单位签订工程分包合同，经总经理签批后执行。

（5）如需从《合格分承包方名册》以外的劳务公司（班组）选择投标方，项目公司（项目部）应将事先收集到的劳务公司（班组）资料随《＿＿＿项目劳务招标计划表》一并传至公司，相关部门将应进行评价，确认其是否为合格分承包方。

（6）不招标项目，由项目部提出不招标申请报告，并由其选择队伍，同时附有关报价资料传至公司审核，经总经理批签后执行。

（7）劳务、工程分承包方的管理和考评。

1）项目部在施工过程中对劳务、工程分承包方实施综合管理，并定期考评。

2）各工程分包项目完成后，项目部对各劳务、工程分承包方进行评价，评价记录报公司存档，作为该合格分承包方年度评审的依据之一。参加管理评审的部门接到通知后，应提供在会上汇报的有关评审资料，并于5日内写出书面报告，交质安办。

3）公司等相关部门协助项目部对劳务、工程分承包方进行管理，并处理相关问题。

第六节 工 程 开 工 文 件

已完成工程初步设计审批，具备主体工程开工条件的应按相关规定执行开工审批手续；属于省级水行政主管部门负责的水利基建项目，应由省级水行政主管部门负责审批。

一、开工申请条件

当水利工程建设项目具备以下条件时，均可提出水利工程开工审批行政许可申请。

（1）工程初步设计文件已经审批。

（2）项目法人（或责任主体）和法定代表人已按有关规定成立及任命。

（3）有关主体工程已按规定选择了监理与施工单位，并已签订经济合同。

（4）水利基本建设项目（含基建管理项目）投资承包合同书已签订。

（5）已签订《水利水电工程质量监督书》。

（6）到位资金满足当年施工需要。

（7）现场施工准备和征地移民拆迁等建设外部条件能够满足主体工程开工需要，并已获得有关土地使用计划或使用权的批准文件。

（8）项目法人与工程设计单位已签订设计图纸交付协议，施工详图设计可满足主体工程施工需要。

二、开工申请应提交的资料

1. 开工申请报送资料

工程建设单位进行开工申请时，报送的资料包括以下几部分。

（1）初步设计报告批准文件（复印件）。

（2）县级以上人民政府明确项目法人（或责任主体）和任命法定代表人的文件（复印件）。

（3）按规定须招标项目的中标通知书（复印件），以及勘测、设计、监理和施工等参建单位的资质等级证书（复印件）。

（4）双方已签订的水利基本建设项目（含基建管理项目）投资承包合同书（复印件）。

（5）《水利水电工程质量监督书》（复印件）。

（6）主体工程施工进度计划安排。

（7）施工年度计划有度汛任务的应提供足够年度度汛施工项目的资金到位证明。

2. 开工申请资料填写式样

开工申请资料填写式样见表1-8～表1-10。

表 1-8   水利水电工程质量监督书

水利水电工程质量监督书
×××建设管理局：
你单位申报工程质量监督时提供的文件和资料，经审查符合规定，已缴纳监督费，统一办理工程质量监督注册手续。我站将对其实施政府质量监督管理，并按《建设工程质量管理条例》第七章《履行责任和义务》。
工程名称：
工程地点：
注册登记号：
××市水利水电工程质量监督检查 　　　　　　　　　　　　　　　　　　　　（公章）

本监督书一式两份，业主和我站各执一份。

表 1-9   水利水电工程质量监督注册登记表

登记号：_____

工程名称			工程地点		
联 系 人		联系电话		邮政编码	
工程概况					
开工时间			竣工时间		
施工单位			资质等级		
设计单位			资质等级		
监理单位					
金结制造单位			金结安装单位		
机组制造单位			机组安装单位		
线路施工单位			资质等级		
电杆供应厂					
建设单位：			（公章）		
项目法人：			（签字）		

表 1-10　　　　　　　　　　**水利水电工程质量保证体系登记表**

工程单位		
建设单位	法人代表	
	技术负责人	
施工单位	项目经理	
	技术负责人	
	质 检 员	
监理单位	总　监	
	监理工程师	
	监 理 员	
设计单位	项目负责人	
	技术负责人	
	设 计 员	
设备制造、安装单位	项目负责人	
	技术负责人	
	施 工 员	
线路工程施工单位	项目负责人	
	技术负责人	
	施 工 员	

说明：以上单位应若不止一家，应加页填写。

三、工程开工申请

1. 单位工程开工申请

承建单位应在单位工程开工前，将施工组织设计报送监理机构批准，并据批准文件向监理机构申请单位工程开工。单位工程开工申请单填写式样见表 1-11。

表 1-11　　　　　　　　　　　　**单位工程开工申请单**

承建单位：×××水利工程第一工程局　　　　　　　　　　合同编号：　　　　　No.

致工程监理单位：
鉴于本申请书申报单位工程的施工组织设计已经完成。施工设备已经基本调集进场。人员以及施工组织已经到位，开工条件业已具备。申请本单位工程开工．以便进行施工准备，促使首批开工的分部（分项）工程项目早日开工。 　　承建单位：×××水利工程第一工程局 　　项目经理：××× 　　申报日期：××年×月×日

承建单位申报记录	申请开工单位工程名称或编码		
	合同工期目标		
	计划施工时段	自××年×月×日至××年×月×日	
	计划首批开工分部（分项）工程项目名称或编码		
附件目录	☐施工组织设计 ☑控制性施工进度计划 ☑进场施工设备表 ☑施工组织及人员计划 ☐	监理机构签收记录	开工指令于申报文件通过审议后专文发送。 签 收 人：××× 签收日期：××年××月××日

说明：一式四份报送监理部，签收后返回申请单位两份。

2. 分部（分项）工程开工申请

分部、分项工程开工，承建单位必须按工程承建合同文件和相应工程项目监理细则规定的程序、期限与要求，编报施工作业措施计划，并据监理机构的批准文件申请分部、分项工程开工许可证。分部（分项）工程开工申请单填写式样见表 1-12。

表 1-12　　　　　　　　　分部（分项）工程开工申请单

承建单位：××水利工程第一工程局　　　　　　　　合同编号：××-×　　No.

申请开工分部（分项）工程 或分部（分项）工程编码		××水利工程 2号河堤		工程部位	
申请开工日期		××年×月×日	计划工期	××年×月×日至××年×月×日	
施工准备 工作检查 记　录	序号	检 查 内 容		检 查 结 果	
	1	设计文件、施工技术、措施、计划交底		资料完整	
	2	主要施工设备、机具到位		设备到位	
	3	施工安全、工程管理和质量保证措施到位		具备安全防护措施	
	4	建筑材料、成品或半成品报验合格		进场材料已通过试验检测可以开始施工	
	5	劳动组织及人员组合安排完成		人员已经到位，资格证、上岗证齐全	
	6	风、水、电等必需的辅助生产设施就绪		具备开工条件	
	7	场地平整、交通、临时设施和准备工作就绪		具备开工条件	
	8				
	9				
附件目录	☑分部（分项）工程施工措施计划 ☑分部（分项）工程施工进度表 □				
承建单位 申报记录	本项工程开工条件已经具备，施工准备已经就绪。报请检查并批准按申请日期开工。 申报单位：××水利工程第二工程局 项目经理：××× 日期：××年×月×日		监理机构 签收记录	监理部：××监理公司监理部 签收人：××× 签收日期：××年×月×日	

说明：一式四份报送监理部，签收后返回申请单位两份。

3. 单元工程开工申请

单元工程开工，承建单位或其下级施工单位与授权管理机构必须依照工程承建合同文件规定和监理细则文件要求，向监理机构申报单元工程开工签证，并以此作为工程计量及支付申报的依据。

下序单元工程的开工，由承建单位质检部门凭上序工程施工质量终检合格证和单元工程质量评定表向监理机构申办开工签证，联检单元工程的开工或开仓还需附施工质量联合检验合格证。

凡需要进行地质编录或竣工地形测绘的，在工程开工前，还必须同时具备该项工作完成的签证记录。

为有利于工程施工的紧凑进行，对于开工准备就绪，并且工程开工不影响地质编录或测绘工作完成的，经承建单位或其施工单位申报，监理工程师也可依照监理机构授权在上序单元工程检验合格的同时，签发下序单元工程开工签证。

第七节　工　程　施　工　方　案

水利水电工程的施工方案是对整个建设项目全局做出统筹规划和全面安排，其主要是解决影响建设项目全局的重大战略问题。它是施工组织设计的中心环节，是对整个建设项目带有全局性的总体规划。

一、工程施工方案的编制

（一）施工方案的编制依据

施工方案编制的依据主要是：施工图纸、施工现场勘察调查的资料和信息、施工验收规范、质量检查验收标准、安全与技术操作规程、施工机械性能手册、新技术、新设备、新工艺等资料。

（二）施工方案的编制要求

在进行施工方案编制时，应对具体情况进行具体分析，按总工期、合同工期的要求，事先制定出必须遵循的原则，做出切实可行的施工方案。

1. 分期分批施工

对于大中型、总工期较长的工程建设项目，一般应在保证总工期的前提下，实行分期分批建设。在对工程进行分期分批时，应根据生产工艺要求、工程规模大小、施工难易程度、建设单位要求、资金和技术资源情况等，由建设单位、监理单位和施工单位共同研究确定。这样既可使各具体项目迅速建成，及早发挥工程效益，又可在全局上实现施工的连续性和均衡性，减少临时工程数量，降低工程成本。

2. 确定施工顺序

由于建设产品的固定性，且必须在同一场地上进行，如果没有前一阶段的工作，后一阶段就不能进行，因此建设施工活动具有一定的顺序性。即使它们之间交错搭接地进行，也必须按照一定的顺序进行。

在确定施工顺序时，除了应满足施工工艺的要求，不能违背各施工顺序间存在的工艺顺序关系，还应考虑施工组织、施工质量的要求，如施工顺序有多种方式时，应按照对施工组织有利和方便的原则来确定。例如水闸在施工时，因闸室基础较深，而相邻结构基础浅，则应根据施工组织的要求，先施工闸室深基础，再施工相邻的浅基础。

在安排施工项目先后顺序时，还应按照各工程项目的重要程度，优先安排以下工程。

（1）先期投入生产或起主导性作用的工程项目。

（2）工程量大、施工难度大、施工工期长的工程项目。

（3）生产需先期使用的机修、车床、办公楼及部分宿舍等。

（4）供施工使用的项目。如钢筋加工厂、木材加工厂、各种预制构件加工厂、混凝土搅拌站、采砂（石）场等附属企业及其他为施工服务的临时设施。

3. 施工季节的影响

不同季节对施工有很大影响，它不仅影响施工进度，而且还影响工程质量和投资效益，在确定工程施工时应特别注意。在多雨地区施工时，必须先进行土方工程施工，再进行其他工程的施工；大规模的土方工程和深基础工程施工，最好不要安排在雨季；在寒冷地区施工时，最好在入冬时转入室内作业和设备安装。

（三）施工方案的内容

由于建设项目的性质、规模、客观条件不同，施工方案的内容和侧重点也各不相同，其主要内容应包括施工方法、施工工艺流程和施工机械设备等。

对施工方法的确定，要兼顾技术工艺的先进性和经济的合理性；对施工工艺流程的确定，要符合施工的技术规律；对施工机械的选择，应使主要施工机械的性能满足工程的需要，辅助配套机械的性能应与主导施工机械相适应，并能充分发挥主导施工机械的工作效率。

在现代化施工条件下，施工方法与施工机械关系极为密切，一旦确定了施工方法，施工机械也就随之而定。施工方法的选择随工种工程的不同而不同，例如，土石方工程中，确定土石方开挖方法或爆破方法；钢筋混凝土工程中，确定模板类型及支撑方法，选择混凝土的搅拌、运输和浇筑方法等。所选择的机械化施工总方案，不仅在技术上先进、适用，而且在经济上是合理的。

（四）施工方案的选择

在确定施工方案前，还应对施工方案进行技术经济评价，其目的在于对单位工程各可行的施工方案进行比较，选择出工期短、质量好、成本低的最佳方案。

对施工方案常用的评价方法有定量和定性分析评价两种，对施工方案的选择具有非常重要的意义。

1. 定量分析评价

定量分析评价是通过计算各方案的一些主要技术经济指标，包括工程的工期指标、劳动量指标、主要材料消耗指标和成本指标等，然后进行综合比较分析，从中选出综合指标较佳方案的一种方法。

2. 定性分析评价

定性分析评价是指结合施工经验，对多个施工方案的优缺点进行分析比较，最后选定较优方案的评价方法。水利水电工程施工方案的编制工作非常重要，只有编制出切合实际的施工方案，才能保证水利水电工程建设的顺利进行。

二、工程施工方案的审核

1. 审核依据

对于省管河道及出海、河口水域滩涂开发利用的工程建设方案，水利工程主管部门进行审核时，应依据《中华人民共和国水法》、《中华人民共和国防洪法》以及河口滩涂管理条例等相关法律、法规和地方性管理条例。审核时，应先进行技术评审，合格后交主管领导审核批准。

2. 审批条件

（1）符合流域综合规划，并与土地利用总体规划、海域开发利用总体规划、城市总体规划和航道整治规划相协调。

（2）符合河口滩涂开发利用规划；河口滩涂高程较稳定，且处于淤涨拓宽状态。

（3）符合防洪标准和有关技术规范要求。

（4）符合河道行洪纳潮、生态环境、河势稳定、防汛工程设施安全等的要求。

3. 常提交的申请材料

（1）经有审批权的环保部门审查同意的河口滩涂开发利用环境影响评价报告。

（2）建设项目所在地县级以上水行政主管部门的初审意见。

（3）河口滩涂开发利用项目所涉及的防洪措施。

（4）河口滩涂开发利用项目对河口变化、行洪纳潮、堤防安全、河口水质的影响以及拟采取的措施。

（5）开发利用河口滩涂的用途、范围和开发期限。

4. 省管河道管理范围内工程建设方案的审批

（1）受理范围及审批依据。在本行政区域内主要河道及其出海口河道管理范围内，修建跨河、穿河、穿堤或临河的水利工程时，必须提交工程建设方案，经水利工程主管部门审核批准。若水利工程设施涉及或影响的范围较大，也应提交上一级主管部门审核批准。审批提交的工程建设方案时，应依据《中华人民共和国水法》、《中华人民共和国河道管理条例》以及本地区相关行政法规和规章等进行，审核合格后，方可作为工程建设的依据。

（2）审批条件。

1）符合江河流域综合规划和有关的国土及区域发展规划。

2）符合防洪标准和有关技术规范要求，但不得妨碍防洪抢险。

3）对河道行洪纳潮、河势稳定、水流流态、水质、冲淤变化及堤防、护岸和其他水利工程安全的影响较小，且采取相应的补救措施。

（3）提交的申请材料。工程建设单位应提交的申请材料建设项目所在地县级以上人民政府和建设单位上报主管部门的文件或意见；建设项目所在地县级以上水行政主管部门的初审意见；可行性研究阶段的建设项目设计资料和文件清单；防洪评估报告。

以上材料要求一式两份。

（4）新建、扩建、改建的工程建设方案的审批。在省管权限的水利工程管理和保护范围内，对新建、扩建、改建的工程建设方案审批时，应提交以下申请材料。

1）申请报告。

2）水利工程管理单位意见。

3）工程建设设计报告（方案）。

4）工程建设设计计算书。

5）工程建设项目设计图纸。

6）涉及通航水域内的建设项目，航道主管部门的批复意见。

7）涉及河道防洪的建设项目，防洪评估报告。

水利工程主管部门接到申请材料后，应认真审查，符合审批条件的应予以批准；不符合审批条件的，可予以驳回。

第八节 文件归档范围与保管期限

水利水电工程建设前期与工程建设管理文件归档范围与保管期限见表1-13。

表 1-13   文件资料归档范围与保管期限

序　号	归　档　文　件	保管期限		
		项目法人	运行管理单位	流域机构档案馆
1	工程建设前期工作文件材料			
1.1	勘测设计任务书、报批文件及审批文件	永久	永久	
1.2	规划报告书、附件、附图、报批文件及审批文件	永久	永久	
1.3	项目建议书、附件、附图、报批文件及审批文件	永久	永久	
1.4	可行性研究报告书、附件、附图、报批文件及审批文件	永久	永久	
1.5	初步设计报告书、附件、附图、报批文件及审批文件	永久	永久	
1.6	各阶段的环境影响、水土保持、水资源评价等专项报告及批复文件	永久	永久	
1.7	各阶段的评估报告	永久	永久	
1.8	各阶段的鉴定、试验等专题报告	永久	永久	
1.9	招标设计文件	永久	永久	
1.10	技术设计文件	永久	永久	
1.11	施工图设计文件	长期	长期	
2	工程建设管理文件材料			
2.1	工程建设管理有关规章制度、办法	永久	永久	
2.2	开工报告及审批文件	永久	永久	
2.3	重要协调会议与有关专业会议的文件及相关材料	永久	永久	
2.4	工程建设大事记	永久	永久	永久
2.5	重大事件、事故声像材料	长期	长期	
2.6	有关工程建设管理及移民工作的各种合同、协议书	长期	长期	
2.7	合同谈判记录、纪要	长期	长期	
2.8	合同变更文件	长期	长期	
2.9	索赔与反索赔材料	长期		
2.10	工程建设管理涉及的有关法律事务往来文件	长期	长期	
2.11	移民征地申请、批准文件及红线图（含土地使用证）、行政区域图、坐标图	永久	永久	
2.12	移民拆迁规划、安置、补偿及实施方案和相关的批准文件	永久	永久	
2.13	各种专业会议记录	长期	＊长期	
2.14	专业会议纪要	永久	＊永久	＊永久

续表

序　号	归　档　文　件	保管期限		
		项目法人	运行管理单位	流域机构档案馆
2.15	有关领导的重要批示	永久	永久	
2.16	有关工程建设计划、实施计划和调整计划	长期		
2.17	重大设计变更及审批文件	永久	永久	永久
2.18	有关质量及安全生产事故处理文件材料	长期	长期	
2.19	有关招标技术设计、施工图设计及其审查文件材料	长期	长期	
2.20	有关投资、进度、质量、安全、合同等控制文件材料	长期		
2.21	招标文件、招标修改文件、招标补遗及答疑文件	长期		
2.22	投标书、资质资料、履约类保函、委托授权书和投标澄清文件、修正文件	永久		
2.23	开标、评标会议文件及中标通知书	长期		
2.24	环保、档案、防疫、消防、人防、水土保持等专项验收的请示、批复文件	永久	永久	
2.25	工程建设不同阶段产生的有关工程启用、移交的各种文件材料	永久	永久	*永久
2.26	出国考察报告及外国技术人员提供的有关文件材料	永久		
2.27	项目法人在工程建设管理方面与有关单位（含外商）的重要来往函电	永久		

注　保存期限中有 * 的类项，表示相关单位只保存与本单有关或较重要的相关文件资料。

本　章　思　考　题

1. 水利工程建设的基本程序是什么？

2. 单位工程项目划分的原则是什么？

3. 水利工程项目可行性研究的主要内容包括哪些？

4. 水利水电工程建设前期工作文件的内容有哪些？

5. 项目建议书的主要内容是什么？如何编制项目建议书？

6. 对项目建议书的报送与审批有何要求？

7. 水利水电工程可行性研究报告的主要内容是什么？

8. 水利水电工程各阶段的鉴定书如何填写？

9. 水利水电工程前期工作文件资料的归档范围与保管期限有何规定？

第二章 工程施工资料整编

学习目标： 通过学习工程施工资料整编，了解工程施工过程中所涉及的主要工作，理解和掌握现场施工管理、施工技术、施工测量记录、施工物资、施工试验记录和施工安全管理等资料的收集范围、整编要求和编制方法，正确填写施工资料。

第一节 施工管理资料

一、工程概况表

工程概况表是对工程基本情况的简单叙述，应包括单位工程的一般情况、构造特征、机电系统及其他等相关内容，具体要求如下：

（1）"一般情况"栏内，工程名称应填写全称，与建设工程规划许可证、施工许可证及施工图纸中的工程名称一致。

（2）"构造特征"栏内，应结合工程设计要求，做到重点突出。

（3）"机电系统"栏内应简要描述工程机电各系统名称及主要设备参数、容量、电压等级等。

（4）"其他"栏内可填写工程的独特特征，或采用的新技术、新产品、新工艺等。

二、现场施工管理资料

（一）现场见证取样及送检资料

水利工程施工现场见证取样及送检资料主要有：有见证取样和送检见证人备案书、见证记录、有见证试验汇总表等。

1. 有见证取样和送检见证人备案书

（1）有见证取样和送检见证人备案书填写说明如下：

1）见证人一般由施工现场监理人员担任，施工和材料、设备供应单位人员不得担任。见证人员必须由责任心强、工作认真的人担任。

2）工程见证人确定后，由建设单位向该工程的监督机构递交备案书进行备案，如见证人更换须办理变更备案手续。

3）所取试样必须送到有相应资质的检测单位。

（2）有见证取样和送检见证人备案书填写范例见表2-1。

2. 见证记录

水利工程施工现场，见证人员及检测人员必须对所取试样实事求是，不许弄虚作假，否则应承担相应的法律责任。

表2-1   **有见证取样和送检见证人备案书**

___×××___ 质量监督站：   ___×××___ 试验室：

我单位决定，由 ___×××___ 同志担任 ___××发电厂房___ 工程见证取样和送检见证人。由有关的印章和签字如下，请查收备案。

有见证取样和送检印章	见证人签字
××监理公司	×××
有见证取样和送检印章	×××

建设单位名称（盖章）：××水利工程开发总公司   ××年×月×日

监理单位名称（盖章）：××监理公司   ××年×月×日

施工项目负责人签字：×××   ××年×月×日

（1）施工过程中，见证人应按照事先编写的见证取样和送检计划进行取样及送检。

（2）试样上应做好样品名称、取样部位、取样日期等标识。

（3）单位工程有见证取样和送检次数不得少于试验总数的30%，试验总次数在10次以下的不得少于2次。

（4）送检试样应在施工现场随机抽取，不得另外制作。

见证取样记录填写范例见表2-2。

表2-2   **见 证 取 样 记 录**   编号：

工程名称：___××水库混凝土坝___ 取样部位：___坝基上×m处___ 样品名称：___混凝土标养试块___

取样数量：___一组___   取样地点：___施工现场___   取样日期：___××年×月×日___

见证记录：

见证取样取自06号罐车。试块上已做明标识。

有见证取样和送检印章：

××监理公司
有见证取样和送检印章：

取样人签字：   ×××

见证人签字：   ×××

3. 有见证试验汇总表

（1）本表由施工单位填写，并纳入工程档案。见证取样及送检资料必须真实、完整，符合规定，不得伪造、涂改或丢失。如试验不合格，应加倍取样复试。

（2）有见证试验汇总表（表2-3）填写说明及要求如下：

表2-3   **有 见 证 试 验 汇 总 表**

工程名称：××××   施工单位：××工程局   建设单位：××水利工程开发总公司

监理单位：×监理公司   见证人：×××   试验室名称：×××

试验项目	应送试总次数	有见证试验次数	不合格次数	备 注
混凝土试块	65	27	0	
砌筑砂浆试块	20	8	0	
钢筋原材	42	5	0	
直接螺纹钢筋接头	20	18	0	
SBS防水卷材	5	3	0	

施工单位：××工程局   制表人：×××   填制日期：××年×月×日

1)"试验项目"指规范规定的应进行见证取样的某一项目。

2)"应送试总次数"指该项目按照设计、规范、相关标准要求及试验计划应送检的总次数。

3)"有见证取样次数"指该项目按见证取样要求的实际试验次数。

（二）施工日志

（1）施工日志是施工活动的原始记录，是编制施工文件、积累资料、总结施工经验的重要依据，由项目技术负责人具体负责。

（2）施工日志应以单位工程为记载对象。从工程开工起至工程竣工止，按专业指定专人负责逐日记载，并保证内容真实、连续和完整。

（3）施工日志填写内容应根据工程实际情况确定，一般应含工程概况、当日生产情况、技术质量安全情况、施工中发生的问题及处理情况、各专业配合情况、安全生产情况等。

（4）施工日志可以采用计算机录入、打印，也可按规定样式手工填写，并装订成册，必须保证字迹清晰、内容齐全，由各专业负责人签字。

（三）施工现场质量管理检查记录表

（1）建筑工程项目经理部应建立质量责任制度及现场管理制度；健全质量管理体系；制定施工技术标准；审查资质证书、施工图、地质勘察资料和施工技术文件等。

（2）施工单位应按规定填写"施工现场质量管理检查记录"（表2-4），报项目总监理工程师（或建设单位项目负责人）检查，并做出检查结论。

表2-4　　　　　　　　　施工现场质量管理检查记录　　　　编号：

工程名称	××工程	施工许可证	×××	开工日期	××年×月×日
设计单位	××水利水电工程勘探设计院		项目负责人		×××
建设单位	××水利工程开发总公司		项目负责人		×××
监理单位	××监理公司		总监理工程师		×××
施工单位	××工程局	项目经理		项目技术负责人	×××

序号	项目	内容
1	现场质量管理制度	质量例会制度；月评比及奖罚制度；三检及交接检制度；质量与经济挂钩制度
2	质量责任制	岗位责任制；设计交底会制；技术交底制；挂牌制度
3	主要专业工种操作上岗证书	测量工、钢筋工、起重工、电焊工、架子工等有证
4	分包管理制度	分包方资质与分包单位的管理制度
5	施工图审查情况	审查报告及审查批准书××设××号
6	地质勘察资料	地质勘探报告
7	施工组织设计、施工方案及审批	施工组织设计编制、审核、批准齐全
8	施工技术标准	有模板、钢筋、混凝土灌注等
9	工程质量检验制度	原材料及施工检验制度；抽测项目的检验计划
10	搅拌站及计量设置	有管理制度和计量设施精确度及控制措施
11	现场材料、设备存放与管理	钢材、砂石、水泥及玻璃、地面砖的管理办法

检查结论：

施工现场质量管理制度完整，符合要求，工程质量有保障。

总监理工程师

（建设单位项目负责人）　　×××　　　　　　　××年×月×日

三、工程质量事故报告

1. 工程质量事故调（勘）查记录

水利工程质量事故调（勘）查记录（表 2-5）是当工程发生质量事故后，调查人员对工程质量事故进行初步调查了解和现场勘察所形成的记录。

表 2-5　　　　　　　　　水利工程质量事故调（勘）查记录　　　　　编号：

工程名称	××工程		日　期	××年×月×日
调（勘）查时间	××年×月×日×时×分至×时×分			
调（勘）查地点	（工程项目所在地）			
参加人员	单　位	姓　名	职　务	联系电话
被调查人	××工程局	×××	项目经理	××××××××
陪同（勘）查人员	×××	×××	质检员	××××××××
	×××	×××	质检员	××××××××
调（勘）查笔录	××年×月×日在混凝土施工时。由于振捣工没有按照混凝土振捣操作规程操作，致使坝面与坝基交接处有长 100cm、宽 10cm 混凝土发生漏筋、孔洞等质量缺陷			
现场证物照片	☑有　□无　共 5 张　共 4 张			
事故证据资料	☑有　□无　共 8 张　共 5 页			
被调查人签字	×××		调（勘）查人	×××

（1）本表应由调查人员来填写，各有关单位保存。

（2）本表应本着实事求是的原则填写，严禁弄虚作假。应采用影像的形式真实记录现场情况，作为分析事故的依据。

（3）"调（勘）查笔录"栏应填写工程质量事故发生时间、具体部位、原因等，并初步估计造成的损失。

2. 工程质量事故报告单

工程发生重大质量事故后，调查人员应如实填写工程质量事故报告单（表 2-6），并交各有关单位保存。

表 2-6　　　　　　　　　工程质量事故报告单　　　　　（承包〔××〕事故×号）

合同名称：××水利施工合同　　承包人：××市第×水利水电工程局　　合同编号：

致：（监理机构） ××年×月×日×时，在××（工程地点）发生×××事故，现将事故发生情况报告如下，待调查结果出来后，再另行做详情报告		
事故简述	混凝土施工时，由于振捣工没有按照混凝土振捣操作规程操作致使坝基与垫层交接处出现一长 90cm、宽 10cm 的缺口，发生漏筋、漏石等质量缺陷	
初步处理意见	①对该处工程拆除返工，重新进行浇筑。②对直接责任人进行质量意识教育，持证上岗，并处以 50 元经济罚款。③对所在班组提出批评，并停工一天进行规程培训	
已采取应急措施		
（填报说明） 项目经理：（签名）	承　包　人：（全称及盖章） 日　期：××年×月×日	监理机构将另行签发批复意见。 监理机构：（全称及盖章） 签收人：（签名）　　日　期：××年×月×日

其中事故发生时间应记载年、月、日、时、分；估计造成损失，指因质量事故导致的返工、加固等费用，包括人工费、材料费和一定数额的管理费；事故情况，包括倒塌情况（整体倒塌或局部倒塌的部位）、损失情况（伤亡人数、损失程度、倒塌面积等）；事故原因，包括设计原因（计算错误、构造不合理等）、施工原因（施工粗制滥造、材料、构配件或设备质量低劣等）、设计与施工的共同问题、不可抗力等；处理意见，包括现场处理情况、设计和施工的技术措施、主要责任者及处理结果。

第二节 施工技术资料

一、施工技术交底记录

1. 技术交底规定

（1）重点和大型工程施工组织设计交底应由施工企业的技术负责人把主要设计要求、施工措施以及重要事项对项目主要管理人员进行交底。其他工程施工组织设计交底应由项目技术负责人进行交底。

（2）专项施工方案技术交底应由项目专业技术负责人负责，根据专项施工方案对专业工长进行交底。

（3）分项工程施工技术交底应由专业工长对专业施工班组（或专业分包）进行交底。

（4）"四新"（新材料、新产品、新技术、新工艺）技术交底应由项目技术负责人组织有关专业人员编制。

（5）设计变更技术交底应由项目技术部门根据变更要求，并结合具体施工步骤、措施及注意事项等对专业工长进行交底。

2. 技术交底记录

（1）技术交底记录（表2-7）应包括施工组织设计交底、专项施工方案技术交底、分项工程施工技术交底、"四新"技术交底和设计变更技术交底。各项交底应有文字记录，交底双方签认应齐全。

表 2-7　　　　　　　　　　　技 术 交 底 记 录　　　　　　编号：

工程名称	引水隧洞	交底日期	××年×月×日
施工单位	××水利水电第二工程局	分项工程名称	隧洞开挖与衬砌
交底提要	锚 喷 支 护		
交底内容： （1）锚喷支护用的锚杆材质符合设计要求；使用的钢筋要调直、除锈、去污。 （2）水泥强度等级不低于42.5级，宜选用普通硅酸盐水泥，所用外加剂中严禁含有对锚杆有腐蚀作用的化学成分。 （3）对易风化、易崩解和具膨胀性等岩体，开挖后要及时封闭岩体，并采取防水、排水措施			
审核人	×××	交底人	×××	接受交底人	×××

（2）施工技术交底的内容应具有可操作性和针对性，能够切实地指导施工，不允许出现"详见×××规程"之类的语言。技术交底记录应对安全事项重点单独说明。

（3）当作分项工程施工技术交底时，应填写"分项工程名称"栏，其他技术交底可不填写。

（4）附件收集：必要的图纸、图片、"四新"的相关文件。

二、图纸会审纪要

图纸会审纪要应由建设、设计、监理和施工单位的项目相关负责人签认，形成正式图纸会审记录。不得擅自在会审记录上涂改或变更其内容。

监理、施工单位应将各自提出的图纸问题及意见，按专业整理、汇总后报建设单位，由建设单位提交设计单位做交底准备。

图纸会审记录应由施工单位根据不同的专业进行汇总、整理。图纸会审记录一经各方签字确认后即成为设计文件的一部分，是现场施工的依据。

图纸会审纪要填写式样见表 2-8。

表 2-8 图 纸 会 审 纪 要　编号：

工程名称		××工程		分类工程名称		×××
工程地点		（工程项目所在地）		日　期		××年×月×日
序　号	图　号	图 纸 问 题			图纸问题交底	
1	结—1	结构说明 3 中，混凝土材料：沥青混凝土心墙使用抗渗混凝土未给出抗渗等级			抗渗等级为 P8	
2	结—10	Z14 中标高为 25.20～28.00m 与剖面图不符			Z14 标高应改为 21.50～28.00m	
签字栏	建设单位		监理单位	设计单位		施工单位
	××（新材料、新产品、新技术、新工艺）		×××	×××		×××

三、施工组织设计

1. 施工组织设计的内容

（1）工程概况。

（2）开工前施工准备。

（3）施工部署与施工方案。

（4）施工进度计划。

（5）施工现场平面布置图。

（6）劳动力、机械设备、材料和构件等供应计划。

（7）建筑工地施工业务的组织规划。

（8）主要技术经济指标的确定。

在上述几项基本内容中，第（3）、（4）、（5）项是施工组织设计的核心部分。

2. 施工组织设计的编制依据

（1）《水利工程可行性研究报告编制规程》（DL/T 5020—2007）。

（2）可行性研究报告及审批意见、上级单位对本工程建设的要求或批件。

（3）工程所在地区有关基本建设的法规或条例、地方政府、业主对本工程建设的要求。

（4）国民经济各有关部门（铁道、交通、林业、灌溉、旅游、环境保护、城镇供水等）对本工程建设期间的有关要求及协议。

（5）当前水利水电工程建设的施工装备、管理水平和技术特点。

（6）工程所在地区和河流的自然条件（地形、地质、水文、气象特征和当地建材情况等）、施工电源、水源及水质、交通、环境保护、旅游、防洪、灌溉、航运、供水等现状和近期发展规划。

（7）当地城镇现有修配、加工能力，生活、生产物资和劳动力供应条件，居民生活、卫生习惯等。

（8）施工导流及通航等水工模型试验、各种原材料试验、混凝土配合比试验、重要结构模型试验、岩土物理力学试验等成果。

（9）工程有关工艺试验或生产性试验成果。

（10）勘测、设计各专业有关成果。

（11）有关技术新成果和类似工程的经验资料等。

3. 施工组织机构

施工组织设计必须有施工组织机构图，以概要说明承担本工程的项目经理部资质、人员构成基本情况。现场组织机构及主要人员报审表式样见表2-9。

表 2-9　　　　　　　　　　现场组织机构及主要人员报审表

（承包〔××〕机人 × 号）

合同名称：　　　　　　　　合同编号：　　　　　　　　　　　　承包人：

序号	机构设置	职责范围	负责人/联系方式	主要技术、管理人员	各工种技术工人	备 注
现提交第×次现场机构及主要人员报审表，请审查。 　附件：相关人员资质、资格或岗位证书 承包人：（全称及盖章）　　项目经理：（签名）×××　　　日期：××年×月×日						
监理机构将另行签发审核意见。 监理机构：（全称及盖章）　　签收人：（签名）×××　　　日期：××年×月×日						

说明：本表一式×份，由承包人填写，监理机构审核后，随同审核意见承包人、监理机构、发包人各一份。

4. 施工总进度

施工总进度的任务是根据工程所在地区的自然条件、社会经济资源及工程建设目标、水工设计方案、工程施工方案、工程施工特性等，研究确定关键性工程的施工进度，从而选择合理的总工期及相应的总进度；在保证工程质量和施工安全的前提下，协调平衡和安排其他单项工程的施工进度，使工程各阶段、各单项工程、各工序间统筹兼顾，最大限度地合理使用建设资金、劳动力、机械设备和工程材料。

施工设备选择及劳动力组合宜遵守以下原则。

（1）适应工程所在地的施工条件，符合设计要求，劳动力满足施工强度要求。

（2）设备性能机动、灵活、高效、能耗低、运行安全可靠，符合环境保护要求。

（3）应按各单项工程工作面、施工强度、施工方法进行设备配套选择；有利于人员和设备的调动，减少资源浪费。

（4）设备通用性强，能在工程项目中持续使用。

（5）设备购置及运行费用较低，易于获得零、配件，便于维修、保养、管理和调度。

（6）新型施工设备宜成套应用于工程，单一施工设备应用时，应与现有施工设备生产率相适应。

（7）在设备选择配套的基础上，施工作业人员应按工作面、工作班制、施工方法以混合工种结合国内平均先进水平进行劳动力优化组合设计。

（8）劳动力需要量表填写式样见表2-10。

表 2-10 劳 动 力 需 要 量

序号	工种名称	需要总工日数	需用人数及进场日期											备注
			1月	2月	3月	4月	5月	6月	7月	8月	9月	10月	11月	
1	钢筋工	××××												计划人数××
2	电工	××××												计划人数××
3	焊工	××××												计划人数××
4	起重工	××××												计划人数××
5	爆破工	××××												计划人数××
6	砌筑工	××××												计划人数××
7	防水工	××××												计划人数××
8	混凝土工	××××												计划人数××
9	机电工种	××××												计划人数××
10	普工	××××												计划人数××
11	其他工种													计划人数××
	合计	××××												×××
施工技术负责人	×××	造价员		×××			日期			××年×月×日				

（9）施工进度计划申报表填写式样见表2-11。

表 2-11 施工进度计划申报表

（承包〔××〕进度××号）

合同名称： 合同编号： 承包人：

致：（监理机构）
我方今提交×××工程（名称）的：
□工程总进度计划 □工程年进度计划 □工程月进度计划
请贵方审查。
附件：1. 施工进度计划。
2. 图表、说明书共××页。
3. 月份施工进度计划表。
承包人：（全称及盖章） 项目经理：（签名） 日期：××年×月×日
监理机构将另行签发审批意见。
监理机构：（全称及盖章） 签收人：（签名） 日期：××年×月×日

说明：本表一式×份，由承包人填写，监理机构审核后，随同审批意见承包人、监理机构、发包人、设计代表各一份。

（10）月份施工进度计划表式样见表 2-12。

表 2-12　　　　　　　　　　月份施工进度计划表

承建单位：　　　　　　　　　　合同编号：　　　　　　　　　　编号：

项目号 分项工程名称	单位	工程量	单价（元）	计划产值（元）	上　月						本　月																					
					26	27	28	29	30	31	1	2	3	4	5	6	7	8	9	10	11	12	13	14	15	16	17	18	19	20	21 22 23 24 25
备注																															

监理部：　　　　　　制表：　　　　　　校核：　　　　　　填报日期：××年×月×日

5. 主要物资供应计划

根据施工总进度的安排和定额资料的分析，对主要工程材料（如钢材、钢筋、木材、水泥、粉煤灰、油料、炸药等）和主要施工机械设备，列出总需要量和分年需要量计划。必要时还需提出进行试验研究和补充勘测的建议，为进一步深入设计和研究提供依据。

主要物资供应计划填写式样见表 2-13～表 2-15。

表 2-13　　　　　　　　　　　主要材料计划

序号	名　称	规　格	单位	数量	供应日期	备　注
1	钢　筋	×××	t	1260	××年×月×日	
2	粒料石	××××	m³	1.37 万	××年×月×日	
3	预拌混凝土	××××	m³	1519 万	××年×月×日	
项目经理	×××		造价员	×××	日期	××年×月×日

表 2-14　　　　　　　　成品、半成品、构配件加工计划

序号	名　称	设计代号	标准图及型号	规格（mm）	单位	数量	备　注
1	钢　筋	××	××		t	2371	
2	混凝土	××	××		t	1.9	
3	压力钢筋	××	××		t	118	
项目经理	×××	施工技术负责人	×××		日期	××年×月×日	

表 2-15　　　　　　　　　　主要机具设备计划

序号	名　称	规　格	需要量		使用起止日期	备　注
			单位	数量		
1	挖掘机		辆	2	××年×月×日	
2	装载机	××××	辆	1	××年×月×日	
3	采砂船	××××	辆	3	××年×月×日	
4	羊脚碾	××××	台	7	××年×月×日	
5	电焊机	××××	台	6	××年×月×日	
6	混凝土搅拌机	××××	辆	6	××年×月×日	
7	潜水泵	××××	台	4	××年×月×日	
项目经理	×××	技术员	×××		日期	××年×月×日

6. 施工现场平面图

在完成上述设计内容时，还应提交以下附图。

（1）施工场外交通图及施工转运站规划布置图。

（2）施工征地规划范围图及施工总布置图。

（3）施工导流方案综合比较图及施工导流分期布置图。

（4）导流工程结构布置图及导流工程施工方法示意图。

（5）施工期通航过木布置图。

（6）主要工程土石方开挖程序及基础处理示意图。

（7）主要工程的混凝土及土石方填筑施工程序、施工方法及施工布置示意图。

（8）地下工程开挖、衬砌施工程序、施工方法及施工布置示意图。

（9）机电设备、金属结构安装施工示意图。

（10）砂石料系统、混凝土拌和及制冷系统布置图。

（11）当地工程材料开采、加工及运输路线布置图。

（12）施工总进度表及施工关键线路图。

施工现场平面图应有比例，应能明确区分原有建筑及各类暂设（中粗线）、拟建建筑（粗线）、尺寸线（细线），应有指北针、图框。

7. 施工组织设计内部审批

（1）施工组织设计编制完成后，项目部各部门参与编制的人员在"施工组织设计会签表"（表 2-16）签字，交由项目经理签署意见并在会签表上签字。

表 2-16　　　　　　　　　　　　施工组织设计会签表

工程名称		××发电厂厂房工程			
建设单位	××水利工程建设指挥部	施工单位	××市第×工程局	编制部门	××水利水电第某工程局
编制人	×××	编制时间	××年×月×日	报审时间	××年×月×日
会签部门	生产经理	×××	安 全		×××
	总工程师	×××	保卫消防		×××
	生 产	×××	材 料		×××
	技 术	×××	机 械		×××
	质 量	×××	行 政		×××
会签意见： 　　　　　　　　　　　　　　　　　　　　　　经理：××× 　　　　　　　　　　　　　　　　　　　　　　××年×月×日					

（2）签字齐全后报上一级部门（公司技术部门），由上级部门组织同级相关部门对施工组织设计进行讨论，将讨论意见签署在"施工组织设计审批会签表"（表 2-17）。

（3）最后由总工程师对施工组织设计进行审批，将审批意见签于"施工组织设计审批表"（表 2-18）。

8. 施工组织设计上报审批

（1）施工单位在完成施工组织设计内部审批后，填写工程技术文件报审表上报建设（监

表 2-17　　　　　　　　　施工组织设计审批会签表

工程名称	××发电厂厂房工程		
建设规模			
建设单位	××水利工程建设指挥部	施工单位	××市第×工程局
会签部门		会签意见	会签人签字
技术部门		同　意	×××
质量部门		同　意	×××
生产部门		同　意	×××
安全部门		同　意	×××
消防保卫部门		同　意	×××

表 2-18　　　　　　　　　施工组织设计审批表

工程名称	××发电厂厂房工程	结构形式	
建设规模			
建设单位	××水利工程建设指挥部	施工单位	××市第×工程局
编制部门		编制人	×××
编制时间	××年×月×日	报审时间	××年×月×日
审批部门	××水利水电第×工程局	审批时间	××年×月×日
审批人	×××		
审批意见：			

理）单位批复意见，最后由施工单位依据批复意见对方案进行技术审核，以进入分项工程施工报验流程。

（2）如监理单位提出修改意见，则施工单位应重新上报修改审批表。

工程技术文件报审表填写式样见表 2-19。

表 2-19　　　　　　　　　工程技术文件报审表　　　　　　　　　编号：

工程名称	×××工程		日　期	××年×月×日
现报上关于×××工程工程技术文件，请予以审定				
序　号	类　别	编制人	册　数	页　数
1	施工组织设计	×××	1册	104
编制单位名称：×××水利水电第×工程局 技术负责人（签字）：×××　申报人（签字）：×××				
施工单位审核意见： 　同意上报施工组织设计及土方开挖施工方案．请施工单位严格按施工组织设计的部署施工。出现变更要及时补充修改施工组织设计或方案。 □有/☑无　附页 施工单位名称：××水利水电第×工程局　审核人（签字）：××××　审核日期：××年×月×日				
监理单位审核意见： 　同意。请施工单位在实施过程中严格执行。我单位做好过程中的监督工作。 审定结论：☑同意　□修改后再报　□重新编制 监理单位名称：××监理工程公司　监理工程师（签字）：×××　日期：××年×月×日				

说明：本表由施工单位填报，建设单位、监理单位、施工单位各保存一份。

四、设计变更通知单

（1）设计变更单是施工图纸的补充和修改的记载，是现场施工的依据。设计变更通知单由设计单位发出，转签后建设单位、监理单位、施工单位各保存一份。

（2）建设单位提出设计变更时，必须经设计单位同意。不同专业的设计变更应分别办理，不得办理在同一份设计变更通知单上。

设计变更通知单上，"专业名称"栏应按专业填写，如挡水工程、泄洪工程、引水工程、发电厂工程等。

（3）设计单位应及时下达设计变更通知单，内容翔实，必要时应附图，并逐条注明应修改图纸的图号。设计变更通知单应由设计专业负责人以及建设（监理）和施工单位的相关负责人签认。

（4）设计变更通知单填写式样见表2-20。

表2-20

设 计 变 更 通 知 单

（第××号）

承建单位：　　　　　　　　　　合同编号：　　　　　　　　　　编号：

致：　承包人 根据合同一般条款规定，现决对　　　　的设计进行变更，请按变更后的图纸组织施工，正式的变更指令另发。 变更项目内容的细节： 变更后合同金额的增减估计： 附件：变更设计图纸 　　　　　　　　　　　　　　　　　　　　监理部　　××年×月×日
承建单位签收：　　　　　　　　　　　　　　　　　　　　　　××年×月×日

说明：一式两份，承建单位签收后自留一份，退监理部一份，签发变更指令时附副本。

五、工程洽商单

1. 工程洽商单填写要求

（1）工程洽商单由施工单位、建设单位或监理单位其中一方发出，经各方签认后存档。

（2）工程洽商记录应分专业办理，内容翔实，必要时应附图，并逐条注明应修改图纸的图号。

（3）不同专业的洽商应分别办理，不得办理在同一份上。签字应齐全，签字栏内只能填写人员姓名，不得另写其他意见。

"专业名称"栏内应按专业如实填写；收集的附件包括所附的图纸及说明文件等。

（4）设计单位如委托建设（监理）单位办理签认，应办理委托手续。

2. 工程洽商单填写式样

工程洽商单填写式样见表2-21。

六、技术联系（通知）单

技术联系（通知）单是用于施工单位与建设、设计、监理等单位进行技术联系与处理时使用的文件。技术联系（通知）单应写明需解决或交代的具体内容。经协商各方同意签字可代替设计变更通知单。

技术联系（通知）单填写式样见表2-22。

表 2－21　　　　　　　　　　　　　工 程 洽 商 单　　　　　　　　　　　　　　编号：

工程名称		混凝土大坝	专业名称		坝基防渗与排水
提出单位名称		×××	日　　期		××年×月×日
内容摘要			关于垂直排水孔的设置		
序号	图号	洽商内容			
1	建－1	原垂直排水孔孔深为 12m，允许偏差±0.6m，现改为孔深 15m，允许偏差±0.3m			
2	建－1	原垂直排水孔倾斜度允许偏差不大于 1.5％，现改为倾斜度允许偏差不大于 1％			
3	建－1	原垂直排水孔平面偏差小于 10m，现改为孔口平面位置偏差不大于 10cm			
签字栏	建设单位		监理单位	设计单位	施工单位
	×××		×××	×××	×××

表 2－22　　　　　　　　　　　　　技 术 联 系 （通 知） 单

工程名称	××工程	编　　号	×××
提出单位	××水利水电第×工程局	日　　期	××年×月×日
事　　项			
提出内容： 申请单、设计院设计变更通知单一并上报。 已进入雨期。工期紧张，请抓紧给予审查并批准使用。			
建设单位意见：同意。 （公章）： 负责人签字：×××	监理单位意见：同意。 （公章）： 监理工程师签字：×××		施工单位意见：同意。按设计变更的要求抓紧施工。 （公章）： 技术负责人签字：×××

第三节　施 工 测 量 记 录 资 料

一、施工放样报验单

1. 施工放样报验单填写要求

（1）施工单位应在完成施工测量方案、红线桩的校核成果、水准总的引测成果及施工过程中各种测量记录后，填写施工放样报验单。

（2）施工单位填写后报送监理单位，经审批后返还，建设单位、施工单位及监理单位各存一份。

2. 施工放样报验单填写式样

施工放样报验单填写式样见表 2－23。

二、施工定位测量记录和报审表

工程定位测量是施工方依据测绘部门提供的放线成果、红线桩及场地控制网测定建设项目位置、主控轴线、高程等，标明现场标准水准点、坐标点位置，并填写工程定位测量记录。

表 2 - 23 　　　　　　　　　　施 工 放 样 报 验 单

工程名称：　　　　　　　　合同编号：＿＿＿＿＿＿＿＿　　　　　　　　编号：＿＿＿＿＿＿＿＿

致：＿＿＿＿＿＿		
根据合同要求，我们已完成＿＿＿＿＿＿＿＿＿＿的施工放样工作清单如下，请予查验。		
附件：测量及放样资料		
承建单位：　　××年×月×日		
工程或部位名称	放样内容	备　注
查验结果：		
测量员：　　××年×月×日		
工程承建单位 复查检验记录	复检人： 复检日期：　　××年×月×日	报送附件目录
监理工程师的结论： □查验合格　　　　□纠正差错后合格　　　　□纠正差错后再报 　　　　　　　　　　　　　　　　　监理工程师：　　××年×月×日		

说明：由承建单位呈报两份，作出结论后监理部留档一份，另一份退承建单位。

1. 工程定位测量记录表填写要求

（1）工程名称与图纸标签栏内名称要相一致。

（2）表式中的测量单位是指施工单位的测量单位（填写具体施测单位名称即可）。

（3）图纸编号填写施工蓝图编号。

（4）施测日期、复测日期按实际日期填写。

（5）定位抄测示意图要标注准确。

（6）复测结果一栏必须填写具体数字，各坐标点的具体数值。

（7）签字栏中技术负责人为项目总工；测量负责人为施测单位主管；施测人是指定位仪器操作者，复测人是指施测单位的上一级测量人员。

2. 工程定位测量记录表和施工测量成果报审表填写式样

工程定位测量记录表填写式样见表 2 - 24，施工测量成果报审表填写式样见表 2 - 25。

表 2 - 24 　　　　　　　　　工 程 定 位 测 量 记 录 表　　　　　　　编号：

工程名称	××水利工程	委托单位	××公司
图纸编号	×××	施测日期	××年×月×日
平面坐标依据	×××	复测日期	××年×月×日
高程依据	×××	使用仪器	DSI　96007
允许误差	±13mm	仪器校验日期	××年×月×日
定位抄测示意图：			
复测结果：			

签字栏	建设（监理）单位	施工（测量）单位	××水利工程第×工程局	测量人员岗位证书号	027—001038
		专业技术负责人	测量负责人	复测人	施测人
	×××	×××	×××	×××	×××

表 2 – 25　　　　　　　　　　　施工测量成果报审表

承建单位：　　　　　　　　　　　合同编号：＿＿＿＿　　　　　　　　　编号：＿＿＿＿

单位工程名称或编码		分部工程名称或编码	
分期工程名称或编码		单元工程名称或编码	
工程部位			
施测内容	施 测 单 位		施 测 说 明
承建单位 复查检验记录	复检人： 日　期：××年×月×日	报送附件目录	
承建单位 报送记录	报送单位： 日　期：××年×月×日	监理机构 认证意见	□成果验收合格　□按意见修改后执行　□重新报审 工程监理部： 认证人：　　　　　　　日期：××年×月×日

说明：一式四份报送监理部（处），完成认证后返回报送单位两份，留作单元、分部、单位工程质量评定资料备查。

第四节　施 工 物 资 资 料

一、工程物资分类

水利水电工程施工物资主要包括原材料、成品、半成品、构配件及设备等，其主要类型如下：

（1）Ⅰ类物资。指仅须有质量证明文件的工程物资，如大型混凝土预制构件、一般设备、仪表、管材等。

（2）Ⅱ类物资。指到场后除必须有出厂质量证明文件外，还必须通过复试检验（试验）才能认可其质量的物资，如水泥、钢筋、砌块、混凝土外加剂、石灰、小型混凝土预制构件、防水材料、关键防腐材料（产品）、保温材料、锅炉、进口压力容器等。

Ⅱ类物资进场后应按规定进行复试，验收批量的划分及必试项目按相关规定进行，可根据工程的特殊需要另外增加试验项目。

水泥出厂超过三个月、快硬硅酸盐水泥出厂一个月后必须进行复试并提供复试检验（试验）报告，复试结果有效期限同出厂有效期限。

（3）Ⅲ类物资。指除须有出厂质量证明文件、复试检验（试验）报告外，施工完成后，需要通过规定龄期后再经检验（试验）方能认可其质量的物资，如混凝土、沥青混凝土、砌筑砂浆、石灰粉煤灰砂砾混合料等。

二、工程物资分级管理

（一）分级管理的原则

（1）供应单位或加工单位负责收集、整理和保存所供物资原材料的质量证明文件。

（2）施工单位则需收集、整理和保存供应单位或加工单位提供的质量证明文件和进场后进行的试（检）验报告。

（3）各单位应对各自范围内工程资料的汇集、整理结果负责，并保证工程资料的可追溯性。

（二）分级管理的规定

1. 钢筋

（1）钢筋多采用场外委托加工的形式，委托加工单位应保存钢筋的原材出厂证明、复试报告、接头连接试验报告等资料，并保证资料的可追溯性；加工单位必须向施工单位提供"半成品钢筋出厂合格证"。

（2）半成品钢筋进场后施工单位还应进行外观质量检查，如对质量产生怀疑或有其他约定时可进行力学性能和工艺性能的抽样复试。

（3）对钢筋进行力学性能和工艺性能试验时，应从同一出厂批、同规格、同品种、同加工形式为一验收批，对钢筋连接接头每不大于 300 个接头取不少于一组。

2. 混凝土

（1）现场混凝土多采用搅拌站预拌的方式。混凝土预拌供应单位应提供以下资料，并保证资料的可追溯性。混凝土试配记录、水泥出厂合格证和试（检）验报告、砂和碎（卵）石试验报告、轻骨料试（检）验报告、外加剂和掺合料产品合格证和试（检）验报告、开盘鉴定、混凝土抗压强度报告（出厂检验混凝土强度值应填入预拌混凝土出厂合格证）、抗渗试验报告（试验结果应填入预拌混凝土出厂合格证）、混凝土坍落度测试记录（搅拌站测试记录）和原材料有害物含量检测报告。

（2）预拌混凝土供应单位必须向施工单位提供：混凝土配合比通知单、预拌混凝土运输单、预拌混凝土出厂合格证（32d 内提供）、混凝土氯化物和碱总量计算书等。

（3）在混凝土浇筑施工中，施工单位应形成的资料包括：混凝土浇灌申请书，混凝土抗压强度报告（现场检验），抗渗试验报告（现场检验），混凝土试块强度统计、评定记录（现场）等。

（4）预拌混凝土供应单位必须向施工单位提供质量合格的混凝土，并随车提供预拌混凝土发货单，在 45d 内提供预拌混凝土出厂合格证。有抗冻、抗渗等特殊要求的预拌混凝土合格证提供时间一般不大于 60d，由供应单位和施工单位在合同中明确规定。

（5）采用现场搅拌混凝土方式的，施工单位应收集、整理上述资料中除预拌混凝土出厂合格证、预拌混凝土运输单之外的所有资料。

3. 预制构件

（1）施工单位使用预制构件时，预制构件加工单位应保存各种原材料的质量合格证明、复试报告等资料以及混凝土、钢构件、木构件的性能试验报告和有害物含量检测报告等资料，并应保证各种资料的可追溯性。

（2）施工单位必须保存加工单位提供的"预制混凝土构件出厂合格证"、"钢构件出厂合格证"以及其他构件合格证和进场后的试（检）验报告。

三、材料进场检验相关资料

1. 材料进场检验相关资料填写要求

（1）工程物资进场后，施工单位应及时组织相关人员检查外观、数量及供货单位提供的质量证明文件等，合格后填写于表内。

（2）填写时应填写准确、统一，日期应准确，填写内容应规范。

（3）检验结论及相关人员签字应清晰可认，严禁他人代签。

（4）按规定应进行复试的工程物资必须在进场检查验收合格后取样复试。

2. 材料进场检查验收相关资料填写式样

材料进场检查验收相关资料填写式样见表2-26～表2-30。

表 2-26　　　　　　　　　　　进 场 材 料 检 验 单

工程名称：＿＿＿＿＿＿＿＿＿＿＿＿＿＿＿　　　　　　　　　　　　编号：＿＿＿＿＿＿

工程名称	热轧带肋钢筋	规 格	HRB335/φ12	数 量	20t
拟用何处	现浇混凝土柱、梁、板的配筋	产地及厂（场）家	××钢铁公司
进场日期	××年×月×日至××年×月×日	检查日期	××年×月×日
装运卸情况	按要求完成
堆放储存情况	按要求完成
抽样数	6.954kg
抽样方法	随　机

主要质量指标	试验项目	力　学　性　能					弯　曲　性　能	
	规定指标	屈服点（MPa）	抗拉强度（MPa）	伸长率（%）	$\sigma_{b实}/\sigma_{s实}$	$\sigma_{b实}/\sigma_{s标}$	弯心直径（mm）	角　度
	试验值	375	570	30	1.52	1.12	75	180
		380	572	30	1.53	1.13	75	180

自检意见及签名	合格 ××× ××年×月×日
监理工程师意见及签名	合格 ××× ××年×月×日
附　件	（1）材料出厂（场）合格证 （2）材料抽样试验报告单 （3）……

审核人：×××　　　制表人：×××　　　日期：××年×月×日

表 2-27　　　　　　　　　　　材 料 进 场 登 记 表

工程名称：＿＿＿＿＿＿＿＿＿＿＿＿＿＿＿　　　　　　　　　　　　编号：＿＿＿＿＿＿

序号	材料名称	规格型号	单位	数量	日　期	供货单位	收料人	备注
1	光圆钢筋	HRB235/φ10	kg	250	××年×月×日	××钢铁公司	×××	
2	光圆钢筋	HRB235/φ12	kg	300	××年×月×日	××钢铁公司	×××	
3	热轧带肋钢筋	HRB335/φ16	kg	350	××年×月×日	××钢铁公司	×××	
4	热轧带肋钢筋	HRB335/φ18	kg	400	××年×月×日	××钢铁公司	×××	

审核人：×××　　　制表人：×××　　　日期：××年×月×日

四、工程物资资料编制

1. 编制要求

工程物资资料是反映施工所用的物资质量是否满足设计和规范要求的各种质量证明文件和相关配套文件（如使用说明书、安装维修文件等）的统称。其编制要求如下：

（1）工程所用物资均应具有出厂质量证明文件［包括产品合格证、出厂检验（试验）

表 2 - 28　　　　　　　　　　　　　进场材料质量检验报告单

建设单位：　　　　　　　　　合同编号：　　　　　　　　　编号：

申报使用工作项目及部位				工程项目施工时段		
材料	材料名称	规　格	数　量	产地或厂家	进场日期	检查日期
记录						
储存情况			储存地点或库号			
抽样方法			抽　样　数			
主要质量检测指标	试验项目					
	规　定　值					
	试　验　值					
试验室结论						
承建单位报送记录	报送单位： 日期：××年×月×日			监理机构认证意见	□合格　　□按审批意见办理 □不合格　　□ 工程监理部： 认　证　人：　　　　日期：××年×月×日	
附件目录	1. 材料出厂合格证　2. 材料样品试验报告					

说明：一式四份报送监理部，完成认证后返回报送单位两份，留作单元、分部、单位工程质量评定资料备查。

表 2 - 29　　　　　　　　　　　　　材 料 复 验 委 托 单　　　　　　　　　　编号：

工程名称	××工程	建设单位	××水利工程建设指挥部	
委托单位	××水利工程第×工程局			
送件名称	热轧带肋钢筋	种类、规格、型号	HRB 335/ϕ25	
生产厂家	××钢铁公司	代表批量（t）	60	
工程使用部位	基础底板	送样数量（t）	6	
委托试验项目及内容	（此处详述实际委托试验项目及内容） 　　　　　　　　　　　　　　　　（公章） 　　　　　　　　　　　　　××年×月×日			
委托日期	××年×月×日	要求提供报告日期	××年×月×日	
签字	取样人 ××年×月×日	送检人 ××年×月×日	取送样见证人 ××年×月×日	测验单位存档号

说明：1. 本表由委托单位填制。

　　　2. 抽样按有关规定进行，委托单位及有关人员对试样的代表性、真实性负有法定责任。

　　　3. 试验报告按现行国家、行业标准检测试验，若无相应标准时，可采用商定标准进行试验。

　　　4. 试验结果即代表批量，并对试验数据及结论负有法定责任。

　　　5. 报告内容填写、签章齐全，书写规整清晰，涂改无效。

　　　6. 经试验不合格者应及时书面通知有关单位，并建立不合格试验项目台账，以备查考。

报告、产品生产许可证和质量保证书等〕。质量证明文件应反映工程物资的品种、规格、数量、性能指标等，并与实际进场物资相符。当无法或不便提供质量证明文件原件时，复印件亦可。复印件必须清晰可辨认，其内容应与原件一致，并应加盖原件存放单位公章、注明原件存放处、有经办人签字和时间。

表 2 - 30　　　　　　　　　　　材 料 复 验 报 告 表　　　　　　　　　编号：

材料名称	热轧带肋钢筋		规格型号	HRB 335/φ25	二次复验编号		×××	
进货日期	×年×月×日	单位	×××	应收数量	6		实收数量	6
生产厂家	×××钢铁有限公司							
质量证明书号	×××		炉批号	×××	合同号		×××	
发票号	×××		验收日期	×年×月×日	验收单号		×××	

材料名称、批量与采购合同（单）相符	是 [√] 否 [ ]
包装和运输符合要求	是 [√] 否 [ ]
规格型号符合采购要求	是 [√] 否 [ ]
标识符合规范和采购合同（单）的要求	是 [√] 否 [ ]
有正确的合格证和质保书	是 [√] 否 [ ]
外观尺寸符合要求	是 [√] 否 [ ]
是否需要进行二次复验	是 [ ] 否 [√] 如果"是"进行下一步
委托单编号	
	取样方法说明：

备注：	

验收主管：×××　　　　　　　　交货人：×××　　　　　　　　验收人：×××

（2）凡使用的新材料、新产品，应由具备鉴定资格的单位或部门出具鉴定证书，同时具有产品质量标准和试验要求，使用前应按其质量标准和试验要求进行试验或检验。新材料、新产品还应提供安装、维修、使用和工艺标准等相关技术文件。

（3）进口材料和设备等应有商检证明（国家认证委员会公布的强制性［CCC］认证产品除外）、中文版的质量证明文件、性能检测报告以及中文版的安装、维修、使用、试验要求等技术文件。

（4）涉及结构安全和使用功能的材料需要代换且改变设计要求时，必须有设计单位签署的认可文件。涉及安全、卫生、环保的物资应有相应资质等级检测单位的检测报告。

2. 材料进场检验

材料、构配件进场后，应由建设（监理）单位会同施工单位共同对进场物资进行检查验收，并填写相关质量检验资料。填写时，工程物资名称、规格、数量、检验项目和结果等填写应规范、准确；检验结论及相关人员签字应清晰可辨认，严禁其他人代签。常用的材料进场检验报告见表 2-31～表 2-36。

3. 材料试验报告

材料试验报告由具备相应资质等级的检测单位出具，作为各种相关材料的附件进入资料流程。工程名称、使用部位及代表数量应准确并符合规范要求。

按规范要求须做进场复试的物资，应按其相应专用复试表格填写，未规定专用复试表格的，应按材料试验报告（通用）（表 2-37）填写。

4. 出厂证明文件

工程所用材料应有出厂证明文件。建设（监理）单位和施工单位除应对材料质量进行检查外，还应填写材料出厂证明文件，如建筑材料质量检验合格证（表2-38）。

表2-31　　　　　　　　　水 泥 检 测 报 告 表

检测单位：　　　　　　　　　　合同项目编号：

分项工程			工程部位	
厂家品种和强度等级			取验日期	××年×月×日
序号	检查项目		检验结果	附　记
1	密度（g/cm³）			
2	细　度	80μm方孔筛筛余量（%）		
		比表面积（m²/kg）		
3	标准稠度（%）			
4	凝结时间	初凝（h：min）		
		终凝（h：min）		
5	安定性			
6	强度（MPa）	抗折强度	（　）d	
			（　）d	
			（　）d	
		抗压强度	（　）d	
			（　）d	
			（　）d	
7	水化热（J/g）		（　）d	
			（　）d	
			（　）d	

校核：　　　　　计算：　　　　　试验：　　　　　日期：××年×月×日

表2-32　　　　　　混凝土外加剂物理性能检验报告表

检测单位：　　　　　　　　　　合同项目编号：

品种名称		生产厂家	
取样地点		取样日期	××年×月×日
序号	检测项目	控制目标	检验结果	备注
1	固体含量（%）			
2	密度（%）			
3	pH值			
4	表面强力（N/m）			
5	泡沫性能			

校核：　　　　　计算：　　　　　试验：　　　　　日期：××年×月×日

表 2 - 33　　　　　　　　　　　　混凝土用砂检验报告表

检测单位：　　　　　　　　　　　合同项目编号：

分项工程		工程部位	
取样地点		试验日期	××年×月×日
项　目	检测结果	项　目	检测结果
表观密度（kg/m³）		吸水率（%）	
紧密密度（kg/m³）		有机物含量（%）	
堆积密度（kg/m³）		云母含量（%）	
含泥量（%）		轻物质含量（%）	
泥块含量（%）		坚固性（%）	
氯盐含量（%）		SO₃含量（%）	
泥水量（%）		碱活性	
颗　粒　级　配						
筛孔尺寸（mm）	10.0	5.0	2.5	1.25	0.63	0.315	0.16
分计筛余百分量（%）							
累计筛余百分量（%）							
细度模数 F·M							
检验结论							

校核：　　　　　　计算：　　　　　　试验：　　　　　　日期：××年×月×日

表 2 - 34　　　　　　　　　　　　混凝土拌和配料报告表

检测单位：　　　　　　　　　　　合同编号：

分项工程				浇筑部位					
混凝土强度等级				水灰比		拌和量（m³）			
项　目	水（kg）	水泥（kg）	粉煤灰（kg）	外加剂	砂（kg）	石（kg）			备注
						5～20mm	20～40mm	40～80mm	80～150mm	
预定拌和用量									
超逊径校正用量									
表面含水率（%）									
表面含水量（kg）									
校正后拌和用量									

校核：×××　　　　　　计算：×××　　　　　　日期：××年×月×日

表 2 - 35　　　　　　　　　　　　混凝土强度检验记录表

检测单位：　　　　　　　　　　　合同编号：

分项工程			工程部位			取样地点		
试件编号	试件尺寸（mm）	试件日期	龄期（d）	抗　压　强　度					
				破坏荷载（kN）	单块强度（MPa）	平均强度（MPa）	破坏强度（kN）	单块强度（MPa）	平均强度（MPa）

负责人：　　　　校核：　　　　计算：　　　　试验：　　　　日期：××年×月×日

表 2-36 　　　　　　　　　　**水工混凝土拌和质量检测报告表**

承建单位：　　　　　　　　　　　　合同编号：

单位工程名称或编码				分部工程名称或编码		
分项工程名称或编码				工程部位		
取样方法及检测数量				取样日期		××年×月×日
项　目	检测项目		质量标准	检测值		说　明
拌和质量						
试块质量						
承建单位质量评定等级	□优良　　　□合格 质检单位： 日　期：××年×月×日			监理机构 认证意见	□优良　　　□合格 工程监理部： 认证人： 日　期：××年×月×日	

说明：一式四份报监理部（处），完成认证后返回报送单位两份，留存作混凝土单元工程质量评定资料备查。

表 2-37 　　　　　　　　　　**材料试验报告（通用）** 　　　　　　　编号：

工程名称及部位				试样编号	
委托单位		试验委托人		委托编号	
材料名称及规格				产地、厂别	
代表数量		来样日期	××年×月×日	试验日期	××年×月×日
要求试验项目及说明：					
试验结果：					
结论：					
批　准		审　核		试验人员	
试验单位				报告日期	××年×月×日

表 2-38 　　　　　　　　　　**建筑材料质量检验合格证**

承建单位：　　　　　　　　　　　　合同编号：

申报使用工程项目及部位				工程项目施工时段		
材　料	序　号	规格型号	入库数量	生产厂家	出厂日期/ 入库日期	材料检验单号
钢　筋						
水　泥						
外加剂						
止水材料						
承建单位 报送记录	报送单位： 日　期：××年×月×日			监理机构 认证意见	□优良　　　□合格 工程监理部： 认证人： 日　期：××年×月×日	

说明：一式四份报监理部（处），完成认证后返回报送单位两份，留作单元、分部、单位工程质量评定资料备查。

5. 设备开箱检验记录

工程设备进场后，应由施工单位、建设（监理）单位、供货单位共同开箱检验。其检验项目应包括：设备的产地、品种、规格、外观、数量、附件情况、标识和质量证明文件、相关技术文件等。

检验完毕，应填写设备开箱检验记录（表 2-39）。开箱检验记录应包括：设备名称、检查日期、规格型号、总数量、装箱单号、查验数量、检验记录（包装情况、随机文件、备件与附件、外观情况、测试情况）、检验结果、结论等。

表 2-39   设 备 开 箱 检 验 记 录   编号：＿＿＿＿＿

设备名称		规格型号		总 数 量			
装箱单号		查验数量		检查日期	××年×月×日		
检验记录	包装情况						
	随机文件						
	备件与附件						
	外观情况						
	测试情况						
检验结果	缺、损附备件明细表						
	序 号	名 称	规 格	单 位	数 量	备 注	
结论：							
签字栏	建设（监理）单位		施 工 单 位		供 应 单 位		

说明：本表由施工单位填写并保存。

第五节 施 工 记 录 资 料

一、通用记录表

1. 隐蔽工程检查记录

隐蔽工程是指上道工序被下道工序所掩盖，其自身质量无法再进行检查的工程。隐检即对隐蔽工程进行抽查，并通过表格的形式将工程隐检内容、质量情况；检查意见等记录下来，作为工程维护、改造等重要的技术资料。

隐蔽工程检查记录（表 2-40）由施工单位填报，其中审核意见、复查结论由监理单位填写。其填写要求如下：

（1）工程名称、隐检项目、隐检部位及日期必须填写准确。

（2）隐检依据、主要材料名称及规格型号应准确，尤其对设计变更、洽商等容易遗漏的资料应填写完全。隐检内容应填写规范，必须符合各种规程规范的要求。

（3）审核意见应明确，将隐检内容是否符合要求表述清楚。

（4）复查结论主要是针对上一次隐检出现的问题进行复查，因此要对质量问题整改的结果描述清楚。

（5）签字应完整，严禁他人代签。

表2-40　　　　　　　　　隐蔽工程检查记录　　　　　　　　编号：_____

工程名称	××右坝段		隐检项目	右坝肩接头
隐检部位	基础1-1		隐检日期	××年×月×日
隐检依据：施工图图号_____，设计变更/洽商（编号_____）及有关国家现行标准等。 主要材料名称及规格/型号：_____				
隐检内容： 　（1）基础面松动岩块、陡坎、尖角均已撬挖处理。局部有爆孔。 　（2）坝基开挖面基本平顺；局部出现不平顺光面；不平处用混凝土块填平补齐。 　（3）基坑边坡稳定。无反坡。无松动岩石坡面大致平整。 　隐检内容已做完，请予以检查。 　　　　　　　　　　　　　　　　　　　　　　　申报人：×××				
审核意见：经检查，上述各项内容均符合设计要求及《碾压式土石坝和浆砌石坝施工质量验收规范》的规定。				
检查结论：☑同意隐蔽　　　　　　　□不同意，修改后进行复查				
复查结论： 　符合规范规定，可进行下一道工序。 　　　　　　　　　　　　　　　　　　　复查人：××× 　　　　　　　　　　　　　　　　　　　复查日期：××年×月×日				
签字栏	建设（监理）单位	施工单位	××建筑工程公司	
		专业技术负责人	专业质检员	专业工长
	×××	×××	×××	×××

2. 预检记录

预检是对施工过程中某重要工序进行的预先质量控制的检查记录。预检合格后方可进入下一道工序。依据现行施工规范，对于其他涉及工程结构安全、多体质量、建筑观感，及人身安全须做质量预控的重要工序，应做质量预控，并填写预检记录。

预检记录（表2-41）填写要求如下：

（1）工程名称应与施工图纸中的名称相一致；预检项目要按实际检查的项目填写，检查多个项目时要分别填写，不得将几个预检项目绕写在一个栏内。

（2）检查部位及检查时间应按照实际检查部位和检查时间填写。

（3）预检依据包括：施工图纸、设计变更、工程洽商及相关施工质量验收规范、标准规程等。主要材料或设备应按实际发生材料、设备项目填写；其规格、型号要表述清楚。

（4）检查意见应明确，一次验收未通过的要注明质量问题，并提出复查要求。

（5）复查意见主要是针对上一次验收的问题进行的，因此应把质量问题改正的情况表述清楚。

3. 施工检查记录

对隐蔽检查记录和预检记录不适用的其他重要工序，应按照现行规范要求进行施工质量检查，填写施工检查记录（通用）（表2-42）。附件收集：附相关图表、图片、照片及说明文件等。

表 2 - 41　　　　　　　　　　　　预　检　记　录　　　　　　　　　编号：_____

工程名称	×××发电厂房工程	预检项目	模　板
预检部位	×××	检查日期	××年×月×日

依据：施工图纸（施工图纸号××－×）、设计变更/洽商（编号××－×）和有规范、规程。
主要材料或设备：　钢模板、木模板、架管等
规格/型号：_____

预检内容：
　（1）模板清理干净。隔离剂涂刷均匀，擦拭光亮。
　（2）模板方案支模、支撑系统的承载能力、刚度和稳定性。
　（3）模板几何尺寸、轴线位置、垂直度、平整度、板间接缝。
　预检内容均已做完，请予检查。

检查意见：
　经检查，模板几何尺寸、轴线位置、预埋件、预留孔洞位置尺寸符合设计要求。标高传递准确。模板清理干净。脱模剂涂刷均匀，无遗漏。模内清理到位。可进行下道工序施工。

复查意见：完全符合要求，可进行下道工序施工。
复查人：×××　　　　　　　　　　　　　　　　　复查日期：××年×月×日

施工单位	×××建筑工程公司	
专业技术负责人	专业质检员	专业工长
×××	×××	×××

表 2 - 42　　　　　　　　　　施工检查记录（通用）　　　　　　　　　编号：_____

工程名称	水闸工程	检查项目	地基开挖及处理
检查部位	0－145～0－115段地基开挖	检查日期	××年×月×日

检查依据：
　（1）施工图纸水－3，水－5。
　（2）《水闸施工规范》（SL 27—1991）。

检查内容：
　（1）基坑开挖前，地下水降低于开挖面0.57m。
　（2）机械布置合理。分层分段依次开挖，排水沟逐层设置。
　（3）地基已清理干净。无树根、草皮、乱石、坟墓，水井泉眼已处理。地质符合设计。
　（4）岸坡清理不彻底。有树根、草皮，已责成施工人员重新清理。

检查结论：
　经检查，岸坡已清理干净。无树根、草皮、乱石，且有裂隙处及洞穴已处理，符合《水电水利基本建设工程单元工程质量等级评定标准 第一部分：土建工程》（DL/T 5113.1—2005）的规定。

复查意见：
复查人：　　　　　　　　　　　　　　　　　　　复查日期：

施工单位	××建筑工程公司	
专业技术负责人	专业质检员	专业工长
×××	×××	×××

4. 交接检查记录

　　交接检查记录由移交单位形成，适用于不同施工单位之间的移交检查，当前一专业工

程施工质量对后续专业工程施工质量产生直接影响时，应进行交接检查。

（1）不同工序交接应填写工序交接检查记录；可自行设定，不使用交接检查记录。

（2）分项（分部）工程完成，在不同专业施工单位之间应进行工程交接，并应进行专业交接检查，填写交接检查记录。

（3）移交单位、接收单位和见证单位共同对移交工程进行验收，并对质量情况、遗留问题、工序要求、注意事项、成品保护、注意事项等进行记录，填写"专业交接检查记录"。

（4）"见证单位"栏内应填写施工总承包单位质量技术部门，参与移交及接收的部门不得作为见证单位。

当在总包管理范围内的分包单位之间移交时，见证单位应为"总包单位"；当在总包单位和其他专业分包单位之间移交时，见证单位应为"建设（监理）单位"。

见证单位应根据实际检查情况，并汇总移交和接收单位意见形成见证单位意见。

（5）由移交单位、接收单位和见证单位三方共同签认的交接检查记录方可生效。

交接检查记录填写式样见表 2-43。

表 2-43   交 接 检 查 记 录   编号：_____

工程名称	××大坝		
移交单位名称	××市第×工程局	接收单位名称	××水电工程局
交接部位	防渗面板	检查日期	××年×月×日
交接内容： 　　按《水工碾压式沥青混凝土施工规范》（DL/T 5363—2006）的规定。防渗面板施工前对基础进行验收。 　　内容包括：坝体的强度等级、坐标、标高、几何尺寸、表面处理状况等。			
检查结果： 　　经检查：碾压式土石坝防渗面板基础质量符合施工要求，验收合格。同意进行设备安装。			
复查意见： 复 查 人：××× 复查日期：××年×月×日			
见证单位意见： 　　符合设计及规范要求，同意交接。			
签字栏	见证单位名称	××工程公司××工程项目质量部	
	移交单位	接收单位	见证单位
	×××	×××	×××

二、地基基础检查记录

1. 地基验槽检查记录

（1）水利工程基础施工应进行施工验槽，检查内容包括基坑位置、平面尺寸、持力层核查、基底绝对高程标高（和相对标高及绝对高程）、基坑土质及地下水位等，有基础桩支护或桩基工程还应有工程桩的检查。

（2）地基验槽检查记录（表 2-44）应由建设、勘察、设计、监理、施工单位共同验收签认。地基需处理时，应由勘察、设计部门提出处理意见。

表 2 - 44   地 基 验 槽 检 查 记 录   编号：_____

工程名称	×××工程		验槽日期		××年×月×日
验槽部位			× × ×		

依据：施工图纸（施工图纸号 ___结－1，结－3）、设计变更/洽商（编号 _____ ）及有关规范、规程。

验槽内容：
    （1）基槽开挖至勘探报告第 _×_ 层，持力层为 _×_ 层。
    （2）基底绝对高程和相对标高 _××_ m _－8.70m_
    （3）土质情况 _2类黏土 基底为老土层，均匀密实_
    （附：☑钎探记录及钎探点平面布置图）
    （4）桩位置 _/_ 、桩类型 _/_ 、数量 _/_ ，承载力满足设计要求。
    （附：   □施工记录、   □桩检测记录）
    注：若建筑工程无桩基或人工支护，则相应在第4条填写处画"/"。
                         申报人：×××

检查意见：槽底土均匀密实。与地质勘探报告（编号××）相符。基槽平面位置、几何尺寸、基槽底标高、定位符合设计要求。地下水情况：槽底地下水位上1.5m，无坑、穴洞。
    检查结论：☑无异常，可进行下道工序   □需要地基处理

签 字 公章栏	建设单位	监理单位	设计单位	勘察单位	施工单位
	×××	×××	×××	×××	×××

    （3）对于进行地基处理的基槽，还应再办理一次地基验槽记录，并将地基处理的洽商编号、处理方法等注明。

    （4）验槽内容：注明地质勘察报告编号，基槽标高、断面尺寸，必要时可附断面简图示意。注明土质情况，附上钎探记录和钎探点平面布置图。若采用桩基还应说明桩的类型、数量等，附上桩基施工记录、桩基检测报告等。

    （5）检查意见要明确，验槽内容要符合要求且描述清楚，在检查中，一次验收未通过的要注明质量问题，并提出具体处理意见。

    2. 地基处理记录

    地基需处理时，应由勘察、设计部门提出处理意见，施工单位应依据勘察、设计单位提出的处理意见进行地基处理，完工后填写地基处理记录（表2-45），内容包括地基处理方式、处理部位、深度及处理结果等。地基处理完成后，应报请勘察、设计、监理部门复查。当地基处理范围较大、内容较多、用文字描述较困难时，应附简图示意。如勘察、设计单位委托监理单位进行复查时，应有书面的委托记录。

    3. 地基钎探记录

    （1）地基钎探记录（表2-46）主要包括钎探点平面布置图和钎探记录。钎探前应绘制钎探点平面布置图，确定钎探点布置及顺序编号。

    （2）地基钎探主要用于检验浅土层（如基槽）的均匀性，确定基槽的容许承载力及检验填土质量。钎探中如发现异常情况，应在地基钎探记录表的备注栏内注明。

    （3）专业工长负责钎探的实施，并按照钎探图及有关规定进行钎探和记录。钎探记录表中施工单位、工程名称要写具体，锤重、自由落距、钎径、钎探日期要依据现场情况填写。

    （4）钎探记录表应附有原始记录表，污损严重的可重新抄写，但原始记录要保存好，并附在新件之后。

表 2-45　　　　　　　　　地 基 处 理 记 录　　　　　　　编号：_____

工程名称	××工程	日　　期	××年×月×日

处理依据及方式：

处理依据：

(1)《建筑地基基础工程施工质量验收规范》(GB 50202—2002)。

(2)《建筑地基处理技术规范》(JGJ 79—2002)。

(3) 本工程《地基基础施工方案》。

(4) 设计变更/洽商(编号××)及钎探记录。

方式：填级配石厚 200mm。

处理部位及深度(或用简图表示)

□有　　☑无附页(图)

处理结果：

填级配石厚 200mm

(1) 先将基底松土及橡皮土清至老土层。

(2) 按设计要求两侧钉好水平桩。标高控制在-2.2m，与回填级配石上平。

(3) 回填级配石的粒径不大于 10cm。且无草根、垃圾等有机物。

(4) 填好级配石后用平板振动器振捣遍数不少于三遍。

(5) 排水沟内填卵石。不含有砂子。标高至基底上表面。

(6) 级配石的运输方法：用钉好的溜槽投料。严禁将配石由上直接投入槽中。

检查意见：经复验，已按洽商要求施工完毕，符合质量验收规范要求，可以进行下道工序施工。

(由勘察、设计单位签署复查意见)

检查日期：××年×月×日

签字栏	监理单位	设计单位	勘察单位	施工单位	××工程公司	
				专业技术负责人	专业质检员	专业工长
	×××	×××	×××	×××	×××	

表 2-46　　　　　　　　　地 基 钎 探 记 录　　　　　　　编号：_____

工程名称	××工程	钎探日期					××年×月×日	
套锤重	12kg	自由落距			60cm		钎径	φ35

顺序号	各步锤击数							备注
	0~30cm	30~60cm	60~90cm	90~120cm	120~150cm	150~180cm	180~210cm	
1	15	39	722	85	25	72	88	
2	14	15	78	57	28	35	43	
3	18	48	89	29	16	18	29	
4	14	40	46	99	35	36	65	
5	18	55	89	40	25	42	34	
6	18	81	143	58	47	39	17	
7	17	69	154	38	34	75	69	
8	56	58	32	26	82	82	68	
9	18	65	75	48	18	29	33	
10	24	75	106	88	20	36	18	
11	16	68	115	66	26	44	69	
12	16	67	113	42	41	67	65	
13	21	72	97	30	26	44	42	
14	25	68	68	42	25	31	29	
15	17	61	76	70	19	90	85	
16	15	54	80	63	19	23	27	
17	16	56	100	116	41	111	58	

施工单位	× × 工 程 公 司		
专业技术负责人	专业工长		记录人
×××	×××		×××

三、混凝土检查记录

1. 混凝土浇灌申请书

(1) 混凝土浇筑申请书（表2-47）的内容应包括：工程名称、浇筑部位及时间、混凝土强度等级及配合比、准备工作情况、批准意见及批准人等。各项内容应根据实际情况填写清楚、齐全，不得有缺项、漏项。

表2-47   混凝土浇筑申请书   编号：_____

工程名称	××水利水电工程	申请浇筑日期	××年×月×日×时
申请浇筑部位	混凝土防渗墙墙基础	申请方量（m³）	×××
技术要求	坍落度170cm，初凝时间2.3h	强度等级	C35
搅拌方式（搅拌站名称）	××混凝土公司	申请人	×××
依据：施工图纸（施工图纸号××-×）、设计变更/洽商（编号__/__）和有关规范、规程。			
施工准备检查		专业工长（质量员）签字	备注
1. 隐检情况：☑ 已 □未完成隐检。		×××	
2. 预检情况：☑ 已 □未完成预检。		×××	
3. 水电预埋情况：☑ 已 □未完成并未经检查。		×××	
4. 施工组织情况：☑ 已 □未完备。		×××	
5. 机械设备准备情况：☑ 已 □未准备。		×××	
6. 保温及有关准备：☑ 已 □未准备。		×××	

审批意见：原材料、机械设备及施工人员已就位。
        施工方案及技术交底工作已落实。
        计量设备已准备完毕。
        各种隐预检、水电预埋工作已完成。			

审批结论：☑同意浇筑 □整改后自行浇筑 □不同意，整改后重新申请			
审 批 人：××× 审批日期：××年×月×日			
施工单位名称：××工程公司			

(2) 混凝土浇筑申请应由施工班组填写申报，由管理单位和技术负责人或质量检查人员批准，每一台班都应填写。

(3) 正式浇筑混凝土前，施工单位应检查各项准备工作（如钢筋、模板工程检查，水电预埋检查，材料、设备及其他准备检查等），自检合格填写"混凝土浇筑申请书"报监理单位后方可浇筑混凝土。

2. 预拌混凝土运输单

(1) 预拌混凝土供应单位应随车向施工单位提供预拌混凝土运输单。

(2) "预拌混凝土运输单"有正、副本之分，其内容应包括工程名称、使用部位、供应方量、配合比、坍落度、出站时间、到场时间和测定的现场实测坍落度等，见表2-48。

(3) "预拌混凝土运输单"的正本由供应单位保存，副本由施工单位保存。

3. 混凝土准许浇筑证

混凝土浇筑前应办理准许浇筑的证明。工程监理单位在开具混凝土准浇证明之前应对混凝土浇筑的各项准备工作是否符合要求，模板、钢筋、预埋件及施工缝处理是否合格等进行检查。混凝土准许浇筑证填写式样见表2-49。

表 2 - 48 预拌混凝土运输单（正本） 编号：_____

合同编号	×××	任务单号	×××		
供应单位	××混凝土公司	生产日期	××年×月×日		
工程名称及施工部位	××工程××部位				
委托单位	×××	混凝土强度等级	C30	抗渗等级	×
混凝土输送方式	泵送	其他技术要求	—		
本车供应方量（m³）	30	要求坍落度（mm）	140～160	实测坍落度（mm）	150
配合比编号	××-×	配合比比例	C：W：S：G=1.0：0.49：2.42：3.17		
运距（km）	20	车号	×××	车次 16 司机 ××		
出站时间（h：min）	13：38	到场时间（h：min）	14：28	现场出罐温度（℃）	20
开始浇筑时间（h：min）	14：36	完成浇筑时间（h：min）	15：00	现场坍落度（mm）	150
签字栏	现场验收人		混凝土供应单位质量员	混凝土供应单位签发人	
	×××		×××	×××	

表 2 - 49 混凝土准许浇筑证

承建单位： 合同编号：

单位工程名称				工程量（m³）	
部位				编号	
桩号	上 下	左 右		高程	
分项工程质量检验结果		项 目		评定等级	竣工情况
	1	岩石地基开挖工程			
	2	基础岩石、混凝土施工缝处理			
	3	模 板			
	4	钢 筋			
	5	止水、伸缩缝和排水			
	6	观测仪器埋设			
	7	预 埋 件			
	8				
承建单位	经检查，本区浇筑前仓面各项准备工作已符合质量标准，允许进行混凝土浇筑。 质检人员：×××				
监理签证	本区浇筑措施完善。浇筑方法明确，浇筑设备完好齐备，可在此签证 5h 内开始浇筑。逾时未能浇筑混凝土，本准浇证作废。 签证时间：××年×月×日×时 _____监理部				

××年×月×日

4. 混凝土开盘鉴定

（1）采用预拌混凝土的，应对首次使用的混凝土配合比在混凝土出厂前，由混凝土供应单位自行组织相关人员进行开盘鉴定。

（2）混凝土开盘鉴定（表 2-50）的内容应包括：工程名称及部位、施工单位、鉴定编号、强度等级、要求坍落度、搅拌方式、配合比编号、试配单位、水灰比、砂率、鉴定结论、试块抗压强度、参加开盘鉴定各单位代表签字或盖章等。

表 2-50　　　　　　　　　　　混 凝 土 开 盘 鉴 定　　　　　　　编号：＿＿＿＿＿

工程名称及部位	×××工程			鉴定编号	×××	
施工单位	×××建筑工程公司			搅拌方式	强制式搅拌机	
强度等级	C35			要求坍落度	160～180cm	
配合比编号	×××			试配单位	×××混凝土公司试验室	
水灰比	0.46			砂率（％）	42	
材料名称	水泥	砂	石	水	外加剂	掺合料
每立方米用料（kg）	323	773	1053	180	8.7	91
调整后每盘用料（kg）	砂含水率5.4％　石含水率0.2％					
	646	1629	2110	272	17.4	182
鉴定结果	鉴定项目	混凝土拌和物性能			混凝土试块抗压强度（MPa）	原材料与申请单是否相符
		坍落度	保水性	黏聚性		
	设计	160～180cm			42.2	相　符
	实测	170cm	良好	良好		
鉴定结论： 　　同意C35混凝土开盘鉴定结果，鉴定合格。						
建设（监理）单位	混凝土试配单位负责人		施工单位技术负责人		搅拌机组负责人	
×××	×××		×××		×××	
鉴定日期	××年×月×日					

（3）采用现场搅拌混凝土的，应由施工单位组织监理单位、搅拌机组、混凝土试配单位进行开盘鉴定工作，共同认定试验室签发的混凝土配合比确定的组成材料是否与现场施工所用材料相符，以及混凝土拌和物性能是否满足设计要求和施工需要。

5. 混凝土浇筑、衬砌开仓证

（1）进行混凝土浇筑开仓前，应向监理单位提出报审表，应将钢筋绑扎、模板支立等具体情况填写清楚。混凝土浇筑开仓报审表填写式样见表 2-51。

（2）根据承建单位提出的混凝土浇筑开仓报审表，符合要求后监理单位应向承建单位颁发混凝土浇筑、衬砌开仓证。混凝土浇筑、衬砌开仓证式样见表 2-52。

6. 混凝土养护记录表

混凝土工程中凡是进行大体积混凝土施工和冬期施工的都应该有混凝土的养护测温记录这是监控混凝土质量情况的重要方法。测温工作必须由专业人员进行，并通过培训方可上岗，各项工程都应对混凝土的测温工作有详细的技术方案。

混凝土单元工程应进行最高气温、最低气温、平均气温、养护方法、洒水记录、养护前缺陷及修复记录，并附养护构筑物示意图。

表 2-51   **混凝土浇筑开仓报审表**

（承包〔   〕开仓   号）

合同名称：   合同编号：_____   承包人：_____

	单位工程名称		分部工程名称	
	单元工程名称		单元工程编码	
申报意见	主要工序	具备情况	主要工序	具备情况
	备料情况		模板支立	
	基面清理		细部结构	
	钢筋绑扎		混凝土系统准备	
	附：自检资料			
	混凝土浇筑准备就绪，请审批。 承包人：（全称及盖章） 负责人：（签名） 日 期： 年 月 日			
（审核意见） 监理机构：（全称及盖章） 监理工程师：（签名） 日 期： 年 月 日				

说明：本表一式五份，由承包人填写，监理机构审签后，发包人一份、监理机构一份、承包人三份。

表 2-52   **混凝土浇筑、衬砌开仓证**

承建单位：   合同编号：_____

单位工程			分部工程			分项工程		
工程部位			起止桩号			高 程		
设计图纸、通知								
缝 面	处 理			横向筋	规 格			
	清 洗				根 数			
岩 面	处 理				间 距			
	清 洗		钢筋	纵向筋	规 格			
其 他					根 数			
模板	稳定性				间 距			
	牢固性			平整度（%）				
	平整、光洁			搭接长	焊（cm）			
	平面尺寸误差				绑（cm）			
	预留孔、洞尺寸及位置			保护层（cm）				
止水（浆）片		搭接长度：		插入基岩：		尺寸：		位置：
预埋件		用途：		规格：		数量：		位置：
灌浆系统								
承建单位意见： 初检： 年 月 日 复检： 年 月 日 终检： 年 月 日								
监理单位意见： 监理工程师： 年 月 日								

混凝土单元工程养护记录表填写式样见表 2-53。

表 2-53　　　　　　　　　　　混凝土单元工程养护记录表

承建单位：　　　　　　　　　　　合同编号：

单位工程名称或编码				分部工程名称或编码			
分项工程名称或编码				单元工程名称或编码			
工程部位				桩号：		高程：	
施工单位				记录人			
养护记录		测量气温（℃）			养护方法	洒水记录	
		最高	最低	平均		__次/h； __次/d	
养护前缺陷及修复记录							
其他说明				养护构筑物示意图			
承建单位报送记录	报送单位：			监理机构认证意见	□合格　□不合格 工程监理部：		
	日　期：　年　月　日				认证人： 日　期：　年　月　日		

说明：一式四份报送项目监理处，完成认证后返回报送单位两份，留存单元、分部、单位工程质量评定资料备查。

7. 混凝土拆模申请单

在拆除现浇混凝土结构板、梁、悬臂构件等底模和柱墙侧模前，应填写混凝土拆模申请单（表 2-54），并附同条件混凝土强度等级报告，报项目专业负责人审批后报监理单位审核，通过后方可拆模。

表 2-54　　　　　　　　　　　　混凝土拆模申请单　　　　　　　　编号：_____

工程名称		××工程		申请拆模部位		×××	
构件类型				申请拆模时间		××年×月×日×时	
混凝土强度等级		C25		混凝土浇筑完成时间		××年×月×日	
拆模时混凝土强度要求		龄期（d）	同条件混凝土抗压强度（MPa）		达到设计强度要求（%）		强度报告编号
应达到设计强度的75%（或__MPa）		18	20		80		××-018
审批意见： 同意该部位混凝土拆模申请。 批准拆模日期：××年×月×日							
施工单位			××建筑工程公司				
专业技术负责人		专业质检员			申请人		
×××		×××			×××		

（1）拆模时混凝土强度规定：当设计有要求时，应按设计要求；当设计无要求时，应按现行规范要求。

（2）如结构形式复杂（结构跨度变化比较大）或平面不规则，应附拆模平面示意图。

（3）申请拆模部位按实际拆模部位填写。拆除模板和支架宜分散堆放并及时清运。

（4）审批意见：在同条件下，当混凝土养护试件的强度达到设计或规范要求时，由项目专业技术负责人审批。

8. 混凝土搅拌、养护测温记录

（1）冬期混凝土施工时，应进行搅拌、养护的测温记录，具体规定如下：

1）混凝土搅拌测温记录（表 2-55）应包括大气温度、原材料温度、出罐温度、入模温度等。

表 2-55 　　　　　　　　　　混凝土搅拌测温记录　　　　　　　 编号：_____

工程名称				\multicolumn{6}{c}{× × 工 程}						
混凝土强度等级				C25		坍落度			80mm	
水泥品种及强度等级				P·O 42.5		搅拌方式			机 械	
测温时间（℃）				大气温度（℃）	原材料温度（℃）				出罐温度（℃）	入模温度（℃）	备 注
年	月	日	时		水泥	砂	石	水			
××	×	×	10	+5	+5	+16	+4	+62	+18	+16	现场搅拌
××	×	×	12	+6	+5	+15	+4	+61	+18	+16	现场搅拌
××	×	×	14	+8	+5	+12	+5	+65	+20	+17	现场搅拌
××	×	×	16	+6					+18	+15	现场搅拌
××	×	×	18	+5					+19	+16	商品混凝土
××	×	×	20	+2					+17	+15	商品混凝土
××	×	×	22	0					+18	+16	商品混凝土
××	×	×	24	−2					+19	+16	商品混凝土
施工单位				\multicolumn{6}{c}{× ×建筑工程公司}						
专业技术负责人				\multicolumn{3}{c}{专业质检员}			\multicolumn{3}{c}{记录人}			
×××				\multicolumn{3}{c}{×××}			\multicolumn{3}{c}{×××}			

2）混凝土冬施养护测温应先绘制测温点布置图，包括测温点的部位、深度等。

测温记录应包括大气温度、各测温孔的实测温度、同一时间测得的各测温孔的平均温度和间隔时间等。

填写测温记录时，在"备注"栏内应填写"现场搅拌"或"预拌混凝土"。此外，表格中各温度值需标注上正负号，以便于清楚识读。

（2）测温起止时间指室外日平均气温连续 5d 低于 5℃时起，至室外日平均气温连续 5d 高于 5℃时止。掺加防冻剂的混凝土在未达到抗冻临界强度（4MPa）之前每隔 2h 测量一次，达到抗冻临界强度（4MPa）且温度变化正常，测温间隔时间可由 2h 调整为 6h。

（3）大体积混凝土施工应有对混凝土入模时的大气温度、养护温度记录、内外温差记录和裂缝进行检查并记录。大体积混凝土养护测温应附测温点布置图，包括测温点的布置位置、深度等。大体积混凝土养护测温记录应真实、及时，严禁弄虚作假。填写大体积混凝土养护测温记录表（表 2-56）记录时，应做好大气温度记录，并随时观察大气温度对混凝土中心及表面温度影响。

表 2-56 　　　　　　　大体积混凝土养护测温记录表　　　　　　编号：_____

工程名称	××工程				施工单位	××××建筑工程公司			
测温部位	①～⑤轴				测温方式	隔离测温	养护方法	浇水覆盖	
测温时间	大气温度（℃）	入模温度（℃）	孔号	各测温孔温度（℃）	$t_{中}-t_{上}$（℃）	$t_{中}-t_{下}$（℃）	$t_{气}-t_{上}$（℃）	内外最大温差记录（℃）	裂缝宽度（mm）
月	日	时							
×	×	10	29		1号	上 32.5	6	4	−3.5		
						中 44.0					
						下 37.0					
审核意见：混凝土测温点布置及测温措施控制，各项数据符合设计、规范要求。									
施工单位	××建筑工程公司								
专业技术负责人		专业工长				测温员			
×××		×××				×××			

四、其他施工记录

1. 构件吊装记录

（1）构件吊装记录适用于预制混凝土结构构件及大型钢、木构件吊装。有关构件吊装规定、允许偏差和检验方法参见相关标准、规范。构件吊装记录的内容应包括构件型号名称、安装位置、外观检查、堵孔、清理、锚固、构件支点的搁置与搭接长度、接头处理、固定方法、标高、垂直偏差等，且应符合设计和现行标准、规范要求。构件吊装记录填写式样见表 2-57。

表 2-57 　　　　　　　　　　构件吊装记录　　　　　　　　　编号：_____

工程名称	×　×　工　程					
使用部位	×××		吊装日期	××年×月×日		
序号	构件名称及编号	安装位置	安装检查			备注
			搁置与搭接尺寸	接头（点）处理	固定方法	标高检查	
1	预应力混凝土面板1号	①～③/×～×轴	70mm	焊接混凝土灌缝	焊接	22.8	
结论：预应力混凝土面板有出厂合格证，外观、型号数量等各项技术指标符合设计要求及规范规定，构件合格。						
施工单位	××水利工程第××工程局					
专业技术负责人		专业质检员		记录人		
×××		×××		×××		

（2）施工单位填写构件吊装记录时，应按以下规定执行。

1）表中各项均应填写清楚、齐全、准确，并附有吊装图。吊装图中，构件类别、型号、编号位置应与施工图纸和结构吊装施工记录一致，并注明图名、制图人、审核人及日期。

2）"安装位置"用轴线号表示；"标高检查"栏内填写构件底部标高；"搁置与搭接尺寸"栏填写构件在支座上的搭接尺寸；"接头（点）处理"栏填写吊装节点的具体处理方式；"固定方法"栏内应填写与结构的连接方法；"备注"栏内应填写吊装过程中出现的问题、处理措施及质量情况等。对于重要部位或大型构件的吊装工程，应有专项安全交底。

2. 灌浆检查记录

预应力筋张拉后，孔道应及时灌浆。记录的内容包括灌浆孔状况、水泥浆配比状况、灌浆压力、灌浆量，并有灌浆点简图和编号等。灌浆检查记录填写式样见表2-58。

表2-58
灌 浆 检 查 记 录
编号：_____

工程名称	×××工程	施工部位			
灌浆配合比	0.42	水泥强度等级	42.5	复试报告编号	
灌浆要求压力值	0.44MPa	灌浆日期	××年×月×日		
灌浆点简图与编号：					
灌浆点编号	灌浆压力值（MPa）	灌浆量（L）	灌浆点编号	灌浆压力值（MPa）	灌浆量（L）
YKL-2-1①1	0.44	93.6	YKL-2-7④1	0.44	42.0
YKL-2-2①1	0.46	93.5	YKL-2-8④1	0.44	41.8
YKL-2-3②1	0.40	68.8	YKL-2-9⑩1	0.44	85.9
备注：					
施工单位	××水利工程第×工程局				
专业技术负责人		专业质检员		记录人	
×××		×××		×××	

说明：本表由施工单位填写，建设单位、施工单位、城建档案馆各保存一份。

（1）孔道灌浆应采用强度等级不低于42.5级的普通硅酸盐水泥配制的水泥浆。灌浆用水泥浆的抗压强度不应小于$30N/mm^2$。

（2）灌浆用水泥浆的水灰比不应大于0.45，搅拌后3h泌水率不宜大于2%且不应大于3%，泌水应能在24h内全部重新被水泥砂吸收。当需要增加孔道的密实性时，水泥浆可掺入无腐蚀作用的外加剂。

（3）灌浆前孔道应湿润、洁净。灌浆顺序宜先灌注下层孔道，灌浆应缓慢均匀地进行，不得中断，并应排气通顺。在灌满孔道并封闭排气孔后，宜再继续加压至0.5～0.6MPa，稍后再封闭灌浆孔。

3. 地下工程防水效果检查记录

地下工程验收时，应对地下工程有无渗漏现象进行检查，并填写地下工程防水效果检查记录（表2-59），主要检查内容应包括裂缝、渗漏水部位和处理意见等。发现渗漏水现象应制作、标示好《背水内表面结构工程展开图》。

填写时，在"检查方法及内容"栏内按《地下防水工程质量验收规范》（GB 50208—2002）相关内容及技术方案填写。附件收集：背水内表面结构工程展开图、相关图片、相片及说明文件等。

表 2-59   地下工程防水效果检查记录   编号：_____

工程名称	×××工程		
检查部位	地下室底板、外墙	检查日期	××年×月×日
检查方法及内容： 　　依据《地下防水工程施工质量验收规范》（GB 50208—2002）及施工方案。渗漏水水量调查与量测方法执行《地下防水工程施工质量验收规范》（GB 50208—2002）中第8.0.8条及附录C，内容包括裂缝、渗漏部位、大小、渗漏情况、处理意见等。			
检查结果： 　　经检查，地下室底板、外墙不存在渗漏水现象．施工工艺及观感质量合格。符合设计要求和《地下防水工程施工质量验收规范》（GB 50208—2002）有关规定。			
复查意见： 　　　　　　　　　　　　　　　　　　　　　复查人：　　　　　复查日期：			
签 字 栏	建设（监理）单位	施工单位	××建筑工程公司
		专业技术负责人	专业质检员	专业工长
	××监理公司	×××	×××	×××

4. 蓄水检查记录

　　水利工程修建完成蓄水后必须填写蓄水检查记录（表2-60）。蓄水检查内容包括蓄水方式、蓄水时间、蓄水深度、水落品及边缘封堵情况和有无渗漏现象等。

表 2-60   蓄 水 检 查 记 录   编号：_____

工程名称	碾压式土石坝工程		
检查部位	土石坝坝体0~90m处	检查日期	××年×月×日
检查方式	☑第一次蓄水　□第二次蓄水	蓄水日期	从××年×月×日8时至××年×月×日8时
检查方法及内容： 　　拦河土石坝第一次蓄水。蓄水深度为3.2m，蓄水时间24h。			
检查结果： 　　经检查，土石坝在蓄水期间内牢固、安全。无渗漏现象；结合部位无不良反应。符合施工质量验收规范的要求，检查合格。			
复查意见： 复查人：　　　　　　　　　复查日期：			
签 字 栏	建设（监理）单位	施工单位	××市第×工程局
		专业技术负责人	专业质检员	专业工长
	××监理公司	×××	×××	×××

第六节   施工试验记录资料

　　施工试验记录是根据设计要求和规范规定进行试验，并记录试验过程中产生的各种原始数据和计算结果，从而得出试验结论的文件资料的统称。采用新技术、新工艺及其他特殊工艺时，更应加强施工试验记录的编制和整理。

　　施工试验记录由具备相应资质等级的检测单位出具，然后随相关资料进入资料管理流程（后续各种专用试验记录与此相同）。

一、施工试验记录通用表格

（1）在完成检验批的过程中，由施工单位试验负责人制作施工试验试件，之后送至具备相应资质等级的检测单位进行试验。

（2）检测单位根据相关标准对送检的试件进行试验后，出具试验报告并将报告返还施工单位。

（3）按照设计要求和规范规定做施工试验的，应填写施工试验记录。若相关规程中并没有规定应采用的施工试验用表，则应填写施工试验记录（通用）；采用新技术、新工艺及特殊工艺时，对施工试验方法和试验数据进行记录，并填写施工试验记录（通用）（表2-61）。

表2-61　　　　　　　　　　施工试验记录（通用）　　　　　　编号：_____

试验编号：　　　　　　　　　　　　　　　　　　　　　　　　委托编号：_____

工程名称及施工部位	×××工程×××部位			
试验日期	××年×月×日	规格、材质		×××
试验项目：	（根据具体施工试验填写）			
试验内容：	（根据具体施工试验填写）			
结论：				
批准	×××	审核	×××	试验	×××
试验单位	×××		报告日期	××年×月×日

二、土工击实和回填土试验报告

为有效控制回填质量，国家有关标准对不同工程部位的土方压实度指标都有明确规定，因此土方工程应测定土的最优含水量时的最大干密度，并有土工击实试验报告。对于重要的、大型的或设计有要求的填方工程，在施工前应对填料做击实试验。对于小型工程又无击实试验条件的单位，控制干密度可按施工规范计算。土工击实试验报告应由试验单位出具。土工击实试验报告式样见表2-62。

表2-62　　　　　　　　　　土 工 击 实 试 验 报 告　　　　　　编号：_____

试验编号：　　　　　　　　　　委托编号：_____

工程名称及部位	××工程××部位	试样编号	×
委托单位	××工程局	试验委托人	×××
结构类型	×××	填土部位	×××
要求压实系数 λ_c	0.95	土样种类	灰土
来样日期	××年×月×日	试验日期	××年×月×日
试验结果	最优含水量 $w_{op}=20.5\%$　　最大干密度 $\rho_{d\max}=1.73\text{g/cm}^3$ 控制指标（控制干密度）　　最大干密度×要求压实系数$=1.64\text{g/cm}^3$		
结论： 　　依据《土工试验方法标准》（GB/T 50123—1999）标准。最佳含水率为20.5%，最大干密度为1.73g/cm³，现控制指标最小干密度为1.64g/cm³。			
批　准	×××	审核	×××　　　试验　　×××
试验单位	×××		
报告日期	××年×月×日		

注　本表由建设单位、施工单位、城建档案馆各保存一份。

（1）试验报告子目填写要齐全，取样步数和取样位置简图要标注完整、清晰准确，符合要求。

（2）取样位置简图应按规范要求绘制回填土取点平面图、剖面示意图，标明重要控制轴线，尺寸数字，分段、分层取样，指北针方向等。现场取样步数、点数须与试验报告各步、点一一对应，并注明回填土的起止标高。

（3）回填土种类、取样、试验时间应与其他资料交圈吻合，其他资料有地质勘探报告、地基验槽及隐检记录等。土工回填土试验报告式样见表2-63。

表 2 - 63　　　　　　　　　　　土 工 回 填 土 试 验 报 告　　　　　编号：_____

试验编号：　　　　　　　　　　委托编号：

工程名称及施工部位				××工程××部位		
委托单位		××水利工程第×工程局		试验委托人		×××
要求压实系数 λ_c				回填土种类		3：7灰土
控制干密度 ρ_d		1.55g/cm³		试验日期		××年×月×日
步　数	点　号	1	2			
	项　目	实测干密度（g/cm³）				
		实测压实系数				
1		1.62	1.59			
		0.96	0.97			
取样位置简图（附图） 见附图（略）						
结论：符合最小干密度及《土工试验方法标准》（GB/T 50123—1999）的规定。						
批　准		×××	审核		×××	试验　　×××
试验单位		×××			报告日期	××年×月×日

说明：本表由建设单位、施工单位、城建档案馆各保存一份。

三、砌筑砂浆

砌筑砂浆一般采用水混合砂浆或水泥砂浆，由胶凝材料（水泥）、细骨料（砂）、掺合料（或外加剂）和水按适当比例配制而成。在砌体中起着黏结块材、传递荷载的作用。砌筑砂浆的强度等级有M2.5、M5.0、M7.5、M10、M15、M20等六个等级。

1. 砂浆配合比申请单和配合比通知单

砂浆的配合比应经试验确定，试配砂浆时，应按设计强度等级提高15％。施工中如用水泥砂浆代替同强度等级的水泥混合砂浆砌筑砌体时，因水泥砂浆的和易性差，砌体强度有所下降（一般考虑下降15％），因此，应提高水泥砂浆的配制强度（一般提高一级），方可满足设计要求。水泥砂浆中掺入微沫剂（简称微沫砂浆）时，砌体抗压强度较水泥混合砂浆砌体降低10％，故用微沫砂浆代替水泥混合砂浆使用时，微沫砂浆的配制强度也应提高一级。

砂浆配合比申请单及砂浆配合比通知单填写式样见表2-64及表2-65。

表 2 - 64　砂浆配合比申请单

编号：_____
委托编号：_____

工程名称	×　×　工　程		
委托单位	××水利工程第×工程局	试验委托人	×××
砂浆种类	混合砂浆	强度等级	M5
水泥品种	P·O 42.5	厂别	×××水泥厂
水泥进场日期	××年×月×日	试验编号	××－×
砂产地	×××	粗细级别	中砂	试验编号	××－×
掺合料种类	石灰膏	外加剂种类	—
申请日期	××年×月×日	要求使用日期	××年×月×日

表 2 - 65　砂 浆 配 合 比 通 知 单

配合比编号：_____ ××－× 　　　　　　　　　　　　　　试配编号：_____ ×××

强度等级	M5		试验日期	××年×月×日	
配　合　比					
材料名称	水泥	砂	石灰膏	掺合料	外加剂
每立方米用量（kg/m³）	238	1571	95		
比　　例	1	6.6	0.4		
注：砂浆稠度为70～100mm，石灰膏稠度为（120±5）mm。					
批　　准	×××	审　　核	×××	试　　验	×××
试验单位	×××			报告日期	××年×月×日

说明：本表由施工单位保存。

委托单位应依据设计强度等级、技术要求、施工部位、原材料情况等，向试验部门提出砂浆配合比申请单。试验部门依据配合比申请单，按照《砌筑砂浆配合比设计规程》（JGJ 98—2000）签发砂浆配合比通知单。

配合比通知单应字迹清楚，无涂改，签字齐全。所用水泥、砂、掺合料、外加剂等要填写清楚，复试合格后再做试配，并填好试验记录。

2. 砂浆抗压强度试验报告

砂浆试块试压报告单上半部分项目应由施工单位试验人员填写，工程名称及施工部位要详细具体，所有子项必须填写清楚、具体、不空项。

砂浆抗压强度试验报告填写式样见表 2 - 66。

（1）在试验报告中，砂浆种类、强度等级、稠度、水泥品种及强度等级、砂产地及种类、掺合料与外加剂种类要按规定填写清楚，要与砂浆配合比通知单、试验单相吻合。

（2）"配合比编号"要依据配合比通知单填写。"试验结果"应由试验室来填写；若发现问题应进行复试，并将复试合格单附于此表后一并存档。

3. 砌筑砂浆试块强度统计、评定记录

（1）取样方法和试块留置。

1）砌筑砂浆强度试验以同一强度等级、同台搅拌机、同种原材料及配合比为一检验批（基础砌体可按一个检验批计），且不超过250m³砌体为一取样单位。

表 2－66　　　　　　　　　　**砂浆抗压强度试验报告**　　　　　　　编号：_____

试验编号：_____　　　　　　　　委托编号：_____

工程名称及部位	××工程××部位		试件编号	××－×
委托单位	××水利工程第×工程局		试验委托人	×××
砂浆种类	水泥混合砂浆	强度等级　M10	稠　度	70mm
水泥品种及强度等级	P·O 42.5		试验编号	××－×
砂产地及种类	××　中砂		试验编号	××－×
掺合料种类	—		加剂种类	—
配合比编号	××－×			
试件成型日期	××年×月×日	要求龄期（d）　28	要求试验日期	××年×月×日
养护方法	标　准	试件收到日期　××年×月××日	试件制作人	×××

	试验日期	实际龄期(d)	试件边长(mm)	受压面积(mm²)	荷载(kN) 单块	荷载(kN) 平均	抗压强度(MPa)	达到设计强度等级(%)
试验结果	××年×月×日	28	70.7	5000	54.6 56.3 69.8 65.5 60.7 69.4	62.7	12.5	

结论：　　　　　　　　　合格

批　准	×××	审　核	×××	试　验	×××
试验单位	××试验室				
报告日期	××年×月×日				

说明：本表由建设单位、施工单位各保存一份。

2）每一取样单位留置标准养护试块不少于 2 组（每组 6 个试块）。

3）每一取样单位还应制作同条件养护试块不少于 1 组。

4）试样要有代表性，每组试块的试样必须取自同一次拌制的砌筑砂浆拌和物。

a. 施工中取试样应在使用地点的砂浆槽、砂浆运送车或搅拌机出料口，至少从 3 个不同部位抽取，数量应多于试验用料的 1～2 倍。

b. 试验室拌制砂浆进行试验所用材料应与现场材料一致。材料称量精确度：水泥、外加剂为±0.5%；砂、石灰膏、黏土膏、粉煤灰和磨细生石灰粉为±1%。搅拌时可用机械或人工拌和，用搅拌机搅拌时，其搅拌量不宜少于搅拌机容量的 20%，搅拌时间不宜少于 2min。

（2）试块制作与养护。

1）制作砌筑砂浆试件时，将无底试模放在预先铺有吸水性较好的纸的普通砖上（砖的吸水率不小于 10%，含水率不大于 2%），试模内壁事先涂刷薄层机油或脱模剂。

2）放于砖上的纸，应为湿的新闻纸（或其他未粘过胶凝材料的纸），纸的大小要以能盖过砖的四边为准，砖的使用面要求平整，凡砖四个垂直面粘过水泥或其他胶结材料后，不允许再使用。

3）向试模内一次注满砂浆，用捣棒均匀地由外向里按螺旋方向插捣 25 次，为了防止低稠度砂浆插捣后可能留下孔洞，允许用油灰刀沿模壁插数次，使砂浆高出试模顶面 6～8mm。

4）当砂浆表面开始出现麻斑状态时（约 15～30min），将高出部分的砂浆沿试模顶面削去抹平。

5）试件制作后应在（20±5）℃温度环境下停置一昼夜（24±2）h，当气温较低时，可适当延长时间，但不应超过两昼夜，然后对试件进行编号并拆模。试件拆模后，应在标准养护条件下，继续养护至 28d，然后进行试压。

6）标准养护的条件如下：

a. 水泥混合砂浆应为温度（20±3）℃，相对湿度 60％～80％；

b. 水泥砂浆和微沫砂浆应为温度（20±3）℃，相对湿度 90％以上；

c. 养护期间，试件彼此间隔不少于 10mm。

（3）砂浆强度等级评定。砂浆试件养护 28d 时进行送检，试验前，擦干净试块表面，然后进行试压。以 6 个试件测试值的算术平均值作为该组试件的抗压强度值，精确至 0.1MPa 当 6 个试件的最大值或最小值与平均值之差超过 20％时，以中间 4 个试件的平均值作为该组试件的抗压强度值。

砌筑砂浆试块强度统计、评定记录式样见表 2-67。

表 2-67　　　　　　　　砌筑砂浆试块强度统计、评定记录　　　　　编号：_____

工程名称	××工程					强度等级		M7.5
施工单位	××水利工程第×工程局					养护方法		标　养
统 计 期	××年×月×日至××年×月×日					结构部位		主体围护墙
试块组数 N	强度标准值 f_2（MPa）			平均值 $f_{2,m}$（MPa）		最小值 $f_{2,min}$（MPa）		0.75 f_2
8	7.5			11.46		9.1		5.63
每组强度值（MPa）	12.6	10.6	9.8	10.6	14.6	11	9.1	13.4
判定式	$f_{2,m} \geq f_2$					$f_{2,min} \geq 0.75 f_2$		
结 果	11.46＞7.5					9.1＞5.63		
结论：依据《砌体工程施工质量验收规范》（GB 50203—2002）第 4.0.12 条标准评定为合格。								
批　准			审　核			统　计		
×××			×××			×××		
报告日期	××年×月×日							

同一验收批砂浆试块抗压强度平均值必须不小于设计强度等级所对应的立方体抗压强度；同一验收批砂浆试块抗压强度的最小一组平均值必须不小于设计强度等级所对应的立方体抗压强度的 0.75 倍。

砌筑砂浆的验收批，同一类型、强度等级的砂浆试块应不少于 3 组。当同一验收批只有一组试块时,该组试块抗压强度的平均值必须大于或等于设计强度等级所对应的立方体抗压强度。

四、混凝土

（一）混凝土配合比申请单、通知单

混凝土配合比申请单、通知单的所有子项都必须填写清楚、具体,不空项,具体要求如下:

（1）原材料复试合格后方可做试配,填写好试验编号。

（2）强度等级及坍落度应按设计要求填写。

（3）委托单位及工程名称应填写具体,并与施工组织设计一致。

混凝土配合比申请单、通知单式样见表 2 - 68 （a）、表 2 - 68 （b）。

表 2 - 68 （a）　　　　　　　　　　混凝土配合比申请单

混凝土配合比申请单				编号：××× 委托编号：××－01560	
工程名称及部位		×　×　工　程　×　×			
委托单位	××水利工程第×工程局		试验委托人	×××	
设计强度等级	C35		要求坍落度、扩展度	160～180mm	
其他技术要求	—				
搅拌方法	机械	浇捣方法	机　械	养护方法	标　养
水泥品种及强度等级	P·O 42.5R	厂别牌号	××× ××	试验编号	××C－043
砂产地及种类	×××	中砂	试验编号		××S－015
石子产地及种类	××× 碎石	最大粒径	25mm	试验编号	××G－017
外加剂名称	PHF－3 泵送剂		试验编号		××D－024
掺合料名称	Ⅱ级粉煤灰		试验编号		××F－029
申请日期	××年×月×日	使用日期	××年×月×日	联系电话	×××

表 2 - 68 （b）　　　　　　　　　　混凝土配合比通知单

混凝土配合比通知单				配合比编号：××－0082 试配编号：×××		
强度等级	C35	水胶比	0.43	水灰比	0.46	砂率	42%
材料名称项目	水泥	水	砂	石	外加剂	掺合料	其他
每立方米用量（kg/m³）	320	189	773	1053	8.7	91	
每盘用量（kg）	1.00	0.56	2.39	3.26	0.03	0.28	
混凝土碱含量（kg/m³）	注：此栏只有在有关规定及要求需要填写时才填写。						
说明：本配合比所使用材料均为干材料,使用单位应根据材料含水情况随时调整。							
批　准		审　核			试　验		
×××		×××			×××		
报告日期		××年×月×日					

注　本表由施工单位保存。

（二）混凝土试块

1. 试件的制作与养护

（1）普通混凝土的物理力学性能和长期性能、耐久性能试验用试件，除抗渗、疲劳试验外均以 3 块为 1 组。

（2）试验室拌制混凝土制作试件时，其材料用量应以质量计，称量的精度应为：水泥、水和外加剂均为 ±0.5%；骨料为 ±1%。

（3）所有试件均应在拌制或取样后立即制作。确定混凝土设计特征值、强度等级或进行材料性能研究时，试件的成型方法应按混凝土的稠度而定。坍落度不大于 70mm 的混凝土，宜用振动台振实；大于 70mm 的，宜用捣棒人工捣实。检验现浇混凝土工程和预制构件质量的混凝土，试件的成型方法应与实际施工采用的方法相同。棱柱体试件宜采用卧式成型，埋有钢筋的试件在灌注混凝土及捣实时，应特别注意钢筋和试模之间的混凝土能保持灌注密实及捣实良好。

用离心法、压浆法、真空作业法及喷射法等特殊方法成型的混凝土，其试件的制作应按相应的规定进行。

（4）制作试件用的试模由铸铁或钢材制成，应具有足够的刚度并拆装方便。试模的内表面应机械加工，其不平度应为每 100mm 不超过 0.05mm，组装后各相邻面的不垂直度不应超过 0.5。在制作试件前应将试模清擦干净，并应涂以脱模剂。

（5）人工插捣时，混凝土拌和物分两层装入试模，每层的装料厚度应大致相等。插捣用的钢棒长 600mm、直径 16mm，端部磨圆。插捣按螺旋方向从边缘向中心均匀进行。插捣底层时，捣棒应达到试模底面；插捣上层时，捣棒应穿入下层深度约 20~30mm。插捣时捣棒应保持垂直，不得倾斜，并用抹刀沿试模内壁插入数次。每层的插捣次数应根据试件的截面而定，一般为每 100cm² 截面积不应少于 12 次。插捣完后，刮除多余的混凝土，并用抹刀抹平。

（6）用振动台成型时，应将混凝土拌和物一次装入试模，装料时应用抹刀沿试模内壁略加插捣，并应使混凝土拌和物高出试模上口。振动时应防止试模在振动台上自由跳动。振动应持续到混凝土表面出浆为止，刮除多余的混凝土，并用抹刀抹平。试验室用振动台的振动频率应为（50±3）Hz，空载时振幅为 0.5mm。

（7）按各试验方法的具体规定，力学性能、长期性能及耐久性能试验的试件有标准养护、同条件养护及自然养护等几种养护形式。

（8）采用标准养护的试件，成型后应覆盖表面，以防止水分蒸发，并应在室温为（20±5）℃的情况下静置 1~2 昼夜，然后编号、拆模。拆模后的试件，应立即在温度为（20±3）℃、相对湿度为 90% 以上的标准养护室中养护。在标准养护室内试件应放在架上，彼此间隔应为 10~20mm，并应避免用水直接淋刷试件。当无标准养护室时，混凝土试件可在（20±3）℃的不流动水中养护，水的 pH 值不应小于 7。采用与构筑物或构件同条件养护的试件，成型后即应覆盖，试件的拆模时间可与实际构件的拆模时间相同，拆模后，试件仍需保持同条件养护。试验需要进行自然放置并晾干的试件，应放置在干燥通风的室内，每块试件之间至少留有 10~20mm 的间隙。

2. 普通混凝土强度试验的试件留置

（1）同一强度等级、同一配合比、同一生产工艺的混凝土，应在浇筑地点随机取样。强度试件（每组 3 块）的取样与留置规定如下：

1）每拌制 100 盘且不超过 100m³ 的同配合比的混凝土，取样不得少于 1 次。

2）每工作班拌制的同配合比的混凝土不足 100 盘时，取样不得少于 1 次。

3）当一次连续浇筑超过 1000m³ 时；同一配合比的混凝土每 200m³ 取样不得少于 1 次。

4）每次取样应至少留置 1 组标准养护试件，同条件养护试件的留置组数应根据实际需要确定。

5）每一现浇楼层同配合比的混凝土，其取样不得少于 1 次。

（2）每组 3 个试件应在同一盘混凝土中取样制作，其强度代表值的确定，应符合下列规定。

1）取 3 个试件强度的算术平均值作为每组试件的强度代表值。

2）当一组试件中强度的最大值或最小值与中间值之差超过中间值的 15% 时，取中间值作为该组试件的强度代表值。

3）当一组试件中强度的最大值和最小值与中间值之差均超过中间值的 15% 时，该组试件的强度不应作为评定的依据。

（3）当采用非标准尺寸试件时，应将其抗压强度折算为标准试件抗压强度。折算系数按下列规定采用。

1）对边长为 100mm 的立方体试件取 0.95。

2）对边长为 200mm 的立方体试件取 1.05。

混凝土抗压强度试验报告填写式样见表 2-69。

（4）混凝土抗渗试验报告。混凝土抗渗试验报告填写式样见表 2-70。

1）有抗渗要求的混凝土应留置检验抗渗性能的试块，对连续浇筑混凝土每 500m³ 应留置一组抗渗试块，且每项工程不得少于 2 组，其中至少 1 组在标准条件下养护。采用预拌混凝土的抗渗试块，留置组数应视结构的规模和要求而定。

2）对于防水混凝土应进行抗渗性能试验，评定抗渗性能试验结果时，应采用标准条件下养护的防水混凝土抗渗试块。

3）抗渗性能试验应符合现行《普通混凝土长期性和耐久性能试验方法》（GBJ 82—1985）的有关规定。

4）抗渗等级以每组 6 个试块中有 3 个试件端面呈有渗水现象时的水压（H）计算出的 P 值进行评定。若按委托抗渗等级 P 评定（6 个试件均无透水现象），应试压至 P+1 时的水压，方可评为大于 P。

3. 混凝土试块强度统计、评定

（1）当混凝土生产条件在较长时间内能保持一致时，且同一品种混凝土的强度变异性能保持稳定时，应由连续的 3 组试件组成一个验收批。

（2）当混凝土生产条件在较长时间内不能保持一致时，且同一品种混凝土的强度变异性不能保持稳定时，或在前一个检验期内的同一品种混凝土没有足够的数据用以确定验收批混凝土立方体抗压强度的标准差时，应由不少于 10 组试件组成一个验收批。

表 2-69 混凝土抗压强度试验报告 编号：_____

试验编号：_____ 委托编号：_____

工程名称及部位	××工程××部位			试件编号			××-003
委托单位	××水利工程第×工程局			试验委托人			×××
设计强度等级	C30，P8			实测坍落度、扩展度			160mm
水泥品种及强度等级	P·O 42.5			试验编号			××C-022
砂种类	中 砂			试验编号			××S-011
石种类、直径	碎石 5～10mm			试验编号			××G-013
外加剂名称	UEA			试验编号			××D-017
掺合料名称	Ⅱ级粉煤灰			试验编号			××F-009
配合比编号	××-22						
成型日期	×年×月×日	要求龄期（d）		26	要求试验日期		×年×月×日
养护方法	标 养	收到日期		××年×月×日	试块制作人		×××

试验结果	试验日期	实际龄期（d）	试件边长（mm）	受压面积（mm²）	荷载（kN）单块值	荷载（kN）平均值	平均抗压强度（MPa）	折合150mm立方体抗压强度（MPa）	达到设计强度等级（%）
	×年×月×日	26	100	10000	460	463	46.3	44	147
					450				
					480				

结论：合格

批 准	×××	审核	×××	试验	×××
试验单位	××试验室				
报告日期	××年×月×日				

说明：本表由建设单位、施工单位各保存一份。

表 2-70 混凝土抗渗试验报告 编号：_____

试验编号：_____ 委托编号：_____

工程名称及施工部位	××发电厂厂房工程			试件编号	××-003
委托单位	××市第×工程局			委托试验人	×××
抗渗等级	P8			配合比编号	××-22
强度等级	C30	养护条件	标养	收样日期	××年×月×日
成型日期	××年×月×日	龄期（d）	33	试验日期	××年×月×日

试验情况：由 0.1MPa 顺序加压至 0.9MPa，保持 8h。试件表面无渗水，试验结果：>P8

结论：
根据《普通混凝土长期性能和耐久性能试验方法》（GBJ 82—1985）标准。符合 P8 设计要求。

批 准	×××	审核	×××	试验	×××
试验单位	×××				
报告日期	××年×月×日				

混凝土试块强度统计、评定记录见表 2-71。

表 2－71 　　　　　　混凝土试块强度统计、评定记录 　　　　　编号：＿＿＿＿＿

工程名称	××工程						强度等级			C30	
施工单位	××水利工程第×工程局						养护方法			标养	
统计期	××年×月×日 至 ××年×月×日						结构部位			主体1～5层墙柱	
试块组数 N	强度标准值 $f_{cu,k}$（MPa）		平均值 mf_{cu}（MPa）		标准差 Sf_{cu}（MPa）		最小值（MPa）			合格判定系数	
									λ_1	λ_2
13	30		46.52		8.84		36.1			1.7	0.9
每组强度值（MPa）	50.4	36.1	40.8	39.4	58	37.7	36.8	57.3	56.7		51.6
	57.5	42.5	39.9								
评定界限	☑统计方法（二）						☐非统计方法				
	$0.90f_{cu,k}$		$mf_{cu}-\lambda_1 f_{cu,k}$		$\lambda_2 f_{cu,k}$		$1.15f_{cu,k}$			$0.95f_{cu,k}$	
	27		31.49		27						
判定式	$mf_{cu}-\lambda_1 Sf_{cu}k\geqslant 0.90f_{cu,k}$		$f_{cu,min}\geqslant\lambda_2 f_{cu,k}$				$mf_{cu}\geqslant 1.15f_{cu,k}$		$f_{cu,min}\geqslant 0.95f_{cu,k}$		
结果	31.49＞27		36.1＞27								
结论：　该批混凝土符合《混凝土强度检验评定标准》（GBJ 107—1987）验评标准，评定为合格。											
批　　准：		审　核					统　计				
×××		×××					×××				
报告日期		××年×月×日									

说明：本表由建设单位、施工单位、城建档案馆各保存一份。

五、钢筋连接试验报告

（1）钢筋连接试验项目、组批原则及规定见表 2－72。

表 2－72 　　　　　　钢筋连接试验项目、组批原则及规定

材料名称	必试试验项目	组 批 原 则 及 取 样 规 定
钢筋电阻点焊	抗拉强度抗剪强度弯曲试验	班前焊（工艺性能试验）在工程开工或每批钢筋正式焊接前，应进行现场条件下的焊接性能试验，试验合格后方可正式生产。试件数量及要求如下： （1）钢筋焊接骨架。 1）凡钢筋级别、直径及尺寸相同的焊接骨架应视为同一类制品，且每200件为一验收批，一周内不足200件的也按一批计。 2）试件应从成品中切取，当所切取试件的尺寸小于规定的试件尺寸时，或受力钢筋大于8mm时，可在生产过程中焊接试验网片，从中切取试件。 3）由几种钢筋直径组合的焊接骨架，应对每种组合做力学性能检验；热轧钢筋焊点，应做抗剪试验，试件数量3件；冷拔低碳钢丝焊点，应做抗剪试验及对较小的钢筋做拉伸试验，试件数量3件。 （2）钢筋焊接网。 1）凡钢筋级别、直径及尺寸相同的焊接骨架应视为同一类制品，每批不应大于30t，或每200件为一验收批，一周内不足30t或200件的也按一批计。 2）试件应从成品中切取；冷轧带肋钢筋或冷拔低碳钢丝焊点做拉伸试验，纵向试件数量1件，横向试件数量1件；冷轧带肋钢筋焊点应做弯曲试验，纵向试件数量1件，横向试件数量1件；热轧钢筋、冷轧带肋钢筋或冷拔低碳钢丝的焊点应做抗剪试验，试件数量3件

续表

材料名称	必试试验项目	组 批 原 则 及 取 样 规 定
钢筋闪光对焊接头	抗拉强度 弯曲试验	(1) 同一台班内由同一焊工完成的 300 个同级别、同直径钢筋焊接接头应作为一批，当同一台班内时，可在一周内累计计算；累计仍不足 300 个接头，也按一批计。 (2) 力学性能试验时，试件应从成品中随机切取 6 个试件，其中 3 个做拉伸试验，3 个做弯曲试验。 (3) 焊接等长预应力钢筋（包括螺丝杆与钢筋）可按生产条件做模拟试件。 (4) 螺丝端杆接头可只做拉伸试验。 (5) 若初试结果不符合要求时，可随机再取双倍数量试件进行复试。 (6) 当模拟试件试验结果不符合要求时，复试试件应从成品中切取，其数量和要求与初试时相同
钢筋电弧焊接头	抗拉强度	(1) 工厂焊接条件下：同钢筋级别 300 个接头为一验收批。 (2) 在现场安装条件下：每一至二层楼同接头形式、同钢筋级别的接头 300 个为一验收批，不足 300 个接头也按一批计。 (3) 试件应从成品中随机切取 3 个接头进行拉伸试验。 (4) 装配式结构节点的焊接接头可按生产条件制造模拟试件。 (5) 当初试结果不符合要求时，应再取 6 个试件进行复试
钢筋电渣压力焊接头	抗拉强度	(1) 一般构筑物中以 300 个同级别钢筋接头作为一验收批。 (2) 在现浇钢筋混凝土多层结构中，应以每一楼层或施工区段中 300 个同级别钢筋接头作为一验收批，不足 300 个接头也按一批计。 (3) 试件应从成品中随机切取 3 个接头进行拉伸试验。 (4) 当初试结果不符合要求时，应再取 6 个试件进行复试
钢筋气压焊接头	抗拉强度 弯曲试验 （梁、板的 水平筋连接）	(1) 一般构筑物中以 300 个接头作为一验收批。 (2) 在现浇钢筋混凝土房屋结构中，同一楼层中应以 300 个接头作为一验收批，不足 300 个接头也按一批计。 (3) 试件应从成品中随机切取 3 个接头进行拉伸试验；在梁、板的水平钢筋连接中，应另切取 3 个试件做弯曲试验。 (4) 当初试结果不符合要求时，应再取 6 个试件进行复试
预埋件钢筋 T 形接头	抗拉强度	(1) 预埋件钢筋埋弧压力焊，同类型预埋件一周内累计每 300 件时为一验收批，不足 300 个接头也按一批计，每批随机切取 3 个试件做拉伸试验。 (2) 当初试结果不符合规定时，再取 6 个试件进行复试
机械连接	抗拉强度	(1) 工艺检验：在正式施工前，按同批钢筋、同种机械连接形式的接头试件不少于 3 根，同时对应截取接头试件的母材，进行抗拉强度试验。 (2) 现场检验：接头的现场检验按验收批进行，同一施工条件下采用同一批材料的同等级、同形式、同规格的接头每 500 个为一验收批，不足 500 个接头也按一批计，每一验收批必须在工程结构中随机截取 3 个试件做单向拉伸试验，在现场连续检验 10 个验收批，其全部单向拉伸试件一次抽样均合格时，验收批接头数量可扩大一倍

　　（2）正式焊（连）接工程开始前及施工过程中，应对每批进场钢筋，在现场条件下进行工艺检验，工艺检验合格后方可进行焊接或机械连接的施工。

　　（3）试验报告中应写明工程名称、钢筋级别、接头类型、规格、代表数量、试验数据、试验日期以及试验结果。钢筋连接试验报告填写式样见表 2-73。

表 2 - 73　　　　　　　　　　钢 筋 连 接 试 验 报 告　　　　　编号：_____

试验编号：_____　　　　　委托编号：_____

工程名称及部位		××地下工程××架梁		试件编号			××
委托单位		××水利工程第×工程局		试验委托人			×××
接头类型		滚轧直螺纹连接		检验形式			—
设计要求接头性能等级		A 级		代表数量（个）			×
连接钢筋种类及牌号	HRB335	公称直径（mm）	××	原材试验编号			××－×
操作人	×××	来样日期	××年×月×日	试验日期			××年×月×日

接头试件			母材试件		弯曲试件			备注
公称面积（mm²）	抗拉强度（MPa）	断裂特征及位置	实测面积（mm²）	抗拉强度（MPa）	弯心直径	角度	结果	
314.2	595	母材拉断	314.2	600				
314.2	600	母材拉断	314.2	595				

结论：
根据《钢筋机械连接通用技术规程》(JGJ 107—2003)标准，符合滚轧直螺纹 A 级接头性能。

批　准	×××	审核	×××	试验	×××
试验单位	×××			报告日期	××年×月×日

第七节　施工安全管理资料

安全资料是施工现场安全管理的真实记录，是对企业安全管理检查和评价的重要依据。安全资料的归档和完善有利于企业各项安全生产制度的落实和强化施工全过程、全方位、动态的安全管理，对加强施工现场管理，提高安全生产、文明施工管理水平起到积极的推动作用。有利于总结经验、吸取教训，为更好地贯彻执行"安全第一、预防为主"的安全生产方针，保护职工在生产过程中的安全和健康，为预防事故发生提供理论依据。

一、安全资料的管理和保存

1. 安全资料的管理

（1）项目经理部应建立证明安全管理系统运行必要的安全记录，其中包括台账、报表、原始记录等。资料的整理应做到现场实物与记录符合，行为与记录符合，以便更好地反映安全管理的全貌和全过程。

（2）项目设专职或兼职安全资料员，应及时收集、整理安全资料。安全记录的建立、收集和整理，应按照国家、行业、地方和上级的有关规定，确定安全记录种类、格式。

（3）当规定表格不能满足安全记录需要时，安全保证计划中应制定记录。

（4）确定安全记录的部门或相关人员，实行按岗位职责分工编写，按照规定收集、整理包括分包单位在内的各类安全管理资料的要求，并装订成册。

（5）对安全记录进行标识、编目和立卷，并符合国家、行业、地方或上级有关规定。

2. 安全资料的保存

（1）安全资料按篇及编号分别装订成册，装入档案盒内。

（2）安全资料集中存放于资料柜内，加锁并设专人负责管理，以防丢失损坏。

（3）工程竣工后，安全资料上交公司档案室保管，备查。

二、基础工程安全资料

水利水电工程施工环境比较复杂，地质条件多变，因此施工甚至投入使用后依然要进行变形监测，监测结果应定期整理，并做沉降报告。

（一）基础工程施工方案

1. 基础（坑）施工支护方案的具体内容

（1）《基础（坑）施工支护方案》中必须明确以下内容的具体要求：施工前准备工作；土方开挖顺序和方法；坑壁支护设计及施工详图；临边防护；排水措施；坑边荷载限定；上下通道设置；基坑支护变形监测方案；作业环境的要求等内容。

（2）基坑施工必须有支护方案。具体做法及要求参见《建筑基坑支护技术规程》（JGJ 120—1999）：

1）基坑深度不足 2m 时，原则上不再进行支护，按规范要求放坡。若与相邻建筑物、管线、道路较近或地质情况较差时仍需支护。

2）基坑深度超过 2m 小于 5m 时，坑壁土质为粉质黏土、粉土，湿度为稍湿状态下，周围没有其他荷载，可根据规范放坡。雨期、坡壁土质不良或周围有附加荷载时，应支护。

3）基坑深度超过 5m 时，无论边坡土质情况和周边荷载如何，必须进行支护，并有详细的支护计算。

（3）施工方案必须体现全面性、针对性、可行性、经济性、法令性的特点；必须经上级主管部门审批。

2. 基坑支护验收

基坑支护验收记录的表格样式参见表 2-74。

表 2-74　　　　　　　　　基坑支护验收记录

工程名称				验收日期	××年×月×日
结构类型		支护深度（m）		支护面积（m²）	
设计单位			施工单位		
验收记录：					
验收结论：					
参加验收人员					

（二）基础工程土方开挖

主要内容和编写要点：

（1）机械进场验收记录的具体内容参见表 2-75。

土方开挖常用机械有：挖掘机、推土机、铲运机、运输车辆等。

（2）土方开挖施工机械司机所持上岗证必须是有效证件。

（三）基坑支护变形监测

1. 基坑支护变形监测

基坑支护变形监测记录的具体内容包括以下几点。

表 2－75　　　　　　　　　　　　　　机 械 进 场 验 收 记 录

工程名称				施工单位			
机械名称	挖掘机		规格型号	WY100		设备编号	
生产厂家	××建筑机械厂		出厂日期	××年×月×日		合格证号	
验收日期	××年×月×日		参加验收人员				
检查项目	验 收 记 录						
液压系统安全装置	经试运转液压系统工作正常。无漏油、阻塞现象，动作灵活、准确、可靠、无噪声。安全装置齐全有效、灵敏可靠。						
回转装置	经试运转回转装置动作灵活、准确、可靠，工作正常。						
行走装置	经试运转行走装置工作正常，无异常声响。						
铲斗装置	经试运转铲斗装置动作灵活、准确、可靠，无异常。						
资　料	有产品说明书、合格证编号，生产厂家为××建筑机械厂。						
司　机	司机持证上岗。上岗证编号，为有效证件。						
验收结论	挖掘机经检验符合《建筑施工安全检查标准》（JGJ 59—1999）标准及有关规范规定，验收合格，同意使用。 参加验收人员：　　　　　　　　　　　　　　　日期：						

（1）基坑开挖前应做出系统的监测方案，监测方案应包括监测项目、监测方法、精度要求、监测点的布置、观测周期、观测记录以及信息反馈等。

（2）基坑工程监测应以专门仪器监测为主，以现场目测为辅。

（3）支护设施产生局部变形，应及时采取措施进行处理。

2. 基坑周边环境沉降观测

基坑周边环境沉降观测记录的表格样式参见表 2－76。

表 2－76　　　　　　　　　　　　基坑周边环境沉降观测记录

单位工程名称：　　　　　　　　　施工单位：

观察点编号	第　次			第　次			第　次			第　次		
	××年×月×日			××年×月×日			××年×月×日			××年×月×日		
	标高(m)	沉降量（mm）		标高(m)	沉降量（mm）		标高(m)	沉降量（mm）		标高(m)	沉降量（mm）	
		本次	累计		本次	累计		本次	累计		本次	累计
工程部位												
观测者												
监测者												

填表单位：　　　　　　　　　负责人：　　　　　　　　　制表：

3. 基坑开挖监控

（1）基坑开挖前应做出系统的开挖监控方案，监控方案应包括：监控的目的、监测项目、监控报警值、监测方法及精度要求、监测点的布置、监测周期、工序管理和记录制度以及信息反馈系统等。

（2）监测点的布置应满足监控要求，从基坑边缘以外 1～2 倍开挖深度范围内的需要保护物体均应作为监控对象。

（3）基坑工程监测项目可按表 2-77 选择。

表 2-77　　　　　　　　　　　基 坑 监 测 项 目 表

监测项目 / 基坑侧壁安全等级	一　级	二　级	三　级
支护结构水平位移	应　测	应　测	应　测
周围建筑物、地下管线变形	应　测	应　测	宜　测
地下水位	应　测	应　测	宜　测
桩、墙、内力	应　测	宜　测	可　测
锚杆拉力	应　测	宜　测	可　测
支撑轴力	应　测	宜　测	可　测
立柱变形	应　测	宜　测	可　测
土体分层竖向位移	应　测	宜　测	可　测
支护结构界面上侧向压力	宜　测	可　测	可　测

（4）位移观测基准点数量不应小于两个，且应设在影响范围以外。

（5）监测项目在基坑开挖前应测得初始值，且不应少于两次。

（6）基坑监测项目的监控报警值应根据监测对象的有关规范及支护结构设计要求确定。

（7）各项监测的时间间隔可根据施工进程确定，当变形超过有关标准或监测结果变形较大时，应加密观测次数。当有事故征兆时，应连续监测。

（8）基坑开挖监测进程中，应根据设计要求提交阶段性监测结果报告。工程结束时应提交完整的监测报告。报告应包括以下内容。

1）工程概况。

2）监测项目和各测点的平面和立面布置图。

3）采用仪器设备和监测方法。

4）监测数据处理方法和监测结果过程曲线。

5）监测结果评价。

三、电工作业安全技术资料

1. 施工现场变配电及维修安全技术交底

施工现场变配电及维修安全技术交底见表 2-78。

表 2 - 78　　　　　　　　　　安 全 交 底 记 录　　　　　　　编号：＿＿＿＿＿

工程名称	×××工程		
施工单位	×××建筑工程公司		
交底项目（部位）	变配电及维修安全技术交底	交底日期	××年×月×日

交底内容（安全措施与注意事项）：

（1）现场变配电高压设备，不论带电与否，单人值班严禁跨越遮拦和从事修理工作。

（2）高压带电区域内部分停电工作时，人体与带电部分必须保持安全距离，并应有人监护。

（3）在变配电室内、外高压部分及线路工作时，应按顺序进行。停电、验电悬挂地线，操作手柄应上锁或挂标示牌。

（4）验电时必须戴绝缘手套，按电压等级使用验电器。在设备两侧各相或线路各相分别验电。验明设备或线路确实无电后，即将检修设备或线路做短路接地。

（5）装设接地线应由两人进行。先接接地端，后接导体端，拆除时顺序相反。拆接时均应穿戴绝缘防护用品。设备或线路检修完毕，必须全面检查无误后，方可拆除接地线。

（6）接地线应使用截面不小于 2mm^2 的多股软裸铜线和专用线夹。严禁使用缠绕的方法进行接地和短路。

（7）用绝缘棒或传统机械拉、合高压开关，应戴绝缘手套。雨天室外操作时，除穿戴绝缘防护用品外，绝缘棒应有防雨罩，应有专人监护。严禁带负荷拉、合开关。

（8）电气设备的金属外壳必须接地或接零。同一设备可做接地和接零。同一供电系统不允许一部分设备采用接零，另一部分采用接地保护。

（9）电气设备所用的保险丝的额定电流应与其负荷相适应。严禁用其他金属线代替保险丝

交底人	×××	接受交底班组长	×××	接受交底人数	××人

说明：本表由施工单位填写并保存（一式三份）。班组一份、安全员一份、交底人一份）。

2. 施工现场线路敷设安全技术交底

施工现场线路敷设安全技术交底见表 2 - 79。

表 2 - 79　　　　　　　　　　安 全 交 底 记 录　　　　　　　编号：＿＿＿＿＿

工程名称	×××工程		
施工单位	×××建筑工程公司		
交底项目（部位）	施工现场线路敷设安全技术交底	交底日期	××年×月×日

交底内容（安全措施与注意事项）：

电缆干线应采用埋地或架空敷设，严禁沿地面明敷设，并应避免机械损伤和介质腐蚀。

（1）电缆在室外直接埋地敷设时，必须按电缆埋设图敷设，并应砌砖槽防护，埋设深度不得小于 0.6m。

（2）电缆的上下各均匀铺设不小于 5cm 厚的细砂，上盖电缆盖板或红机砖作为电缆的保护层。

（3）地面上应有埋设电缆的标志，并应有专人负责管理。不得将物料堆放在电缆埋设的上方。

（4）有接头的电缆不准埋在地下，接头处应露出地面，并配有电缆接线盒（箱）。电缆接线盒（箱）应防雨、防尘、防机械损伤，并远离易燃、易爆、易腐蚀场所。

（5）电缆穿越建筑物、构筑物、道路、易受机械损伤的场所及引出地面从 2m 高度至地下 0.2m 处，必须加设防护套管。

（6）电缆线路与其附近热力管道的平行间距不得小于 2m，交叉间距不得小于 1m。

（7）橡套电缆架空敷设时，应沿着墙壁或电杆设置，并用绝缘子固定，严禁使用金属裸线做绑线。电缆间距大于 10m 时，必须采用铅丝或钢丝绳吊绑，以减轻电缆自重。最大弧垂距地面不小于 2.5m。电缆接头处应牢固可靠，做好绝缘包扎，保证绝缘强度，不得承受外力。

（8）在施工建筑的临时电缆配电。必须采用电缆埋地引入。电缆垂直敷设时，位置应充分利用竖井、垂直孔洞。其固定点每楼层不得少于一处。水平敷设应沿墙或门口固定。最大弧垂距离地面不得小于 1.8m

交底人	×××	接受交底班组长	×××	接受交底人数	××人

说明：本表由施工单位填写并保存（一式三份。班组一份、安全员一份、交底人一份）。

四、设备安装安全资料

塔式起重机安全技术交底记录见表 2－80。

表 2－80　　　　　　　　　　　安 全 交 底 记 录　　　　　　　　编号：＿＿＿＿＿

工程名称	×××工程		
施工单位	×××建筑工程公司		
交底项目（部位）	塔式起重机安全技术交底	交底日期	××年×月×日

交底内容（安全措施与注意事项）：

1. 操作前检查

（1）上班必须进行交接班手续，检查机械履历书及交接班记录等的填写情况及记载事项。

（2）操作前应松开夹轨器，按规定的方法将夹轨器固定。清除行走轨道的障碍物，检查路轨两端行走限位止挡离端头不小于 2～3m。并检查道轨的平直度、坡度和两轨道的高差，应符合塔机的有关安全技术规定，路基不得有沉陷、溜坡、裂缝等现象。

（3）轨道安装后，必须符合下列规定：

1）两轨道的高度差不大于 1/1000。

2）纵向和横向的坡度均不大于 1/1000。

3）轨距与名义值的误差不大于 1/1000，其绝对值不大于 6mm。

4）钢轨接头间隙在 2～4mm 之间；接头处两轨顶高度差不大于 2mm，两根钢轨接头必须错开 1.5m。

（4）检查各主要螺栓的紧固情况，焊缝及主角钢无裂纹、开焊等现象。

（5）检查机械传动的齿轮箱、液压油箱等的油位符合标准。

（6）检查各部制动轮、制动带（蹄）无损坏，制动灵敏；吊钩、滑轮、卡环、钢丝绳应符合标准；安全装置（力矩限制器、重量限制器、行走、高度变幅限位及大钩保险等）灵敏、可靠。

（7）操作系统、电气系统接触良好，无松动、无导线裸露等现象。

（8）对于带有电梯的塔机，必须验证各部安全装置安全可靠。

（9）配电箱在送电前，联动控制器应在零位。合闸后，检查金属结构部分无漏电方可上机。

（10）所有电气系统必须有良好的接地或接零保护。每 20m 做一组，接地不得与建筑物相连，接地电阻不大于 4Ω。

（11）起重机各部位在运转中 1m 以内不得有障碍物。

（12）塔式起重机操作前应进行空载运转或试车，确认无误方可投入生产。

2. 安全操作

（1）司机必须按所驾驶塔式起重机的起重性能进行作业。

（2）机上各种安全保护装置运转中发生故障、失效或不准确时，必须立即停机修复。严禁带病作业和在运转中进行维修保养。

（3）司机必须在佩有指挥信号袖标的人员指挥下严格按照指挥信号、旗语、手势进行操作。操作前应发出音响信号，对指挥信号辨不清时不得盲目操作。对指挥错误有权拒绝执行或主动采取防范或相应紧急措施。

（4）起重量、起升高度、变幅等安全装置显示或接近临界警报值时。司机必须严密注视，严禁强行操作。

（5）操作时司机不得闲谈、吸烟、看书报和做其他与操作无关事情。不得擅离操作岗位

交底人	×××	接受交底班组长	×××	接受交底人数	××人

说明：本表由施工单位填写并保存（一式三份）。班组一份、安全员一份、交底人一份）。

五、施工现场用火审批

1. 审批程序

电工、焊工从事电气设备安装和电、气焊切割作业，要有操作证和用火证。动火前，要清除附近易燃物，配备看火人员和灭火用具。用火证当日有效。动火地点交换，要重新办理用火证手续。凡是进行电、气焊作业的，必须先填用火申请表，工长签字后，方可生效，否则不准进行作业。

2. 审批内容

用火审批证明中必须注明施工单位、工程名称、用途、用火部位、用火人、看火人和灭火器材等内容。

3. 用火审批证

用火审批证的表格样式见表2-81。

表2-81 用火审批证（看火人收执）

施工单位		工程名称	
用　途		用火部位	
用 火 人		看 火 人	
灭火器材			
用火时间		××年×月×日×时×起	××年×月×日×时×止

申请人： 签发人：

六、故隐患整改通知单

为确保施工可以在安全的情况下正常进行，应及时清除安全隐患，对检查中发现的违章、事故隐患应按实际认真记录，对重大事故隐患列项实行"三定"的整改方案，并将整改记录填入事故隐患整改通知单（表2-82）中。

表2-82 事故隐患整改通知单

工程名称： 编号：_____

检查日期	××年×月×日（星期×）		检查部位、项目内容	
检查人员签名	×××		现场临电、工人佩戴安全帽情况	
检查发现的违章、事故隐患实况记录	施工现场发现2名工人未戴安全帽			
整改通知	对重大事故隐患列项实行"三定"的整改方案	整改措施	完成整改的最后日期	整改责任人	复查日期
		（1）加强职工安全教育，制定相应的奖罚措施。（2）要求并检查全体人员进入施工现场必须正确佩戴安全帽	××年×月×日（当日）	×××	××年×月×日
	整改复查记录	项目负责人签名：××× 安全员签名：××× 整改负责人签名：×××			
		整改记录	遗留问题的处理	整改责任人：××× 复查责任人：××× 安全生产责任人：××× ××年×月×日	
		已按整改措施落实	无		

第八节　文件资料归档范围与保管期限

水利工程建设项目文件材料归档范围与保管期限见表2-83。

表 2－83　　　　　　　　水利工程建设项目文件材料归档范围与保管期限表

序号	归　档　文　件	保　管　期　限		
		项目法人	运行管理单位	流域机构档案馆
1	工程技术要求、技术交底、图纸会审纪要	长期	长期	
2	施工计划、技术、工艺、安全措施等施工组织设计报批及审核文件	长期	长期	
3	建筑原材料出厂证明、质量鉴定、复验单及试验报告	长期	长期	
4	设备材料、零部件的出厂证明（合格证）、材料代用核定审批手续、技术核定单、业务联系单、备忘录等		长期	
5	设计变更通知、工程更改洽商单等	永久	永久	永久
6	施工定位（水准点、导线点、基准点、控制点等）测量、复核记录	永久	永久	
7	施工放样记录及有关材料	永久	永久	
8	地质勘探和土（岩）试验报告	永久	长期	
9	基础处理、基础工程施工、桩基工程、地基验槽记录	永久	永久	
10	设备及管线焊接试验记录、报告，施工检验、探伤记录	永久	长期	
11	工程或设备与设施强度、密闭性试验记录、报告	长期	长期	
12	隐蔽工程验收记录	永久	长期	
13	记载工程或设备变化状态（测试、沉降、位移、变形等）的各种监测记录	永久	长期	
14	各类设备、电气、仪表的施工安装记录，质量检查、检验、评定材料	长期	长期	
15	网络、系统、管线等设备、设施的试运行、调试、测试、试验记录与报告	长期	长期	
16	管线清洗、试压、通水、通气、消毒等记录、报告	长期	长期	
17	管线标高、位置、坡度测量记录	长期	长期	
18	绝缘、接地电阻等性能测试、校核记录	永久	长期	
19	材料、设备明细表及检验、交接记录	长期	长期	
20	电器装置操作、联动实验记录	短期	长期	
21	工程质量检查自评材料	永久	长期	
22	事故及缺陷处理报告等相关材料	长期	长期	
23	各阶段检查、验收报告和结论及相关文件材料	永久	永久	＊永久
24	设备及管线施工中间交工验收记录及相关材料	永久	长期	
25	竣工图（含工程基础地质素描图）	永久	永久	永久
26	反映工程建设原貌及建设过程中重要阶段或事件的声像材料	永久	永久	永久
27	施工大事记	长期	长期	
28	施工记录及施工日记		长期	

说明：保存期限中有＊的类项，表示相关单位只保存与本单位有关或较重要的相关文件资料。

本 章 思 考 题

1. 水利水电工程施工技术资料主要包括哪些项目？
2. 水利水电工程施工组织设计的编制要求是什么？
3. 如何审批施工组织设计？
4. 施工放样报验单的主要内容是什么？如何填写？
5. 混凝土浇筑申请书有什么要求？
6. 混凝土浇筑开仓报审有什么要求？
7. 混凝土配合比申请单、通知单有何填写要求？
8. 混凝土试件抗压强度代表值取值有何规定？
9. 水利水电工程施工质量检验有何要求？

第三章 工程监理资料整编

学习目标：熟悉水利水电工程监理资料的各种表格；掌握水利水电工程监理资料的收集范围、整编要求、编制方法等基本知识；能利用计算机软件进行水利水电工程监理资料的编制。

第一节 工程监理资料概述

在水利水电工程监理工作中，会涉及并产生大量的信息与档案资料，这些信息或档案资料中，有些是监理工作的依据，有些是反映工程质量的文件，也有一些是在监理工作中形成的文件，因此应加强对这些文件资料的管理。

一、监理资料编制要求

工程监理资料是监理单位在项目设计、施工等监理过程中形成的资料，它是监理工作中各项控制与管理的依据和凭证，其编制要求如下：

（1）监理资料的编制工作应及时。各类资料的编写应使用黑色墨水或黑色签字笔，复写时，须用单面黑色复写纸。

（2）各类监理用表应符合相关规定，用词准确，内容真实、全面、清楚，不得有涂改或模糊不清之处。

（3）项目总监理工程师为监理资料编制工作的总负责人，对监理资料的编制负有检查、指导和监督的职责，对施工单位报送的不符合格式或不规范的资料应责令其改正或重做，拒不执行的，可不予签认。

（4）监理工程师在编制监理资料时，应使用规范用语和统用符号、公式等。如采用其他单位、符号，应予以注明。

（5）监理资料应随着工程项目的进展不断进行编制、收集与整理。监理工程师应认真审核承包单位报送的资料，不得接受经涂改的报验资料。审核整理后，交资料管理人员存放。

二、监理资料管理流程

（1）水利水电工程建设项目监理资料管理流程如图 3-1 所示。

（2）监理资料管理时，除应按照合同约定审核勘察、设计文件外，还应对施工单位报送的施工资料进行审查。报送的施工资料应完整、准确，合格后应予以签认。

三、监理资料分类与组成

（一）监理资料分类

水利水电工程建设项目监理资料大致可分为以下三类：

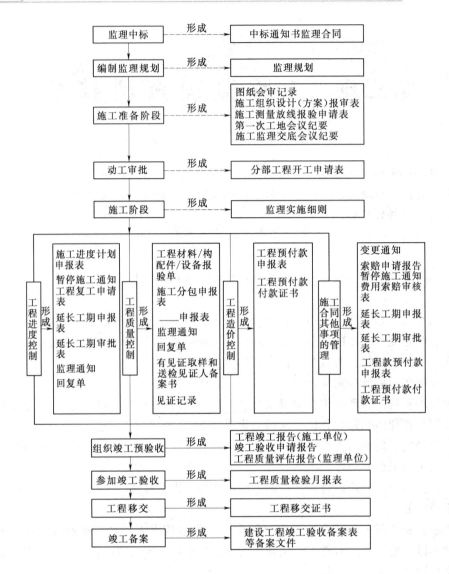

图 3-1 监理资料管理流程

（1）监理工作依据，如招标投标文件、合同文件、业主针对该项目制定的有关工作制度或规定、监理规划与监理实施细则。

（2）监理工作文件，表明工程项目建设情况的文件资料，如监理通知、专项监理工作报告、会议纪要，施工方案审查意见等。

（3）反映工程质量的监理文件，如验收记录、竣工移交证书等。

（二）监理资料的组成

水利水电工程建设项目监理资料主要由以下几种文件组成。

（1）合同文件。工程项目建设过程中，涉及合同的有关信息及文件资料，主要包括施工监理招投标文件，建设工程委托监理合同，施工招投标文件以及建设工程施工合同、分包合同、各类订货合同等。

（2）设计文件。工程项目设计阶段形成的相关文件资料，如施工图纸，岩土工程勘察报告，测量基础资料等。

（3）工程项目监理规划及监理实施细则。项目监理工作人员在实施监理工作前，应根据工程特点、施工设计要求编制具体监理规划和实施细则，一般包括：工程项目监理规划、监理实施细则以及工程项目监理部编制的总控制计划等。

（4）工程变更文件。在工程项目施工过程中，难免会因意想不到的情况出现而发生变更，在此过程中往往会形成一定的工程变更文件，如审图汇总资料，设计交底记录、纪要，设计变更文件，工程变更记录等。

（5）监理月报。

（6）会议纪要。

（7）施工组织设计（施工方案）。这是一种重要的项目监理资料，主要包括项目施工组织设计（总体设计或分阶段设计）、分部施工方案、季节施工方案、其他专项施工方案等。项目监理人员应加强对这部分资料的整理与管理。

（8）工程分包资质资料。为保证工程质量，工程分包单位应出具其资质等级证明材料。项目监理工程师应认真审查分包单位的资质。工程分包资质资料一般包括：分包单位资质资料、供货单位资质资料及分包单位试验室等单位的资质资料等。

（9）工程进度控制资料。工程进度控制资料应包括：工程动工报审表（含必要的附件），年、季、月进度计划资料，月工、料、机动态表，工程停、复工资料等。

（10）工程质量控制资料。工程质量控制资料主要包括：各类工程材料、构配件、设备报验资料，施工测量放线报验资料，施工试验报验资料，单项、单位、分部、单元工程施工报验与认可资料，不合格项处置记录，工程质量问题和事故报告及处理等资料。

（11）工程投资控制资料。工程投资控制资料包括：工程概预算或工程量清单，工程量报审与核认，预付款申报与支付证书，月工程进度款报审与签认，工程变更费用报审与签认，工程款支付申请与支付证书，工程竣工结算等。

（12）监理通知及回复。

（13）合同其他事项管理资料。工程项目施工合同管理过程中形成的文件资料，如工程延期报告、审批等资料，工程费用索赔报告、审批等资料，施工合同争议和违约处理资料以及施工合同变更资料等。

（14）工程竣工验收资料。工程竣工验收资料一般包括：工程基础、主体结构等中间验收资料，设备安装专项验收资料，竣工验收资料，工程质量评估报告，工程移交证书等。监理人员应对工程竣工验收资料认真整理和归档，以便于将来查阅和参考。

（15）其他往来函件。

（16）监理日志、日记。

（17）监理工作总结（专题、阶段和竣工总结等）。

四、监理机构常用表格及填写规定

（一）填表基本规定

工程用表是检验与评定施工质量的基础资料，也是工程维修和事故处理的重要参考，因此对表格填写作如下规定：

（1）应使用蓝色或黑色墨水钢笔填写，不得使用圆珠笔、铅笔填写。

（2）文字。应按国务院颁布的简化汉字书写，字迹应工整、清晰。

（3）数字和单位。数字使用阿拉伯数字（1、2、3、…、9、0）。单位使用国家法定计量单位，并以规定的符号表示（如：MPa、m、m^3、t、…）。

（4）合格率。用百分数表示，小数点后保留一位。如果恰为整数，则小数点后以 0 表示，例如：95.0%。

（5）改错。将错误用斜线划掉，再在其右上方填写正确的文字（或数字），禁止使用改正液、贴纸重写，橡皮擦、刀片刮或用墨水涂黑等方法。

（6）表头填写。

1）单位工程、单元工程名称，按项目划分确定的名称填写。

2）单元工程名称、部位：填写该单元工程名称（中文名称或编号），部位可用桩号、高程等表示。

3）施工单位：填写与项目法人（建设单位）签订承包合同的施工单位全称。

4）单元工程量：填写本单元主要工程量。

5）检验（评定）日期：年——填写 4 位数，月——填写实际月份（1～12 月），日——填写实际日期（1～31 日）。

（7）质量标准中，凡有"符合设计要求"者，应注明设计具体要求（如内容较多，可附页说明），凡有"符合规范要求"者，应标出所执行的规范名称及编号。

（8）检验记录。文字记录应真实、准确、简练；数字记录应准确、可靠，小数点后保留位数应符合有关规定。

（二）施工监理工作常用表格说明

（1）表格可分为以下两种类型。

1）承包人用表。以 CB×× 表示。

2）监理机构用表。以 JL×× 表示。

（2）表头应采用以下格式。

"CB11　　　**施工放样报验单**

（承包〔　　〕放样　号）"

注：1."CB11"：表格类型及序号。

2."施工放样报验单"：表格名称。

3."承包〔　　〕放样　号"：表格编号。其中：①"承包"：指该表以承包人为填表人，当填表人为监理机构时，即以"监理"代之；②当监理工程范围包括两个以上承包人时，为区分不同承包人的用表，"承包"可用其简称表示；③〔　　〕：年份。〔2009〕、〔2010〕表示 2009 年、2010 年的表格；④"放样"：表格的使用性质，即用于"放样"工作；⑤"__号"：一般为 3 位数的流水号。

如承包人简称为"华安"，则 2009 年承包人向监理机构报送的第三次放样报表可表示为：

"CB11　　　**施工放样报验单**

（华安〔2009〕放样 003 号）"

（3）监理机构可根据施工项目的规模和复杂程度，采用其中的部分或全部表格；如果表格种类不能满足工程实际需要时，可按照表格的设计原则另行增加。

（4）各表格脚注中所列单位和份数为基本单位和最少份数，工作中应根据具体情况和要求具体指定各类表格的报送单位和份数。

（5）相关单位都应明确文件的签收人。

（6）"CB01 施工技术方案申报表"可用于承包人向监理机构申报关于施工组织设计、施工措施计划、工程测量施测计划和方案、施工方法、工程放样计划、专项试验计划和方案等。

（7）承包人的施工质量检验月汇总表、工程事故月报表除作为施工月报附表外，还应按有关要求另行单独填报。

（8）每一表格均应根据工程具体要求确定该表格原件的份数，并在表格底部注明；"设代机构"是代表工程设计单位在施工现场的机构，如设计代表、设代组、设代处等。

（三）施工监理工作常用表格目录

施工监理工作常用表格见表 3-1 和表 3-2。

表 3-1 承包人用表目录

序号	表 格 名 称	表格类型	表 格 编 号
1	施工技术方案申报表	CB01	承包〔 〕技案 号
2	施工进度计划申报表	CB02	承包〔 〕进度 号
3	施工图用图计划报告	CB03	承包〔 〕图计 号
4	资金流计划申报表	CB04	承包〔 〕资金 号
5	施工分包申报表	CB05	承包〔 〕分包 号
6	现场组织机构及主要人员报审表	CB06	承包〔 〕机人 号
7	材料/构配件进场报验单	CB07	承包〔 〕材验 号
8	施工设备进场报验单	CB08	承包〔 〕设备 号
9	工程预付款申报表	CB09	承包〔 〕工预付 号
10	工程材料预付款报审表	CB10	承包〔 〕材预付 号
11	施工放样报验单	CB11	承包〔 〕放样 号
12	联合测量通知单	CB12	承包〔 〕联测 号
13	施工测量成果报验单	CB13	承包〔 〕测量 号
14	合同项目开工申请表	CB14	承包〔 〕合开工 号
15	分部工程开工申请表	CB15	承包〔 〕分开工 号
16	设备采购计划申报表	CB16	承包〔 〕设采 号
17	混凝土浇筑开仓报审表	CB17	承包〔 〕开仓 号
18	单元工程施工质量报验单	CB18	承包〔 〕质报 号
19	施工质量缺陷处理措施报审表	CB19	承包〔 〕缺陷 号
20	事故报告单	CB20	承包〔 〕事故 号
21	暂停施工申请报告	CB21	承包〔 〕暂停 号
22	复工申请表	CB22	承包〔 〕复工 号

序号	表 格 名 称	表格类型	表 格 编 号
23	变更申请报告	CB23	承包〔 〕变更 号
24	施工进度计划调整申报表	CB24	承包〔 〕进调 号
25	延长工期申报表	CB25	承包〔 〕延期 号
26	变更项目价格申报表	CB26	承包〔 〕变价 号
27	索赔意向通知	CB27	承包〔 〕赔通 号
28	索赔申请报告	CB28	承包〔 〕赔报 号
29	工程计量报验单	CB29	承包〔 〕计量 号
30	计日工工程量签证单	CB30	承包〔 〕计日证 号
31	工程价款月支付申请书	CB31	承包〔 〕月付 号
32	工程价款月支付汇总表	CB31 附表 1	承包〔 〕月总 号
33	已完工程量汇总表	CB31 附表 2	承包〔 〕量总 号
34	合同单价项目月支付明细表	CB31 附表 3	承包〔 〕单价 号
35	合同合价项目月支付明细表	CB31 附表 4	承包〔 〕合价 号
36	合同新增项目月支付明细表	CB31 附表 5	承包〔 〕新增 号
37	计日工项目月支付明细表	CB31 附表 6	承包〔 〕计日付 号
38	计日工工程量月汇总表	CB31 附表 6－1	承包〔 〕计日总 号
39	索赔项目价款支付汇总表	CB31 附表 7	承包〔 〕赔总 号
40	施工月报	CB32	承包〔 〕月报 号
41	材料使用情况月报表	CB32 附表 1	承包〔 〕材料月 号
42	主要施工机械设备情况月报表	CB32 附表 2	承包〔 〕设备月 号
43	现场施工人员情况月报表	CB32 附表 3	承包〔 〕人员月 号
44	施工质量检验月汇总表	CB32 附表 4	承包〔 〕质检月 号
45	工程事故月报表	CB32 附表 5	承包〔 〕事故月 号
46	完成工程量月汇总表	CB32 附表 6	承包〔 〕量总月 号
47	施工实际进度月报表	CB32 附表 7	承包〔 〕进度月 号
48	竣工验收申请报告	CB33	承包〔 〕验报 号
49	报告单	CB34	承包〔 〕报告 号
50	回复单	CB35	承包〔 〕回复 号
51	完工/最终付款申请表	CB36	承包〔 〕付申 号

表 3－2　　　　　　　　　**监 理 机 构 用 表 目 录**

序号	表 格 名 称	表格类型	表 格 编 号
1	进场通知	JL01	监理〔 〕进场 号
2	合同项目开工令	JL02	监理〔 〕合开工 号
3	分部工程开工通知	JL03	监理〔 〕分开工 号
4	工程预付款付款证书	JL04	监理〔 〕工预付 号

续表

序号	表 格 名 称	表格类型	表 格 编 号
5	批复表	JL05	监理〔 〕批复 号
6	监理通知	JL06	监理〔 〕通知 号
7	监理报告	JL07	监理〔 〕报告 号
8	计日工作通知	JL08	监理〔 〕计通 号
9	工程现场书面指示	JL09	监理〔 〕现指 号
10	警告通知	JL10	监理〔 〕警告 号
11	整改通知	JL11	监理〔 〕整改 号
12	新增或紧急工程通知	JL12	监理〔 〕新通 号
13	变更指示	JL13	监理〔 〕变指 号
14	变更项目价格审核表	JL14	监理〔 〕变价审 号
15	变更项目价格签认单	JL15	监理〔 〕变价签 号
16	变更通知	JL16	监理〔 〕变通 号
17	暂停施工通知	JL17	监理〔 〕停工 号
18	复工通知	JL18	监理〔 〕复工 号
19	费用索赔审核表	JL19	监理〔 〕索赔审 号
20	费用索赔签认单	JL20	监理〔 〕索赔签 号
21	工程价款月付款证书	JL21	监理〔 〕月付 号
22	月支付审核汇总表	JL21附表1	监理〔 〕月总 号
23	合同解除后付款证书	JL22	监理〔 〕解付 号
24	完工/最终付款证书	JL23	监理〔 〕付证 号
25	工程移交通知	JL24	监理〔 〕移交 号
26	工程移交证书	JL25	监理〔 〕移证 号
27	保留金付款证书	JL26	监理〔 〕保付 号
28	保修责任终止证书	JL27	监理〔 〕责终 号
29	设计文件签收表	JL28	监理〔 〕设收 号
30	施工设计图纸核查意见单	JL29	监理〔 〕图核 号
31	施工设计图纸签发表	JL30	监理〔 〕图发 号
32	工程项目划分报审表	JL31	监理〔 〕项分 号
33	监理月报	JL32	监理〔 〕月报 号
34	完成工程量月统计表	JL32附表1	监理〔 〕量统月 号
35	工程质量检验月报表	JL32附表2	监理〔 〕质检月 号
36	监理抽检情况月汇总表	JL32附表3	监理〔 〕抽检月 号
37	工程变更月报表	JL32附表4	监理〔 〕变更月 号
38	监理抽检取样样品月登记表	JL33	监理〔 〕样品 号
39	监理抽检试验登记表	JL34	监理〔 〕试记 号
40	旁站监理值班记录	JL35	监理〔 〕旁站 号

续表

序号	表 格 名 称	表格类型	表 格 编 号
41	监理巡视记录	JL36	监理〔 〕巡视 号
42	监理日记	JL37	监理〔 〕日记 号
43	监理日志	JL38	监理〔 〕日志 号
44	监理机构内部会签单	JL39	监理〔 〕内签 号
45	监理发文登记表	JL40	监理〔 〕监发 号
46	监理收文登记表	JL41	监理〔 〕监收 号
47	会议纪要	JL42	监理〔 〕纪要 号
48	监理机构联系单	JL43	监理〔 〕联系 号
49	监理机构备忘录	JL44	监理〔 〕备忘 号

第二节 工程监理机构职能要求

监理公司在履行施工阶段的委托监理合同时，必须在施工现场建立项目监理机构。项目监理机构在完成委托监理合同约定的监理工作后可撤离施工现场。

一、项目监理机构的设置

（一）设置要求

（1）项目监理机构的组织形式和规模，应根据委托监理合同规定的服务内容、服务期限、工程类别、规模、技术复杂程度、工程环境等因素确定。

（2）项目监理机构的监理人员应专业配套、数量满足工程项目监理工作的需要。

（3）监理人员应包括总监理工程师、专业监理工作师和监理员，必要时可配备总监理工程师代表。

1）总监理工程师应由具有 3 年以上同类工程监理工作经验的人员担任。

2）总监理工程师代表应由具有 2 年以上同类工程监理工作经验的人员担任。

3）专业监理工程师应由具有 1 年以上同类工程监理工作经验的人员担任。

（4）监理单位应于委托监理合同签订后 10d 内将项目监理机构的组织形式、人员构成及对总监理工程师的任命书面通知建设单位。

（5）当总监理工程师需要调整时，监理单位应征得建设单位同意并书面通知建设单位；当专业监理工程师需要调整时，总监理工程师应书面通知建设单位和承包单位。

（二）人员组织结构

小、中型项目监理机构如图 3-2 及图 3-3 所示。大型项目监理机构应在小、中型项目监理机构的基础上再进一步充实，如测量检测工程师、材料设备及施工半成品检测试验室、文书档案管理室等。

（三）办公设施配置

（1）建设单位应提供委托监理合同约定的满

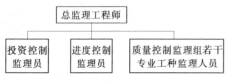

图 3-2 小型项目监理组织机构

足监理工作需要的办公、交通、通信、生活设施。项目监理机构应妥善保管和使用建设单位提供的设施，并应在完成监理工作后移交建设单位。

（2）项目监理机构应根据工程项目类别、规模、技术复杂程度、工程项目所在地的环境条件，按委托监理合同的约定，配备满足监理工作需要的常规检测设备和工具。

（3）在大中型项目的监理工作中，项目监理机构应实施监理工作的计算机辅助管理。

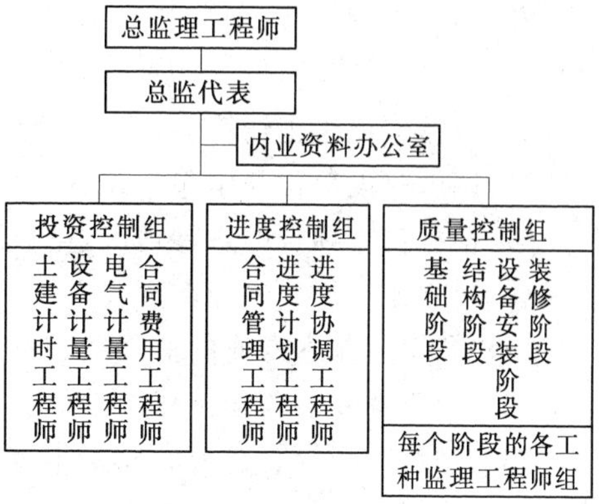

图 3-3　中型项目监理组织机构

二、项目监理人员的职责

（一）总监理工程师职责

水利水电工程建设中，一名总监理工程师只宜担任一项委托监理合同的项目总监理工程师工作。当需要同时担任多项委托监理合同的项目总监理工程师工作时，须经建设单位同意，但最多不得超过 3 项。

总监理工程师应履行以下职责：

（1）确定项目监理机构人员的分工和岗位职责。

（2）主持编写项目监理规划、审批项目监理实施细则，并负责管理项目监理机构的日常工作。

（3）审查分包单位的资质，并提出审查意见。

（4）检查和监督监理人员的工作，根据工程项目的进展情况可进行监理人员调配，对不称职的监理人员应调换其工作。

（5）主持监理工作会议，签发项目监理机构的文件和指令。

（6）审定承包单位提交的开工报告、施工组织设计、技术方案、进度计划。

（7）审核签署承包单位的申请、支付证书和竣工结算。

（8）审查和处理工程变更。

（9）主持或参与工程质量事故的调查。

（10）调解建设单位与承包单位的合同争议、处理索赔、审批工程延期。

（11）组织编写并签发监理月报、监理工作阶段报告、专题报告和项目监理工作总结。

（12）审核签认单元工程和单位工程的质量检验评定资料，审查承包单位的竣工申请，组织监理人员对待验收的工程项目进行质量检查，参与工程项目的竣工验收。

（13）主持整理工程项目的监理资料。

（二）总监理工程师代表职责

（1）总监理工程师代表应履行以下职责：

1）负责总监理工程师指定或交办的监理工作。

2）按总监理工程师的授权，行使总监理工程师的部分职责和权力。

（2）总监理工程师不得将以下工作委托总监理工程师代表：

1）主持编写项目监理规划、审批项目监理实施细则。

2）签发工程开工/复工申请表、工程暂停令、工程预付款付款证书、竣工验收申请报告。

3）审核签认竣工结算。

4）调解建设单位与承包单位的合同争议、处理索赔、审批工程延期。

5）根据工程项目的进展情况进行监理人员的调配，调换不称职的监理人员。

（三）专业监理工程师职责

（1）负责编制本专业的监理实施细则。

（2）负责本专业监理工作的具体实施。

（3）组织、指导、检查和监督本专业监理员的工作，当人员需要调整时，向总监理工程师提出建议。

（4）审查承包单位提交的涉及本专业的计划、方案、申请、变更，并向总监理工程师提出报告。

（5）负责本专业单元工程验收及隐蔽工程验收。

（6）定期向总监理工程师提交本专业监理工作实施情况报告，对重大问题及时向总监理工程师汇报和请示。

（7）根据本专业监理工作实施情况做好监理日记。

（8）负责本专业监理资料的收集、汇总及整理，参与编写监理月报。

（9）核查进场材料、设备、构配件的原始凭证、检测报告等质量证明文件及其质量情况，根据实际情况认为有必要时对进场材料、设备、构配件进行平行检验，合格时予以签认。

（10）负责本专业的工程计量工作，审核工程计量的数据和原始凭证。

（四）监理员职责

（1）在专业监理工程师的指导下开展现场监理工作。

（2）检查承包单位投入工程项目的人力、材料、主要设备及其使用、运行状况，并做好检查记录。

（3）复核或从施工现场直接获取工程计量的有关数据并签署原始凭证。

（4）按设计图及有关标准，对承包单位的工艺过程或施工工序进行检查和记录，对加工制作及工序施工质量检查结果进行记录。

（5）担任旁站工作，发现问题及时指出并向专业监理工程师报告。

（6）做好监理日记和有关的监理记录。

第三节　工程监理管理资料

水利水电工程监理管理过程中形成的资料主要有监理规划、监理实施细则、监理月报、监理会议纪要、监理工作日志和监理工作总结等。其中，监理规划及监理实施细则是指导监理工作的纲领性文件。

一、监理规划

水利水电工程监理规划是依据监理大纲和委托监理合同编制的，在指导项目监理部工作方面起到重要作用。监理规划是编制监理实施细则的重要依据。

（1）监理规划的编制，应针对项目的实际情况，明确项目监理工作的目标，确定具体的监理工作制度、程序、方法和措施，并应具有可操作性。

（2）监理规划应在签订委托监理合同及收到设计文件后开始编制，完成后必须经监理单位技术负责人审核批准，并应在召开第一次工地会议前报送建设单位。

（3）监理规划应由总监理工程师主持、专业监理工程师参加编制。其编制依据如下：

1）建设工程的相关法律、法规及项目审批文件。

2）与建设工程项目有关的标准、设计文件、技术资料。

3）监理大纲、委托监理合同文件以及与建设工程项目相关的合同文件。

（4）监理规划应包括以下主要内容。

1）工程项目概况。

2）监理工作范围。

3）监理工作内容。

4）监理工作目标。

5）监理工作依据。

6）项目监理机构的组织形式。

7）项目监理机构的人员配备计划。

8）项目监理机构的人员岗位职责。

9）监理工作程序。

10）监理工作方法及措施。

11）监理工作制度。

12）监理设施。

（5）在监理工作实施过程中，如实际情况或条件发生重大变化而需要调整监理规划时，应由总监理工程师组织专业监理工程师研究修改，按原报审程序经过批准后报建设单位。

二、监理实施细则

对中型及以上或专业性较强的工程项目，项目监理机构应编制监理实施细则。监理实施细则应符合监理规划的要求，并应结合工程项目的专业特点，做到详细具体、具有可操作性。

（一）编制要求

（1）监理实施细则应在相应工程施工开始前编制完成，并必须经总监理工程师批准。

（2）监理实施细则应由专业监理工程师编制。编制监理实施细则的依据如下：

1）已批准的监理规划。

2）与专业工程相关的标准、设计文件和技术资料。

3）施工组织设计。

（3）监理实施细则应包括以下主要内容。

1）专业工程的特点。

2）监理工作的流程。

3）监理工作的控制要点及目标值。

4）监理工作的方法及措施。

（4）在监理工作实施过程中，监理实施细则应根据实际情况进行补充、修改和完善。

（二）实施细则的编制

水利工程施工阶段监理实施细则，应由专业监理工程师围绕以下几方面进行编制。

1. 投资控制

（1）按承包合同中规定的价款控制工程投资，并尽量减少所增工程费用。

（2）按合同支付工程款等，保证合同方全面履约，以减少对方提出索赔的机会。

2. 进度控制

（1）由业主负责供应的材料和设备应按计划及时到位。同时检查施工单位落实劳动力、机具设备、周转材料、原材料的情况。

（2）严格审查施工单位编制的施工组织设计，要求编制网络计划，并切实按计划组织施工。

（3）要求施工单位编制月施工作业计划，将进度按日分解，以保证月计划的落实。

（4）检查施工单位的进度落实情况，按网络计划控制，做好计划统计工作；制定工程形象进度图表，每月检查一次上月的进度和下月的进度计划。

（5）协调各施工单位间的关系，使它们相互配合、相互支付和搞好衔接。必要时，可利用工程付款签证权，督促施工单位按计划完成任务。

3. 质量控制

（1）对主要工程材料、半成品、设备制定预控措施。对一些重要工程部位及容易出现质量问题的单元工程也应制定质量预控措施。

（2）要求施工单位建立健全质量保证体系，推行全面质量管理，做到开工有报告，施工有措施，技术有交底，定位有复查，材料、设备有试验，隐蔽工程有记录，质量有自检、专检，交工有资料。

（3）要求施工单位严格执行国家和地方有关施工安装的质量检验报表制度；对施工单位交验的有关施工质量报表，监理工程师应及时核查或认定。对于隐蔽工程未经监理工程师核查签字不能继续施工。

4. 工程验收

（1）监理工程师根据施工单位有关阶段的、单元工程的以及单位工程的竣工验收申请报告，负责组织初验。

（2）经初验全部合格后，由项目总监理工程师在相应的工程竣工验收报告单上签明认可的正式竣工日期，然后向业主提交竣工报告，并要求业主组织有关部门和人员参加进行相应阶段的正式验收工作。

三、监理月报

监理月报（表3-3）是总监理工程师定期向业主提交的反映工程在本报告期末总体执行情况的书面报告，也是业主了解、确认、监督监理工作的重要依据。监理月报还应上报监理单位。水利水电工程项目监理机构每月以"监理月报"的形式向业主报告本月的监理工作情况。

监理月报的内容一般应包括以下几个方面。

（1）合同履行情况，主要说明合同的履行概况、主要工程项目的变化情况。

表 3-3   **监理月报（××年×月）**

（监理〔××〕月报××号）

合同名称：××水利工程施工监理合同   合同编号：××－×

致：××水利水电开发总公司 　　现呈报我方编写的×_×_年×月监理月报，请贵方审阅。 　　随本监理月报一同上报以下附表： 　　（1）完成工程量月统计表。 　　（2）监理抽检情况月汇总表。 　　（3）工程变更月报表。 　　（4）其他。 　　　　　　　　　　　　　　　　　　　　监理机构：××监理公司××监理部 　　　　　　　　　　　　　　　　　　　　总监理工程师：××× 　　　　　　　　　　　　　　　　　　　　日　　　期：××年×月×日
今已收到 ××监理公司××监理部（监理机构全称）所报×_×_年×月的监理月报及附件共×份。 　　　　　　　　　　　　　　　　　　　　发包人：××水利水电开发总公司（盖章） 　　　　　　　　　　　　　　　　　　　　签收人：××× 　　　　　　　　　　　　　　　　　　　　日　　　期：××年×月×日

说明：监理月报一式×份，由监理机构填写，每月 5 日前报发包人。发包人签收后，监理机构、发包人各一份。

（2）工程进度情况，主要说明实际进度与计划进度、合同规定进度的比较。

（3）工程财务情况，主要说明计量情况、合同金额和支付金额等。

（4）施工现场情况，主要说明工程延误情况、工程质量情况及问题、工程进展中的主要问题与困难，如施工中重大质量事故，重大索赔事件，材料、设备的使用情况及困难，组织协调方面的困难，异常天气的影响等。

（5）监理的情况，主要说明监理人员的配备、监理工作的实施及效果、承包商对监理程序的执行等。

为了能简洁地说明问题，监理月报还应附有各类图表。监理月报应由项目总监理工程师组织编制签署后，报送建设单位和监理单位。监理月报报送时间由监理单位和建设单位协商确定，监理月报的封面由项目总监理工程师签字，并加盖项目监理机构公章。

四、监理会议纪要

监理会议纪要（表 3-4）应由项目监理机构根据会议记录整理而成，经总监理工程师审阅，与会各方代表会签。会议记录要真实、准确，同时必须得到监理工程师及承包商的同意。同意的方式可以是在会议记录上签字，也可以在下次会议上对记录取得口头认可。

1. 第一次工地会议

第一次工地会议是在中标通知书发出后，监理工程师准备发出开工通知前召开，其目的是检查工程的准备情况，以确定开工日期，发出开工令。第一次工地会议由总监理工程师主持，业主、承包商、指定分包商、专业监理工程师等参加。各方准备工作的内容如下：

（1）监理单位准备工作的内容包括：现场监理组织的机构框图及各专业监理工程师、监理人员名单及职责范围；监理工作的例行程序及有关表格说明。

表 3-4   会 议 纪 要

（监理〔××〕纪要×号）

合同名称：××工程施工合同   合同编号：××－×

会议名称	×　×　×		
会议时间	××年×月×日	会议地点	×××
会议主要议题	×××		
组织单位	××监理公司××监理部	主持人	×××
参加单位	（1）××水利水电开发总公司 （2）××监理公司××监理部 （3）××市第×工程局		
主要参加人员 （签名）	×××	×××	
	×××		

会议主要
内容及结论
	会议内容：
	1. 检查上次例会定事项的落实情况，分析未完事项原因。
	2. 检查分析工程项目进度计划完成情况，提出下一阶段进度目标及其落实措施。
	3. 检查分析工程项目质量情况，针对存在的质量问题提出改进措施。
	4. 检查工程量核定及工程款支付情况。
	5. 解决需要协调的有关事项。
	6. 其他有关事项。
	会议结论：（略）
	
	            监理机构：××监理公司××监理部
	            总监理工程师：×××（签名）
	            日　　　期：××年×月×日		

说明：本表由监理机构填写，签字后送达与会单位，全文记录可加附页。

（2）业主准备工作的内容包括：派驻工地的代表名单以及业主的组织机构；工程占地、临时用地、临时道路、拆迁以及其他与工程开工有关的条件；施工许可证、执照的办理情况；资金筹集情况；施工图纸及其交底情况。

（3）承包商准备工作的内容包括：工地组织机构图表，参与工程的主要人员名单以及各种技术工人和劳动力进场计划表；用于工程的材料、机械的来源及落实情况；供材计划清单；各种临时设施的准备情况，临时工程建设计划；试验室的建立或委托试验室的资质、地点等情况；工程保险的办理情况，有关已办手续的副本；现场的自然条件、图纸、水准基点及主要控制点的测量复核情况；为监理工程师提供的设备准备情况；施工组织总设计及施工进度计划；与开工有关的其他事项。

监理工程师应将会议全部内容整理成纪要文件。纪要文件应包括：参加会议人员名单；承包商、业主和监理工程师对开工准备工作的详情；与会者讨论时发表的意见及补充说明；监理工程师的结论意见。

2. 工地例会

工地例会也称经常性工地会议，是在开工后由监理工程师按照协商的时间定期组织召开的会议，其目的是分析、讨论工程建设中的实际问题，并作出决定。

（1）参加工地例会的监理工程师和承包商应准备好会议资料。具体规定如下：

1）监理工程师应准备以下资料：上次工地会议的记录；承包商对监理程序执行情况分析资料；施工进度的分析资料；工程质量情况及有关技术问题的资料；合同履行情况分析资料；其他相关资料。

2）承包商应准备以下主要资料：工程进度图表；气象观测资料；实验数据资料；观测数据资料；人员及设备清单；现场材料的种类、数量及质量；有关事项说明资料，如进度和质量分析、安全问题分析、技术方案问题、财务支付问题、其他需要说明的问题。

（2）工地例会应由专人做会议记录。会议记录的内容一般应包括：会议时间、地点及会议程序；出席会议人员的姓名、职务及单位；会议提交的资料；会议中发言者的姓名及发言内容；会议的有关决定。

3. 专题会议

总监理工程师或专业监理工程师应根据需要及时组织专题会议，解决施工过程中的各种专项问题。

五、监理工作日志

监理工作日志（表3-5）是监理资料中重要的组成部分，是监理服务工作量和价值的体现，是工程实施过程中最真实的工作依据。监理日志以项目监理机构的监理工作为记载对象，从监理工作开始起至监理工作结束止，应由专人负责逐日记载。记载内容应保持连续和完整。监理日志应使用统一格式的"监理日记"，每册封面应标明工程名称、册号、记录时间段及建设、设计、施工、监理单位名称，并由总监理工程师签字。监理日志必须及时记录、整理，应做到记录内容齐全、详细、准确，真实反映当天的工程具体情况，技术用语规范，文字简练明了。

表3-5　　　　　　　　　　监　理　工　作　日　志

填写人：＿＿×××＿＿　　　　　　　　　　　　　日期：＿×× 年×月×日＿

天　　　气	白　天	晴	夜　晚	多　云
施工部位、施工内容、施工形象				
施工质量检验、安全作业情况				
施工作业中存在的问题及处理情况				
承包人的管理人员及主要技术人员到位情况				
施工机械投入运行和设备完好情况				
其　　　他				

说明：本表由监理机构指定专人填写，按月装订成册。

1. 监理员工作日志

监理员工作日志一般应按固定格式填写，并送交驻地监理工程师审阅，驻地监理工程师如果对监理员的处理决定有不同意见，可以及时纠正。其主要内容应包括：工程施工部位及施工内容；现场施工人员、管理人员及设备的使用情况；完成的工作量及工程进度；工程质量情况；施工中存在的问题及处理经过；材料进场情况；当天的综合评价；其他方面有关情况。

2. 驻地监理工程师工作日志

驻地监理工程师工作日志一般不采用固定格式，其内容一般应包括以下内容：总监理工程师的指示以及与总监理工程师的口头协议；对承包商的主要指示；与承包商达成的协议；对监理员的指示；工程中发生的重大事件及处理过程；现场发生纠纷的解决办法；与工程有关的其他方面问题。

六、监理工作总结

监理工作的最后环节是进行监理工作总结。总监理工程师应带领全体项目监理人员对监理工作进行全面、认真的总结。监理工作总结应由总监理师工程师主持编写并审批，它包括两部分：①向业主提交的监理工作总结；②向监理单位提交的监理工作总结。

1. 向业主提交的监理工作总结

项目监理机构向业主提交的监理工作总结，一般应包括以下内容。

（1）工程基本概况。

（2）监理组织机构及进场、退场时间。

（3）监理委托合同履行情况概述。

（4）监理目标或监理任务完成情况的评价。

（5）工程质量的评价。

（6）对工程建设中存在问题的处理意见或建议。

（7）质量保修期的监理工作。

（8）由业主提供的供监理活动使用的办公用房、车辆、试验设施等清单。

（9）表明监理工作终结的说明等。

（10）监理资料清单及工程照片等资料。

2. 向监理单位提交的监理工作总结

项目监理机构向监理单位提交的工作总结应包括：监理组织机构情况；监理规划及其执行情况；监理机构各项规章制度执行情况；监理工作经验和教训；监理工作建议；质量保修期监理工作；监理资料清单及工程照片等资料。

第四节　工程进度控制资料

一、工程进度控制内容

（1）总监理工程师审批承包单位报送的施工总进度计划。

（2）总监理工程师审批承包单位编制的年、季、月度施工进度计划。

（3）专业监理工程师对进度计划实施情况检查、分析。

（4）当实际进度符合计划进度时，应要求承包单位编制下一期进度计划；当实际进度滞后于计划进度时，专业监理工程师应书面通知承包单位采取纠偏措施并监督实施。

二、工程进度控制监理工作程序

水利水电工程施工进度控制监理工作程序框图如图 3-4 所示。

三、工程进度计划审批

承包单位应根据建设工程施工合同的约定，按时编制施工总进度计划、季进度计划、

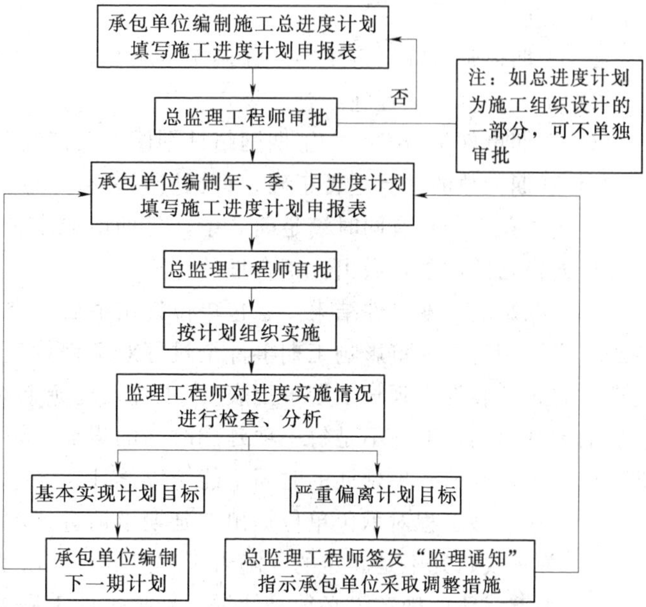

月进度计划,并按时填写"施工进度计划报审表",报项目监理部审批。监理工程师应根据本工程的条件(工程的规模、质量标准、复杂程度、施工的现场条件等)及施工队伍的条件,全面分析承包单位编制的施工总进度计划的合理性、可行性。对施工进度计划,项目监理部主要进行如下审核:

(1)进度安排是否符合工程项目建设总进度计划中总目标和分目标的要求,是否符合施工合同中开、竣工日期的规定。

(2)施工总进度计划中的项目是否有遗漏,分期施工是否满足分批动用的需要和配套动用的要求。

```
┌─────────────────────────────┐
│ 承包单位编制施工总进度计划          │
│ 填写施工进度计划申报表             │
└─────────────┬───────────────┘
              │         否    ┌──────────────────┐
┌─────────────┴───────────────┐ │ 注:如总进度计划    │
│ 总监理工程师审批               │ │ 为施工组织设计的    │
└─────────────┬───────────────┘ │ 一部分,可不单独    │
              │                │ 审批              │
┌─────────────┴───────────────┐ └──────────────────┘
│ 承包单位编制年、季、月进度计划      │
│ 填写施工进度计划申报表             │
└─────────────┬───────────────┘
┌─────────────┴───────────────┐
│ 总监理工程师审批               │
└─────────────┬───────────────┘
┌─────────────┴───────────────┐
│ 按计划组织实施                 │
└─────────────┬───────────────┘
┌─────────────┴───────────────┐
│ 监理工程师对进度实施情况          │
│ 进行检查、分析                 │
└─────────────┬───────────────┘
       ┌──────┴──────┐
┌──────┴─────┐ ┌─────┴──────┐
│ 基本实现计划目标│ │ 严重偏离计划目标│
└──────┬─────┘ └─────┬──────┘
┌──────┴─────┐ ┌─────┴──────────┐
│ 承包单位编制  │ │ 总监理工程师签发"监理通知"│
│ 下一期计划    │ │ 指示承包单位采取调整措施  │
└────────────┘ └────────────────┘
```

图 3-4 工程施工进度控制监理工作程序框图

(3)施工顺序的安排是否符合施工工艺的要求。

(4)劳动力、材料、构配件、施工机具及设备,施工水、电等生产要素的供应计划是否能保证进度计划的实现,供应是否均衡,需求高峰期是否有足够能力按计划供应。

(5)由建设单位提供的施工条件(资金、施工图纸、施工场地、采供的物资设备等),承包单位在施工进度计划中所提出的供应时间和数量是否明确、合理,是否有造成建设单位违约而导致工程延期和费用索赔的可能。

(6)工期是否进行了优化,进度安排是否合理。

(7)总、分包单位分别编制的各单元工程施工进度计划之间是否相协调,专业分工与计划衔接是否明确合理。

对季度及年度进度计划,应要求承包单位同时编写主要工程物资的采购及进场时间等计划安排。监理工程师应对网络计划的关键线路进行审查、分析。

四、进度调整与工程延期

(1)发现工程进度严重偏离计划时,总监理工程师应组织监理工程师进行原因分析,召开各方协调会议,研究应采取的措施,并应指令承包单位采取相应调整措施,保证合同约定目标的实现。

(2)总监理工程师应在监理月报中向建设单位报告工程进度和所采取的控制措施的执行情况,提出合理预防由建设单位原因导致的工程延期及相关费用索赔的建议。必须延长工期时,应要求承包单位填报"延长工期申报表",报项目监理部。

(3)总监理工程师指定专业监理工程师收集与延期有关的资料,初步审查延长工期申报表是否符合有关规定。在初步确定延期时间后,与承包单位及建设单位进行协商。

(4)工程延期审批的依据。承包单位延期申请成立并获得总监理工程师批准的依据包括以下几点。

1) 工期拖延事件是否属实，强调实事求是。

2) 是否符合本工程施工合同规定。

3) 延期事件是否发生在工期网络计划图的关键线路上，即延期是否有效合理。

4) 延期天数的计算是否正确，证据资料是否充足。

上述 4 条中，只有同时满足前 3 条，延期申请才能成立。至于时间的计算，监理工程师可根据自己的记录，做出公正合理的计算。

(5) 在影响工期事件结束，承包单位提出最后一个"延长工期申报表"批准后，项目监理部应详细研究评审影响工期事件全过程对工程总工期的影响后，批准承包单位的有效延期时间，并签发"延长工期审批表"。工程最终延期时间应是承包单位最后一个延期批准后的累计时间，但并不是每一项延期时间的累加。如果后批准的延期内容包含前一个批准延期内容，则前一项延期的时间不能予以累计。

(6) 总监理工程对承包单位提出的延期申请进行审批时，应注意以下问题。

1) 关键线路并不是固定的，随着工程进展，它是动态变化的。

2) 关键线路的确定，必须是依据最新批准的工程进度计划。

(7) 总监理工程师在签认"延长工期审批表"前，应与建设单位、承包单位协商，并与费用索赔一并考虑处理。

五、工程进度控制资料用表

工程进度控制资料主要有施工进度计划申报表（表 3 - 6）、合同项目开工申请表（表 3 - 7）、分部工程开工申请表（表 3 - 8）、合同项目开工令（表 3 - 9）、分部工程开工通知（表 3 - 10）等。

表 3 - 6　　　　　　　　　　　　　施工进度计划申报表

（承包〔××〕进度×号）

合同名称：××水利施工合同　　　　合同编号：××－×　　　　承包人：××市第×水利水电工程局

致：　　　　　　　　　　　　　　　　　　　　　　　　　　　　　（监理机构）
我方今提交_____××河道××水利（××－×）_____工程（名称及编码）的： ☑工程总进度计划 □工程年进度计划 □工程月进度计划 请贵方审查。 附件： (1) 施工进度计划 (2) 图表、说明书共__×__页。 　　　　　　　　　　　　　　　　　　承 包 人：××市第×水利水电工程局（盖章） 　　　　　　　　　　　　　　　　　　项目经理：××× 　　　　　　　　　　　　　　　　　　日　　　期：××年×月×日
监理机构将另行签发审批意见。 　　　　　　　　　　　　　　　　　　监理机构：××监理公司××监理部（盖章） 　　　　　　　　　　　　　　　　　　签 收 人：××× 　　　　　　　　　　　　　　　　　　日　　　期：××年×月×日

说明：本表一式×份，由承包人填写，监理机构审核后，随同审批意见承包人、监理机构、发包人、设代机构各一份。

表 3 - 7 **合同项目开工申请表**

（承包〔××〕合开工×号）

合同名称：××水利施工合同　　　　合同编号：××-×　　　　承包人：××市第×水利水电工程局

致：（监理机构）
我方承担的<u>××水利施工</u>合同项目工程，已完成了各项准备工作，具备了开工条件，现申请开工，请审核。 附件： 　（1）开工申请报告。 　（2）已具备的开工条件证明文件。 　　　　　　　　　　　　　　承 包 人：××市第×水利水电工程局（盖章） 　　　　　　　　　　　　　　项目经理：××× 　　　　　　　　　　　　　　日　　　期：××年×月×日
审核批准后另行签发开工令。 　　　　　　　　　　　　　　监理机构：××监理公司××监理部（盖章） 　　　　　　　　　　　　　　签 收 人：××× 　　　　　　　　　　　　　　日　　　期：××年×月×日

说明：本表一式×份，由承包人填写，监理机构审核后，随同审批意见承包人、监理机构、发包人、设代机构各一份。

表 3 - 8 **分部工程开工申请表**

（承包〔××〕分开工×号）

合同名称：××水利施工合同　　　　合同编号：××-×　　　　承包人：××市第×水利水电工程局

申请开工分部工程名称、编码			××水利工程2号河堤（××-×）	
申请开工日期		××年×月×日	计划工期	××年×月×日至××年×月×日
承包人 施工准备 工作自检 记　录	序号	检 查 内 容		检 查 结 果
	1	施工图纸、技术标准、施工技术交底情况		资料完整
	2	主要施工设备到位情况		设备到位
	3	施工安全和质量保证措施落实情况		具备安全保护措施
	4	建筑材料、成品、构配件质量及检验情况		进场材料已通过试验检测可以开始施工
	5	现场管理、劳动组织及人员组合安排情况		人员已经到位，资格证、上岗证齐全
	6	风、水、电等必需的辅助生产设施准备情况		具备开工条件
	7	场地平整、交通、临时设施准备情况		具备开工条件
	8	测量及试验情况		附施工放样报验单
附件： ☑分部工程施工工法 ☑分部工程进度计划 ☑施工放样报验单 本分部工程已具备开工条件，施工准备已就绪，请审批。 　　　　　　　　　　　　　　承 包 人：××市第×水利水电工程局（盖章） 　　　　　　　　　　　　　　项目经理：××× 　　　　　　　　　　　　　　日　　　期：××年×月×日				
开工申请通过审核后另行签发开工通知。 　　　　　　　　　　　　　　监理机构：××监理公司××监理部（盖章） 　　　　　　　　　　　　　　签 收 人：××× 　　　　　　　　　　　　　　日　　　期：××年×月×日				

说明：本表一式×份，由承包人填写，监理机构审核后，随同"分部工程开工通知"送承包人、监理机构、发包人、设代机构各一份。

表3-9 合同项目开工令

（监理〔××〕合开工×号）

合同名称：××水利施工合同　　　合同编号：××-×　　　监理机构：××监理公司××监理部

致：　　　　　　　　　　　　　　（承包人） 　　　你方××年×月×日报送的××河道××水利工程项目开工申请（承包〔××〕合开工×号）已经通过审核。你方可从即日起，按施工计划安排开工。 　　　本开工令确定此合同的实际开工日期为××年×月×日。 　　　　　　　　　　　　　　监理机构：××监理公司××监理部（盖章） 　　　　　　　　　　　　　　总监理工程师：××× 　　　　　　　　　　　　　　日　　期：××年×月×日
今已收到合同项目的开工令。 　　　　　　　　　　　　　　承包人：××市第×水利水电工程局（盖章） 　　　　　　　　　　　　　　项目经理：××× 　　　　　　　　　　　　　　日　　期：××年×月×日

说明：本表一式×份，由监理机构填写，承包人、监理机构、发包人、设代机构各一份。

表3-10 分部工程开工通知

（监理〔××〕分开工×号）

合同名称：××水利施工合同　　　合同编号：××-×　　　监理机构：××监理公司××监理部

致：　　　　　　　　　　　　　　（承包人） 　　　你方××年×月×日报送的××水利工程2号堤防分部工程［编码为××-×开工申请表（承包〔××〕分开工×号）已经通过审查。此开工通知确定该分部工程的开工日期为××年×月×日。 　　　附注： 　　　　　　　　　　　　　　监理机构：××监理公司××监理部（盖章） 　　　　　　　　　　　　　　总监理工程师：××× 　　　　　　　　　　　　　　日　　期：××年×月×日
今已收到××水利工程2号堤防分部工程（编码为××-×）的开工通知。 　　　　　　　　　　　　　　承包人：××市第×水利水电工程局（盖章） 　　　　　　　　　　　　　　项目经理：××× 　　　　　　　　　　　　　　日　　期：××年×月×日

说明：本表一式×份，由监理机构填写，承包人、监理机构、发包人、设代机构各一份。

　　承包单位根据现场实际情况达到开工条件时，应向项目监理部申报合同项目开工申请表。监理工程师应审核承包单位报送的开工申请表及相关资料，具备开工条件时，由总监理工程师签署审批结论，并报建设单位。

第五节　工程质量控制资料

一、质量控制原则

（1）对工程项目施工全过程全方位实施质量控制，以质量预控为重点。

（2）对工程项目的人、机、料、法、环等因素进行全面的质量控制，监督承包单位的质量管理体系、技术管理体系和质量保证体系落实到位。

（3）严格要求承包单位执行有关材料、施工试验制度和设备检验制度。

（4）坚持不合格的建筑材料、构配件和设备不准在工程上使用。

（5）坚持本工序质量不合格或未进行验收不予签认，下一道工序不得施工。

二、工程质量控制程序

工程质量控制程序如图3-5及图3-6所示。

三、工程质量事前控制

（1）工程施工质量控制应以事前控制为主，采用必要的检查、量测和试验手段，以验证施

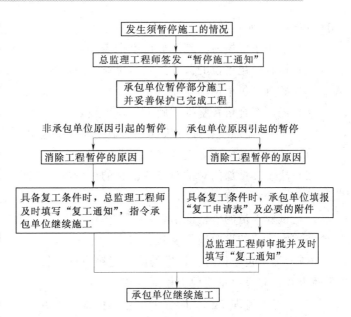

图3-5　工序或单元工程质量控制监理工作程序图

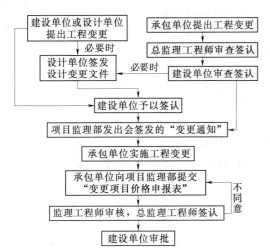

图3-6　质量评定监理工作程序图

工质量。对工程的某些关键工序和重点部位进行旁站监理。

（2）专业监理工程师应对承包单位报送的工程材料/构配件/设备报验单及其质量证明资料进行审核，并对进场的实物按照委托监理合同约定或有关工程质量管理文件规定的比例采用平行检验或见证取样方式进行抽检。未经监理人员验收或验收不合格的工程材料、构配件、设备，监理人员应拒绝签认，并应签发监理工程师通知单，书面通知承包单位限期将不合格的工程材料、构配件、设备撤出现场。

（3）当承包单位采用新材料、新工艺、新技术、新设备时，专业监理工程师应要求承包单位报送相应的施工工艺措施和证明材料，组织专题论证，经审定后予以签认。

（4）专业监理工程师应核查承包单位的质量管理体系，重点核查以下内容。

1）核查承包单位的机构设置、人员配备、职责与分工的落实情况。

2）督促各级专职质量检查人员的配备。

3）查验各级管理人员及专业操作人员的持证情况。

4）检查承包单位质量管理制度是否健全。

（5）分包工程开工前，专业监理工程师应审查承包单位报送的分包单位资质报审表和分包单位资质材料，符合有关规定后，由总监理工程师予以签认。专业监理工程师应审查

分包单位的资质，其中包括以下内容：

　　1）承包单位填写"施工分包申报表"，报项目监理部审查。

　　2）核查分包单位的营业执照、企业资质等级证书、专业许可证、岗位证书等。

　　3）核查分包单位的业绩。

　　4）经审查合格，签批"施工分包申报表"。

　　（6）专业监理工程师应从以下5个方面对承包单位的试验室进行考核。

　　1）试验室的资质等级及其试验范围。

　　2）法定计量部门对试验设备出具的计量检定证明。

　　3）试验室的管理制度。

　　4）试验人员的资格证书。

　　5）本工程的试验项目及其要求。

　　（7）当承包单位对已批准的施工组织设计进行调整、补充或变动时，应经专业监理工程师审查，并应由总监理工程师签认。

　　（8）专业监理工程师应要求承包单位报送重点部位、关键工序的施工工艺和确保工程质量的措施，审核同意后予以签认。

四、工程质量事故控制

　　（1）总监理工程师应安排监理人员对施工过程进行巡视和检查。

　　1）应对巡视过程中发现的问题，及时要求承包单位予以纠正，并记入监理日志。

　　2）对所发现的问题可先口头通知承包单位改正，然后应及时签发监理通知单。

　　3）承包单位应将整改结果填写回复单，报监理工程师进行复查。

　　（2）对隐蔽工程的隐蔽过程、下道工序施工完成后难以检查的重点部位，专业监理工程师应安排监理员进行旁站。

　　（3）隐蔽工程验收时，项目监理部应按以下规定执行。

　　1）要求承包单位按有关规定对隐蔽工程先进行自检，自检合格，将"隐蔽工程施工质量报验单"报送项目监理部。

　　2）应对"隐蔽工程施工质量报验单"的内容到现场进行检测、核查。

　　3）对隐检不合格的工程，应填写"整改通知"，要求承包单位整改，合格后再予以复查；对隐检合格的工程，应签认"隐蔽工程施工质量报验单"，并准予进行下一道工序。

　　（4）分部工程验收时，项目监理部应要求承包单位在分部工程完成后，填写"单元工程施工质量报验单"，总监理工程师根据已签认的分项工程质量验收结果签署验收意见。

　　（5）分项工程验收时，要求承包单位在一个检验批或分项工程完成并自检合格后，填写"单元工程施工质量报验单"报项目监理部。项目监理部应对报验的资料进行审查，并到施工现场进行抽检、核查。对符合要求的分项工程，应予以签认；对不符合要求的，填写整改通知，要求承包单位整改。经返工或返修的分项工程应重新进行验收。

五、工程质量事故处理

（1）对施工过程中出现的质量缺陷，专业监理工程师应及时下达监理通知单，要求承包单位整改，并检查整改结果。

（2）监理人员发现施工存在重在质量隐患，可能造成质量事故或已经造成质量事故，应通过总监理工程师及时下达暂停施工通知，要求承包单位停工整改。整改完毕并经监理人员复查，符合规定要求后，总监理工程师应及时签署复工申请表。

（3）对需要返工处理或加固补强的质量事故，总监理工程师应责令承包单位报送质量事故调查报告和经设计单位等相关单位认可的处理方案，项目监理机构应对质量事故的处理过程和处理结果进行跟踪检查和验收。

（4）总监理工程师应及时向建设单位及本监理单位提交有关质量事故的书面报告，并应将完整的质量事故处理记录整理归档。

六、相关资料编制

工程施工质量控制资料主要包括：施工技术方案申报表（表3-11）、施工分包申报表（表3-12）、现场组织机构及主要人员报审表（表3-13）、施工设备进场报验单（表3-14）、单元工程施工质量报验单（表3-15）、施工质量缺陷处理措施报审单（表3-16）等。

表 3-11 　　　　　　　　　施工技术方案申报表

（承包〔××〕技案×号）

合同名称：××水利施工合同　　　　　　合同编号：××-×

承　包　人：××市第×水利水电工程局

致：　　　　　　　　　　　　　　　　　　　　　　　　　　（监理机构） 　　我方已根据施工合同的约定完成了　××水利施工　工程　技术方案　的编制，并经我方技术负责人审查批准，现上报贵方，请审批。 　　附： 　　☑施工组织设计 　　☑施工措施计划 　　☑安全措施计划 　　☑分部工程施工方法 　　☑工程放样计划 　　☐ 　　　　　　　　　　　　　　　　承　包　人：××市第×水利水电工程局 　　　　　　　　　　　　　　　　项目经理：××× 　　　　　　　　　　　　　　　　日　　　期：××年×月×日
监理机构将另行签发审批意见。 　　　　　　　　　　　　　　　　监理机构：××监理××公司监理部 　　　　　　　　　　　　　　　　签收人：××× 　　　　　　　　　　　　　　　　日　　　期：××年×月×日

说明：本表一式×份，由承包人填写，随同审批意见承包人、监理机构、发包人、设代机构各一份。

表 3－12　　　　　　　　　　　　　施 工 分 包 申 报 表

(承包〔××〕分包×号)

合同名称：××水利施工合同　　　　　　　　　　　　合同编号：××－×

承 包 人：××市第×水利水电工程局

致：　　　　　　　　　　　(监理机构)
根据施工合同约定和工程需要，我方拟将本申请表中所列项目分包给所选分包人，经考察所选分包人具备按照合同要求完成所分包工程的资质、经验、技术与管理水平、资源和经济能力，并具有良好的业绩和信誉，请审核。

分包人名称	××市市政工程公司××施工队					
分包工程编码	分包工程名称	单位	数量	单价	分包金额（万元）	占合同总金额的%
×××	××工程 2 号河堤	×	×	×	×	×
合　　　计						

附件：分包人简况（包括分包人资质、经验、能力、信誉、财务，主要人员经历等资料） 　　　　　　　　　　　　　　　　　承包人：××市第×水利水电工程局 　　　　　　　　　　　　　　　　　项目经理：××× 　　　　　　　　　　　　　　　　　日　　期：××年×月×日
监理机构将另行签发审批意见。 　　　　　　　　　　　　　　　　　监理机构：××监理××公司监理部 　　　　　　　　　　　　　　　　　签 收 人：××× 　　　　　　　　　　　　　　　　　日　　期：××年×月×日

说明：本表一式×份，由承包人填写，监理机构审核、发包人批准后，随同审批意见承包人、监理机构、发包人各一份。

表 3－13　　　　　　　　　　现场组织机构及主要人员报审表

(承包〔××〕机人×号)

合同名称：××水利施工合同　　　　　　　　　　　　合同编号：××－×

承 包 人：××市第×水利水电工程局

序号	机构设置	负责人	联系方式	主要技术、管理人员（数量）	各工种技术工人（数量）	备注
1	××	×××	××××	×	×	
2	××	×××	××××	×	×	

现提交第＿＿×＿＿次现场机构及主要人员报审表，请审查。 　　附件： 　　(1) 组织机构图。 　　(2) 部门职责及主要人员分工。 　　(3) 人员清单及其资格或岗位证书。 　　　　　　　　　　　　　　　　　承包人：××市第×水利水电工程局 　　　　　　　　　　　　　　　　　项目经理：××× 　　　　　　　　　　　　　　　　　日　　期：××年×月×日
监理机构将另行签发审批意见。 　　　　　　　　　　　　　　　　　监理机构：××监理××公司监理部 　　　　　　　　　　　　　　　　　签 收 人：××× 　　　　　　　　　　　　　　　　　日　　期：××年×月×日

说明：本表一式×份，由承包人填写，监理机构审核，随同审批意见承包人、监理机构、发包人各一份。

表 3 - 14　　　　　　　　　　**施工设备进场报验单**

(承包〔××〕设备×号)

合同名称：××水利施工合同　　　　　　　　　　合同编号：××-×

承 包 人：××市第×水利水电工程局

致：									(监理机构)	
我方于××年×月×日进场的施工设备如下表。拟用于下述部位：										
(1) ×××										
(2) ×××										
(3)										
经自检，符合技术规范和合同要求，请审核，并准予进场使用。										
附件：										

序号	设备名称	规格型号	数量	进场日期	计划	完好状况	拟用工程项目	设备权属	生产能力	备注
1	××	××-×	×		×	×	×			
2	××	××-×	×		×	×	×			
3										
4										
5										
6										
7										
8										

上述设备已按合同约定进场并已自检合格，特此报请核验。 　　　　　承包人：××市第×水利水电工程局 　　　　　项目经理：××× 　　　　　日　　期：××年×月×日	(审核意见) 　　　　　监理机构：××监理××公司监理部 　　　　　总监理工程师/监理工程师：××× 　　　　　日　　期：××年×月×日

说明：本表一式×份，由承包人填写，监理机构审签后，承包商人、监理机构、发包人各一份。

表 3 - 15　　　　　　　　　　**单元工程施工质量报验单**

(承包〔××〕质报×号)

合同名称：××水利施工合同　　　　　　　　　　合同编号：××-×

承 包 人：××市第×水利水电工程局

致：　　　　　　　　　　　　　　　　　　　　　　(监理机构)
<u>××河段岩石边坡开挖</u> 单元工程已按合同要求完成施工，经自检合格，报请核验。 　　附： 　　<u>××河段岩石边坡开挖</u> 单元工程质量评定表。 　　　　　　　　　　承包人：××市第×水利水电工程局 　　　　　　　　　　项目经理：××× 　　　　　　　　　　日　　期：××年×月×日
(核验意见) 　　边坡岩石与地质勘探报告（编写××）相符，边坡平面位置、几何尺寸、基槽底标高、定位符合设计要求。可进行下道工序。 　　　　　　　　　　监理机构：××监理××公司监理部 　　　　　　　　　　签收人：××× 　　　　　　　　　　日　　期：××年×月×日

说明：本表一式×份，由承包人填写，随同审批意见承包人、监理机构、发包人、设代机构各一份。

表 3 - 16　　　　　　　　　　施工质量缺陷处理措施报审单

（承包〔××〕缺陷×号）

合同名称：××水利施工合同　　　　　　　　　　合同编号：××－×

承 包 人：××市第×水利水电工程局

单位工程名称	××河段2号河堤工程	分部工程名称	2号河堤基础
单元工程名称	岩石边坡开挖	单元工程编码	××××××
质量缺陷工程部位	2号河堤 0+635m～0+642m		
质量缺陷情况简要说明	岩石边坡出现软基带，土质较软，无法在此地基上施工		
拟采用的处理措施简述	软基部分拟继续开挖至原状土持力层，用毛石进行填平至设计高度		
附件目录	☑处理措施报告 □修复图纸 □	计划施工时段	××年×月×日至 ××年×月×日
现提交岩石边坡开挖工程质量的缺陷处理措施，请审批。 承 包 人：××市第×水利水电工程局（盖章） 项目经理：××× 日　　期：××年×月×日		（审核意见） 同意按此方案执行。 监理机构：××监理××公司监理部 总监理工程师/监理工程师：××× 日　　期：××年×月×日	

说明：本表一式×份，由承包人填写，监理机构审签后，承包商人、监理机构、发包人各一份。

第六节　工程造价控制资料

一、工程造价控制原则

（1）应严格执行建设工程施工合同中所约定的合同价、单价、工程量计算规则和工程款支付方法。

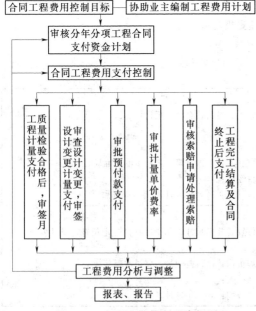

图 3-7　工程造价控制程序框图

（2）应坚持对报验资料不全、与合同文件的约定不符、未经监理工程师质量验收合格或有违约的工程量不予计量和审核，拒绝该部分工程款的支付。

（3）处理由于工程变更和违约索赔引起的费用增减应坚持合理、公正。

（4）对有争议的工程量计量和工程款支付，应采取协商的方法确定，在协商无效时，由总监理工程师做出决定。若仍有争议，可执行合同争议调解的基本程序。

（5）对工程量及工程款的审核应在建设工程施工合同所约定的时限内。

二、工程造价控制程序

工程造价控制程序框图如图3-7所示。

三、工程造价控制方法

（1）项目监理机构应依据施工合同有关

条款、施工图，对工程项目造价目标进行风险分析，并应制定防范性对策。

（2）总监理工程师应从造价、项目的功能要求、质量和工期等方面审查工程变更的方案，并宜在工程变更实施前与建设单位、承包单位协商确定工程变更的价款。

（3）项目监理机构应按施工合同约定的工程量计算规则和支付条款进行工程量计量和工程款支付。

（4）专业监理工程师应及时建立月完成工程量和工程量统计表，对实际完成量与计划完成量进行比较、分析，制定调整措施，并应在监理月报中向建设单位报告。

（5）专业监理工程师应及时收集、整理有关的施工和监理资料，为处理费用索赔提供证据。

（6）项目监理机构应及时按施工合同的有关规定进行竣工结算，并应对竣工结算的价款总额与建设单位和承包单位进行协商。当无法协商一致时，应按相关规定进行处理。

（7）未经监理人员质量验收合格的工程量，或不符合施工合同规定的工程量，监理人员应拒绝计量和该部分的工程款支付申请。

四、工程款支付

项目监理机构应按以下程序进行工程计量和工程款支付工作。

（1）承包单位统计经专业监理工程师质量验收合格的工程量，按施工合同的约定填报工程量清单和"工程预付款申报表"。

（2）专业监理工程师进行现场计量，按施工合同的约定审核工程量清单和工程款支付申请表，并报总监理工程审定。

（3）总监理工程师签署"工程预付款付款证书"，并报建设单位。

五、工程竣工结算

项目监理机构应按以下程序进行竣工结算。

（1）承包单位按施工合同规定填报竣工结算报表。

（2）专业监理工程师审核承包单位报送的竣工结算报表。

（3）总监理工程师审定竣工结算报表，与建设单位、承包单位协商一致后，签发竣工结算文件和最终的工程预付款付款证书报建设单位。

六、相关资料编制

工程造价控制资料主要包括：工程预付款付款证书（表 3 - 17）、工程计量报验单（表

表 3 - 17　　　　　　　　　**工程预付款付款证书**

（监理〔××〕工预付×号）

合同名称：××水利工程施工合同　　　　　　　　合同编号：××－×

致：××市第×水利水电工程局　　　　　　　　　　　　　　　　　（承包人） 　　经审核，承包人提供的预付款担保符合合同约定，并已获得你方认可，具备预付款支付条件。根据施工合同，你方应向承包人支付第×次工程预付款，金额为： 　　大写：＿＿×××××＿＿元整。小写：￥＿×××××＿。 　　　　监理机构：××监理公司××监理部（盖章） 　　　　总监理工程师：××× 　　　　日　　期：××年×月×日

说明：本证书一式×份，由监理机构填写，承包人两份、监理机构、发包人各一份。

3-18)、计日工工程量签证单（表3-19）、工程价款月支付申请书（表3-20）、已完工程量
汇总表（表3-21）、工程价款月付款证书（表3-22）、完工/最终付款证书（表3-23）等。

表 3-18

工 程 计 量 报 验 单

（承包〔××〕计量×号）

合同名称：××水利工程施工合同　　　　　　　　　　合同编号：××－×

承 包 人：××市第×水利水电工程局

致：					（监理机构）			
我方按施工合同约定，完成了　×　工序/单元工程的施工，其工程质量已经检验合格，并对工程量进行了计量测量。现提交测量结果，请核准。								
承 包 人：××市第×水利水电工程局								
项目经理：×××								
日　　期：××年×月×日								
序号	项目名称	合同价号	单价（元）	单位	申报工程量	核准工程量	监理审核意见	备注
1	×××	××－×	××	×	×××	×××		
2	×××	××－×	××	×	×××	×××		
3	×××	××－×	××	×	×××	×××		
附件：计量测量资料								
（核准意见） 　　　　　　　　　　　　　　　　监理机构：××监理公司××监理部（盖章） 　　　　　　　　　　　　　　　　总监理工程师：××× 　　　　　　　　　　　　　　　　日　　期：××年×月×日								

说明：本表一式×份，由承包人填写，监理机构核准后，监理机构、发包人各一份，承包人两份，作为当月已完工
　　　程量汇总表的附件使用。

表 3-19

计日工工程量签证单

（承包〔××〕计日证×号）

合同名称：××水利工程施工合同　　　　　　　　　　合同编号：××－×

承 包 人：××市第×水利水电工程局

序号	工程项目名称	计日工内容	单位	申报工程量	核准工程量	说明
1	××××	××××	×	××	××	
2	××××	××××	×	××	××	
3						
现申报计日工工程量，请审核。 附件： （1）计日工工作通知。 （2）计日工现场签认凭证。 　　　　　　　　　　　　　　　承 包 人：××市第×水利水电工程局 　　　　　　　　　　　　　　　项目经理：××× 　　　　　　　　　　　　　　　日　　期：××年×月×日						
（审核意见） 　　　　　　　　　　　　　　　监理机构：××监理公司××监理部（盖章） 　　　　　　　　　　　　　　　总监理工程师：××× 　　　　　　　　　　　　　　　日　　期：××年×月×日						

说明：本表一式×份，由承包人每个工作日完成后填写，经监理机构验证后，监理机构、发包人各一份，退返承包
　　　人两份，作结算时使用。

表 3-20　　　　　**工程价款月支付申请书（××年×月）**

（承包〔××〕月付×号）

合同名称：××水利工程施工合同　　　　　　　　　　　合同编号：××-×

监理机构：××市第×水利水电工程局

致：　　　　　　　　　　　　　　　　　　　　　　　　（监理机构）
现申请支付 ＿＿××＿＿ 年 ＿×＿ 月工程价款金额共计（大写） ×××× 元整，（小写：¥ ××× ），请审核。 　附表： （1）工程价款月支付汇总表。 （2）已完工程量汇总表。 （3）合同单价项目月支付明细表。 （4）合同合价项目月支付明细表。 （5）合同新增项目月支付明细表。 （6）计日工项目月支付明细表。 （7）计日工工程量月汇总表。 （8）索赔项目价款月支付汇总表。 （9）其他。 　　　　　　　　　　　　　　　　　承 包 人：××市第×水利水电工程局 　　　　　　　　　　　　　　　　　项目经理：××× 　　　　　　　　　　　　　　　　　日　　　期：××年×月×日
审核后，监理机构将另行签发月付款证书。 　　　　　　　　　　　　　　　　　监理机构：××监理××公司监理部 　　　　　　　　　　　　　　　　　签 收 人：××× 　　　　　　　　　　　　　　　　　日　　　期：××年×月×日

说明：本申请书及附表一式×份，由承包人填写呈报监理机构审核后，作为支付证书的附件报送发包人批准。

表 3-21　　　　　　　　　**已 完 工 程 量 汇 总 表**

（承包〔××〕量总×号）

合同名称：××水利工程施工合同　　　　　　　　　　　合同编号：××-×

监理机构：××监理公司×监理部

序号	项目名称	项目内容	单位	核准工程量	备注
1	×××	××××	×	××	
2	×××	××××	×	××	
3	×××	××××	×	××	

致：　　　　　　　　　　　　　　　　　　　　　　　　（监理机构）
本月已完工程量汇总表如上表，请审核。 　附件：工程计量报验单 　　　　　　　　　　　　　　　　　承包人：××市第×水利水电工程局 　　　　　　　　　　　　　　　　　负责人：××× 　　　　　　　　　　　　　　　　　日　　　期：××年×月×日
（审核意见） 　　　　　　　　　　　　　　　　　监理机构：××监理公司××监理部 　　　　　　　　　　　　　　　　　总监理工程师：××× 　　　　　　　　　　　　　　　　　日　　　期：××年×月×日

说明：本表一式×份，由承包人依据已签认的工程计量报验单填写，监理机构核准后，作为附表一同流转，审批结算时用。

表 3-22

工程价款月付证书

（监理〔××〕月付×号）

合同名称：××水利工程施工合同　　　　　　　　合同编号：××－×

监理机构：××监理公司××监理部

致：　　　　　　　　　　　　　　　　　　　　　　　　　　　　　　　　（发包人）

　　根据施工合同，经审核承包人的工程价款月支付申请书（承包〔××〕月付×号），本月应支付给承包人的工程价款金额共计为（大写）×××××元整（小写￥×××）。

　　根据施工合同约定，请贵方在收到此证书后的×天之内完成审批。将上述工程价款支付给承包人。

　　附件：

　　(1) 月支付审核汇总表。

　　(2) 其他。

　　　　　　　　　　　　　　　　　　　　监理机构：××监理公司××监理部

　　　　　　　　　　　　　　　　　　　　总监理工程师：×××

　　　　　　　　　　　　　　　　　　　　日　　　期：××年×月×日

说明：本证书一式×份，由监理机构填写，发包人、监理机构各一份，承包人两份，办理结算时使用。

表 3-23

完工/最终付款证书

（监理〔×××〕付证×号）

合同名称：××水利工程施工合同　　　　　　　　合同编号：××－×

监理机构：××监理公司××监理部

致：　　　　　　　　　　　　　　　　　　　　　　　　　　　　　　　　（发包人）

　　根据施工合同约定，经审核承包人的☑完工付款申请/□最终付款申请（承包〔××〕付申×号），应支付给承包人的金额共计为（大写）×××××元整（小写￥×××）。

　　根据施工合同约定，请贵方在收到☑完工付款证书/□最终付款证书后的 　×　 天之内完成审批，将上述工程款额支付给承包人。

　　附件：

　　(1) 完工/最终付款申请书。

　　(2) 计算资料。

　　(3) 证明文件。

　　(4) 其他。

　　　　　　　　　　　　　　　　　　　　监理机构：××监理公司××监理部

　　　　　　　　　　　　　　　　　　　　总监理工程师：×××

　　　　　　　　　　　　　　　　　　　　日　　　期：××年×月×日

说明：本证书一式×份，由监理机构填写，监理机构及发包人各一份，承包人两份，办理结算时使用。

第七节　工程合同管理资料

一、工程暂停与复工

1. 管理规定

(1) 总监理工程师在签发"暂停施工通知"时，应根据暂停工程的影响范围和影响程度，确定工程项目停工范围，按照施工合同和委托监理合同的约定签发。

(2) 在发生下列情况之一时，总监理工程师可签发"暂停施工通知"。

1) 建设单位要求且工程需要暂停施工。

2) 由于出现了工程质量问题，必须进行停工处理。

3）施工出现了质量或安全隐患，总监理工程师认为有必要停工以消除隐患。

4）发生了必须暂停施工的紧急事件。

5）承包单位未经许可擅自施工，或拒绝项目监理机构管理。

（3）监理人员发现施工存在重大质量隐患，可能造成质量事故或已造成质量事故时，应通知总监理工程师及时下达工程暂停令，要求承包单位停工整改。整改完毕并经监理人员复查，符合规定要求后，总监理工程师应及时签署"工程复工报审表"。

（4）由于非承包单位且非上述第（2）条中2）～5）款原因时，总监理工程师在签发暂停施工通知之前，应就有关工期和费用等事宜与承包单位进行协商。

（5）由于建设单位原因，或其他非承包单位原因导致工程暂停时，项目监理机构应如实记录所发生的实际情况。总监理工程师应在施工暂停原因消失，具备复工条件时，及时签署复工通知，指令承包单位继续施工。

（6）由于承包单位原因导致工程暂停，在具备恢复施工条件时，项目监理机构应审查承包单位报送的复工申请及有关材料，同意后由总监理工程师签署工程复工报审表，指令承包单位继续施工。

（7）总监理工程师在签发"暂停施工通知"到签发复工通知之间的时间内，宜会同有关各方按照施工合同的约定，处理因工程暂停引起的与工期、费用等有关的问题。

（8）工程暂停期间，应要求承包单位保护该部分或全部工程免遭损失或损害。

2. 管理程序

工程暂停及复工管理程序框图如图3-8所示。

3. 相关资料编制

工程暂停与复工管理资料主

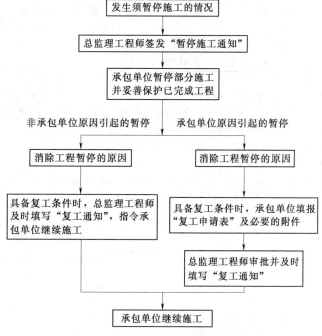

图3-8 工程暂停及复工管理程序框图

要包括：暂停施工申请报告（表3-24）、复工申请表（表3-25）、暂停施工通知（表3-26）和复工通知（表3-27）等。

二、工程变更管理

1. 管理规定

（1）设计单位因原设计存在缺陷提出的工程变更，应编制设计变更文件；建设单位或承包单位提出的工程变更，应提交总监理工程师，由总监理工程师组织专业监理工程师审查同意后，应由建设单位转交原设计单位编制设计变更文件。

（2）项目监理机构应了解实际情况并收集与工程变更有关的资料。

表 3－24　　　　　　　　　　　暂 停 施 工 申 请 报 告
（承包〔××〕暂停×号）

合同名称：××水利工程施工合同　　　　　　　　　　　合同编号：××－×
承 包 人：××市第×水利水电工程局

致：　　　　　　　　　　　　　　　　　　　　　　　　　　　　　（监理机构）		
由于发生本申请所列原因造成工程无法正常施工，依据有关合同约定，我方申请对所列工程项目暂停施工		
暂停施工工程项目	××河段 2 号河堤工程	
暂停施工原因	×月×日～×日将有大到暴雨，工程无法正常施工	
引用合同条款	××	
附　注		
（填报说明） 承包人：××市第×水利水电工程局（盖章） 项目经理：××× 日　期：××年×月×日		监理机构将另行签发审批意见。 监理机构：××监理公司××监理部 签收人：××× 日　期：××年×月×日

说明：本表一式×份，承包人填写，监理机构审批后，随同审批意见承包商、监理机构、发包人各一份。

表 3－25　　　　　　　　　　　复 工 申 请 表
（承包〔××〕复工×号）

合同名称：××水利工程施工合同　　　　　　　　　　　合同编号：××－×
承 包 人：××市第×水利水电工程局

致：　　　　　　　　　　　　　　　　　　　　　　　　　　　　（监理机构）
××水利施工工程项目，接到监理〔××〕停工×号暂停施工通知后，已于××年×月×日×时暂停施工。鉴于致使该工程的停工因素已经消除，复工准备工作也已就绪，特报请批准于××年×月×日×时复工。 　　附件：具备复工条件的情况说明。 　　　　　　　　　　　　　　　　承包人：××市第×水利水电工程局 　　　　　　　　　　　　　　　　项目经理：××× 　　　　　　　　　　　　　　　　日　期：××年×月×日
监理机构将另行签发审批意见。 　　　　　　　　　　　　　　　　监理机构：××监理公司××监理部 　　　　　　　　　　　　　　　　签收人：××× 　　　　　　　　　　　　　　　　日　期：××年×月×日

说明：本表一式×份，由承包人填写，报送监理机构审批后，随同审批意见承包人、监理机构、发包人各一份。

表 3－26　　　　　　　　　　　暂 停 施 工 通 知
（监理〔××〕×号）

合同名称：××水利施工合同　　　　　　　　　　　合同编号：××－×
监理机构：××监理公司××监理部

致：　　　　　　　　　　　　　　　　　　　　　　　　　　　　　（承包人）	
由于本通知所述原因，现通知你方于××年×月×日×时对××河段 2 号河堤工程项目暂停施工	
工程暂停施工原因	×××
引用合同条款或法规依据	（略）
停工期间要求	对已完成工程进行妥善保护
合同责任	（略）
监理机构：××监理公司××监理部 总监理工程师：××× 日　期：××年×月×日	承包人：××市第×水利水电工程局 项目经理：××× 日　期：××年×月×日

说明：本表一式×份，由监理机构填写，承包人、监理机构、发包人、设代机构各一份。

表 3-27

复 工 通 知

（监理〔××〕复工×号）

合同名称：××水利工程施工合同　　　　　　合同编号：××-×
监理机构：××监理公司××监理部

致：（承包人）
鉴于监理〔××〕停工×号暂停施工通知所述原因已经消除，你方可于××年×月×日×时起对××河段2号河堤工程项目恢复施工。 　　附注： 　　　　　　　　　　　　　　　　监理机构：××监理公司××监理部 　　　　　　　　　　　　　　　　负 责 人：××× 　　　　　　　　　　　　　　　　日　　　期：××年×月×日
承 包 人：××市第×水利水电工程局 　　　　　　　　　　　　　　　　项目经理：××× 　　　　　　　　　　　　　　　　日　　　期：××年×月×日

说明：本表一式×份，由监理机构填写，承包人、监理机构、发包人、设代机构各一份。

（3）总监理工程师必须根据实际情况、设计变更文件和其他有关资料，按照施工合同的有关条款，对工程变更的费用和工期作出评估。

（4）总监理工程师应就工程变更费用及工期的评估情况与承包单位和建设单位进行协调。项目监理机构处理工程变更应符合以下要求。

1）项目监理机构在工程变更的质量、费用和工期方面取得建设单位授权后，应按施工合同规定与承包单位进行协商，协商一致后，总监理工程师应将协商结果向建设单位通报，并由建设单位与承包单位在变更文件上签字。

2）在项目监理机构未能就工程变更的质量、费用和工期方面取得建设单位授权时，总监理工程师应协助建设单位和承包单位进行协商，并达成一致。

3）在建设单位和承包单位未能就工程变更的费用等方面达到协议时，项目监理机构应提出一个暂定的价格，作为临时支付工程进度款的依据。该项工程款最终结算时，应以建设单位和承包单位达成的协议为依据。

（5）总监理工程师签发工程变更单。工程变更单的内容应包括工程变更要求、工程变更说明、工程变更费用和工期、必要的附件等内容，有设计变更文件的工程变更应附设计变更文件。

（6）在总监理工程师签发工程变更单之前，承包单位不得实施工程变更。未经总监理工程师审查同意而实施的工程变更，项目监理机构不得予以计量。

（7）分包工程的工程变更应通过承包单位办理。

2. 管理程序

监理机构对工程变更管理程序如图 3-9

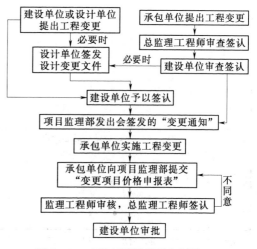

图 3-9　工程变更管理程序框图

所示。

3.相关资料编制

工程变更管理资料主要包括：变更申请报告（表3-28）、变更项目价格申报表（表3-29）、新增或紧急工程通知（表3-30）、变更指示（表3-31）、变更项目价格审核表（表3-32）、变更项目价格签认单（表3-33）、变更通知（表3-34）等。

表3-28

变 更 申 请 报 告

（承包〔××〕变更×号）

合同名称：××水利施工合同   合同编号：××-×

承 包 人：××市第×水利水电工程局

致：	（监理机构）
由于_____×××_____原因，今提出工程变更。变更内容详见附件，请审批。 附件： （1）工程变更建议书。 （2） 　　　　　　　　　　　　承 包 人：××市第×水利水电工程局 　　　　　　　　　　　　项目经理：××× 　　　　　　　　　　　　日　　期：××年×月×日	

监理机构初步意见	同意进行变更 　　　　　　　　　　　　监理机构：××监理公司××监理部 　　　　　　　　　　　　总监理工程师：××× 　　　　　　　　　　　　日　　期：××年×月×日
设计单位意见	同意 　　　　　　　　　　　　设计单位：××水利水电设计院（盖章） 　　　　　　　　　　　　负 责 人：××× 　　　　　　　　　　　　日　　期：××年×月×日
发包人意见	同意 　　　　　　　　　　　　发 包 人：××市水利水电管理局（盖章） 　　　　　　　　　　　　负 责 人：××× 　　　　　　　　　　　　日　　期：××年×月×日
批复意见	提交详细的变更报告 　　　　　　　　　　　　监理机构：××监理公司××监理部 　　　　　　　　　　　　总监理工程师：××× 　　　　　　　　　　　　日　　期：××年×月×日

说明：本表一式×份，由承包人填写，监理机构、设计单位、发包人三方审签后，发包人、承包人、设计单位及监理机构各一份。

表 3-29　　　　　　　　　　　　**变更项目价格申报表**

(承包〔××〕变价×号)

合同名称：××水利施工合同　　　合同编号：××－×　　　承包人：××市第×水利水电工程局

致：				
				(监理机构)
根据××工程变更指示（监理〔××〕变指×号）的工程变更内容，对下列项目单价申报如下，请审批。				
附件：变更单价报告（原因、工程量、编制说明、单价分析表）				

序　号	项目名称	单　位	申报单位	备　注
1	××××	××		
2	××××	××		

（填报说明）

　　　　　　　　　　　　　承 包 人：××市第×水利水电工程局

　　　　　　　　　　　　　项目经理：×××

　　　　　　　　　　　　　日　　期：××年×月×日

监理机构将另行签发批复意见。

　　　　　　　　　　　　　监理机构：××监理公司××监理部

　　　　　　　　　　　　　签 收 人：×××

　　　　　　　　　　　　　日　　期：××年×月×日

说明：本表一式×份，由承包人填写报监理机构，随同监理审核表、变更项目价格签认单或价格监理临时决定发包
　　　人、监理机构、承包人各一份。

表 3-30　　　　　　　　　　　　**新增或紧急工程通知**

(监理〔××〕新通×号)

合同名称：××水利施工合同　　　　　　　　合同编号：××－×

致：	
今委托你方进行下列不包括在施工合同内混凝土坝上端护栏 新增／紧急工程的施工，并于××年×月×日前提交该工程的施工进度计划和施工技术方案。正式变更批示另行签发。	
工程内容简介：（略）	
工期要求：（略）	
费用及支付方式：新增部分费用另行申报	监理机构：××监理公司××监理部
	负 责 人：×××
	日　　期：××年×月×日

现已收到混凝土坝体上端护栏新增／紧急工程通知，我方将按要求提交该工程的施工进度计划和施工技术方案。费用及工期意见将□同时提交／☑另行提交。

　　　　　　　　　　　　　承 包 人：××市第×水利水电工程局

　　　　　　　　　　　　　项目经理：×××

　　　　　　　　　　　　　日　　期：××年×月×日

说明：本表一式×份，监理机构填写，承包人签署意见后，承包人、监理机构、发包人、设代机构各一份。

表 3-31

变 更 指 示

（监理〔××〕变指×号）

合同名称：××水利施工合同　　　　合同编号：××-×　　　　监理机构：××监理公司××监理部

致：　　　　　　　　　　　　　　　　　　　　　　　　　　　　　　　　　　（承包人）

现决定对本合同项目作如下变更或调整，应遵照执行，并根据本指示于<u>××</u>年<u>×</u>月<u>×</u>日前提交相应的施工技术方案、进度计划和报价。

变更项目名称	××河段 2 号河堤
变更工程简述	对 2 号河堤加高 0.5m
变更工程量	×××
变更技术要求	根据《堤防工程施工质量评定与验收规程》（SL 239—1999）进行验收
其他内容	

附件：变更文件、施工图纸　　　　　　　监理机构：××监理公司××监理部

总监理工程师：×××

日　　　期：××年×月×日

接受变更指示，并按要求提交施工技术方案、进度计划和报价。

承 包 人：××市第×水利水电工程局（盖章）

项目经理：×××

日　　　期：××年×月×日

说明：本表一式×份，由监理机构填写，承包人、监理机构、发包人、设代机构各一份。

表 3-32

变更项目价格审核表

（监理〔××〕变价审×号）

合同名称：××水利施工合同　　　　　　　　　　合同编号：××-×

监理机构：××监理公司××监理部

致：　　　　　　　　　　　　　　　　　　　　　　　　　　　　　　　　　　（承包人）

根据有关规定和施工合同约定，你方提出的变更项目价格申报表（承包〔××〕变价×号），经我方审核，变更项目价格如下。

附注：

序　号	项 目 名 称	单　位	监理审核单价	备　注
1	××××	×	×××	
2	××××	×	×××	
3	××××	×	×××	

（填报说明）

监理机构：××监理公司××监理部

总监理工程师：×××

日　　　期：××年×月×日

说明：本表一式×份，由监理机构填写，审核后承包人、监理机构、发包人各一份。

表 3－33　　　　　　　　　　　**变更项目价格签认单**

（监理〔××〕变价签×号）

合同名称：××水利施工合同　　　　　　　　　合同编号：××－×

承　包　人：××监理公司××监理部

　　根据有关规定和施工合同约定，经友好协调，承包人对于　　××河段 2 号河堤　　提出的变更项目价格申报表（承包〔××〕变价×号），最终确定变更项目价格如下。

序　号	项目名称	单　位	核定单价	备　注
1	××××	×	×××	
2	××××	×	×××	

承包人：××市第×水利水电工程局（盖章）

项目经理：×××

日　　期：××年×月×日

发包人：××市水利水电管理局（盖章）

负责人：×××

日　　期：××年×月×日

监理机构：××监理公司××监理部

签收人：×××

日　　期：××年×月×日

说明：本表一式×份，监理机构填写，签字后监理机构、发包人各一份，承包人两份，办理结算时使用。

表 3－34　　　　　　　　　　　**变　更　通　知**

（监理〔××〕变通×号）

合同名称：××水利施工合同　　　　　　　　　合同编号：××－×

监理机构：××监理公司××监理部

致：　　　　　　　　　　　　　　　　　　　　　　　　　（承包人）

　　根据变更指示（监理〔××〕变指×号），你方与发包人协商一致，按本通知调整价款和工期。

项目号	变更项目内容	单位	数量（增或减）	单价	增加金额（元）	减少金额（元）	
××	×××	×	××	×	××		
合　　计							

合同工期日数的增加：

（1）原合同工期（日历天）　　　×　　　（天）。

（2）本变更指令延长工期日数　　　×　　　（天）。

（3）迄今延长合同工期总的变更　　　×　　　（天）。

（4）现合同工期（日历天）　　　×　　　（天）。

变更或额外/紧急工程描述及其他说明：

监理机构：××监理公司××监理部

总监理工程师：×××

日　　期：××年×月×日

承包人：××市第×水利水电工程局

项目经理：×××

日　　期：××年×月×日

说明：本表一式×份，由监理机构填写，承包人两份，监理机构、发包人各一份。

三、工程延期管理

1. 管理规定

（1）由于合同中约定的下列原因引起的工期延长，承包单位可以提出工程延期申请。

1）非承包单位的责任造成工程不能按合同约定日期开工。

2）工程量的实质性变化和设计变更。

3）非承包单位原因停水、停电（地区限电除外）、停气造成停工时间超过合同的约定。

4）国家或有关部门正式发布的不可抗力事件。

5）异常不利的气候条件，建设单位同意工期相应顺延的其他情况。

（2）当承包单位提出工程延期要求符合施工合同文件的规定条件时，项目监理机构应予以受理。承包单位提出工程延期申请必须同时满足以下3项条件。

1）工程延期事件发生后，承包单位在合同约定的期限内向项目监理部提交了书面的工程延期意向报告。

2）承包单位按合同约定，提交了有关工程延期事件的详细资料和证明材料。

3）工程延期事件终止后，承包单位在合同约定的期限内，向项目监理部提交了工程延期申请表。

（3）项目监理部评估工程延期的原则包括以下几点。

1）工程延期事件属实。

2）工程延期申请依据的合同条款准确。

3）工程延期事件必须发生在被批准的网络进度计划的关键线路上。

（4）项目监理机构在审查工程延期时，应依以下情况确定批准工程延期的时间。

1）施工合同中有关工程延期的约定。

2）工期拖延和影响工期事件的事实和程度。

3）影响工期事件对工期影响的量化程度。

（5）当影响工期事件具有持续性时，项目监理机构可在收到承包单位提交的阶段性工程延期申请表并经过审查后，先由总监理工程师签署《延长工期申报表》并通报建设单位。

（6）当承包单位提交最终的工程延期申请表后，项目监理机构应复查工程延期及临时延期情况，并由总监理工程师签署延长工期审批表。

（7）项目监理机构在作出临时工程延期批准或最终的工程延期批准之前，均应与建设单位和承包单位进行协商。

（8）当承包单位未能按照施工合同要求的工期竣工交付造成工期延误时，项目监理机构应按施工合同规定从承包单位应得款项中扣除误期损害赔偿费。

（9）总监理工程师应严格遵守施工合同中约定的处理工程延期的各种时限要求。

2. 管理程序

监理机构对工程延期管理程序框图如图3-10所示。

3. 相关资料编制

工程监理过程中，工程延期管理资料主要包括延长工期申报表（表3-35）等。

四、费用索赔的处理

1. 管理规定

（1）监理单位应参与索赔的处理过程，审核索赔报告，批准合理的索赔或驳回承包单位不合理的索赔要求或索赔要求中不合理的部分，使索赔得到圆满解决。

（2）承包单位提出费用索赔要求时，应满足以下条件。

1）索赔事件是由于非承包单位的责任发生，且确实给承包单位造成了直接经济损失。

2）承包单位已按施工合同规定期限和程序提出"索赔申请报告"，附有索赔凭证材料。

（3）项目监理机构受理索赔申请后，应依据国家有关法律、法规、施工合同文件以及施工合同履行过程中与索赔事件相关的凭证进行处理。

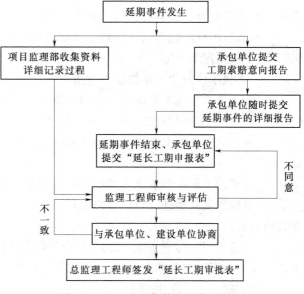

图 3-10 工程延期管理程序框图

表 3-35

延 长 工 期 申 报 表

（承包〔××〕延期×号）

合同名称：××水利施工合同　　　　　　　　合同编号：××－×

承包人：××市第×水利水电工程局

致： (监理机构)
根据施工合同约定及相关规定，由于本申报表附件所列原因，我方要求对所申报的××河堤工程项目工期延长 × 天，合同项目工期顺延 × 天，完工日期从××年 × 月 × 日延至××年 × 月 × 日，请审批。 附件： （1）延长工期申请报告（说明原因、依据、计算过程及结果等）。 （2）证明材料。 　　　　　　　　　　　　承 包 人：××市第×水利水电工程局 　　　　　　　　　　　　项目经理：××× 　　　　　　　　　　　　日　　　期：××年×月×日
监理机构将另行签发审核意见 　　　　　　　　　　　　监理机构：××监理公司××监理部 　　　　　　　　　　　　签 收 人：××× 　　　　　　　　　　　　日　　　期：××年×月×日

说明：本表一式×份，由承包人填写，监理机构审核后，随同审核意见承包人、监理机构、发包人、设代机构各一份。

（4）项目监理机构收到承包单位在合理期限内提出的费用索赔意向通知书后，应指定专业监理工程师负责收集与索赔有关的资料。

（5）承包单位应在承包合同规定的期限内向项目监理机构提交对建设单位的"索赔申请报告"。总监理工程师应对其进行初步审查，符合受理条件的应予以受理。

（6）承包单位向建设单位提出费用索赔，项目监理机构应按以下程序处理。

1）监理机构在施工合同规定的期限内收到了承包单位向建设单位提交的费用索赔意向报告。总监理工程师指定专业监理工程师收集与索赔有关的资料。

2）承包单位在施工合同规定的期限内向项目监理机构提交对建设单位的"费用索赔申请表"。

3）总监理工程师初步审查费用索赔申请表，符合费用索赔条件时予以受理。

4）总监理工程师进行费用索赔审查，并在初步确定一个额度后，与承包单位和建设单位进行协商。

5）总监理工程师应在施工合同规定的期限内签署费用索赔审批表，或发出要求承包单位提交有关索赔报告的进一步详细资料的通知，待收到承包单位提交的详细资料后，按处理程序的第3）～5）款进行。

（7）进行费用索赔审查时，总监理工程师先初步确定一个额度，然后再与承包单位及建设单位进行协商。达成一致意见的，总监理工程师应在施工合同规定的期限内签署费用索赔审核表；如不能达成一致，总监理工程师可在施工合同规定的期限内，要求承包单位提交有关索赔报告的进一步详细资料。然后再与建设单位和承包单位协商解决。

（8）当承包单位的费用索赔要求与工程延期要求相关联时，总监理工程师在作出费用索赔的批准决定时，应与工程延期的批准联系起来，综合作出费用索赔和工程延期的决定。

（9）由于承包单位的原因造成建设单位的额外损失，建设单位向承包单位提出费用索赔时，总监理工程师在审查索赔报告后，应公正地与建设单位和承包单位进行协商，并及时作出答复。

2. 管理程序

监理机构对费用索赔管理的程序如图3-11所示。

3. 相关资料编制

在工程监理过程中，费用索赔管理资料主要包括：索赔意向通知（表3-36）、索赔申请报告（表3-37）、索赔项目价款月支付汇总表（表3-38）、费用索赔审核表（表3-39）、费用索赔签认单（表3-40）等。

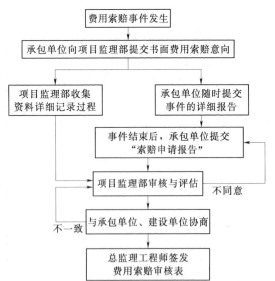

图3-11　费用索赔管理程序框图

表 3－36

索 赔 意 向 通 知

(承包〔××〕赔通×号)

合同名称：××水利施工合同　　　　　　　　　合同编号：××－×

承 包 人：××市第×水利水电工程局

致：　　　　　　　　　　　　　　　　　　　　　　　　　　　（监理机构）
由于<u>××非人力因素造成误工</u>的原因，根据施工合同的约定，我方拟提出索赔申请，请审核。 　　附件：索赔意向书（包括索赔事件、索赔依据等） 　　　　　　　　　　　　　　　承 包 人：××市第×水利水电工程局 　　　　　　　　　　　　　　　项目经理：××× 　　　　　　　　　　　　　　　日　　期：××年×月×日
监理机构将另行签发批复意见 　　　　　　　　　　　　　　　监理机构：××监理公司××监理部 　　　　　　　　　　　　　　　签 收 人：××× 　　　　　　　　　　　　　　　日　　期：××年×月×日

说明：本表一式×份，承包人填写，监理机构审核后，随同批复意见承包人、监理机构、发包人各一份。

表 3－37

索 赔 申 请 报 告

(承包〔××〕赔报×号)

合同名称：××水利施工合同　　　　　　　　　合同编号：××－×

承 包 人：××市第×水利水电工程局

致：　　　　　　　　　　　　　　　　　　　　　　　　　　　（监理机构）
根据有关规定和施工合同约定，我方对<u>×××</u>事件申请赔偿金额为（大写）<u>×××</u>元整（小写￥×××），请审核。 　　附件： 　　索赔报告。主要内容包括： 　　（1）事因简述。 　　（2）引用合同条款及其他依据。 　　（3）索赔计算。 　　（4）索赔事实发生的当时记录。 　　（5）索赔支持文件。 　　　　　　　　　　　　　　　承 包 人：××市第×水利水电工程局（盖章） 　　　　　　　　　　　　　　　项目经理：××× 　　　　　　　　　　　　　　　日　　期：××年×月×日
监理机构将另行签发审核意见 　　　　　　　　　　　　　　　监理机构：××监理公司××监理部（盖章） 　　　　　　　　　　　　　　　签 收 人：××× 　　　　　　　　　　　　　　　日　　期：××年×月×日

说明：本表一式×份，由承包人填写监理机构审核后，随同审核意见承包人、监理机构、发包人各一份。

表 3-38

索赔项目价款月支付汇总表

（承包〔××〕赔总×号）

合同名称：××水利施工合同　　　　　　　　　　合同编号：××-×

承 包 人：××市第×水利水电工程局

序号	费用索赔签认单号	核准索赔金额	备 注
1	〔××〕×号	×××元	
2	〔××〕×号	×××元	
3			
合　　计			

致：　　　　　　　　　　　　　　　　　　　　　　　　　　　　（监理机构）

　　根据费用索赔签认单，现申报本月索赔项目价款总金额为（大写）×××元×角×分（小写￥×××），请审核。

　　附件：

　　费用索赔签认单

　　　　　　　　　　　　　　　　　　　承 包 人：××市第×水利水电工程局（清单）

　　　　　　　　　　　　　　　　　　　项目经理：×××

　　　　　　　　　　　　　　　　　　　日　　　期：××年×月×日

　　经审核，本月应支付索赔项目价款总金额为（大写）×××元×角×分（小写￥×××）。

　　　　　　　　　　　　　　　　　　　监理机构：××监理公司××监理部

　　　　　　　　　　　　　　　　　　　总监理工程师：×××

　　　　　　　　　　　　　　　　　　　日　　　期：××年×月×日

说明：本表一式×份，由承包人依据费用索赔签认单填写，作为附表一同流转，审批结算时使用。

表 3-39

费 用 索 赔 审 核 表

（监理〔××〕索赔审×号）

合同名称：××水利施工合同　　　　　　　　　　合同编号：××-×

监理机构：××监理公司××监理部

致：　　　　　　　　　　　　　　　　　　　　　　　　　　　　（承包人）

　　根据有关规定和施工合同约定，你方提出的索赔申请报告（承包〔××〕赔报×号），索赔金额（大写）×××元整（小写￥×××），经我方审核。

　　□不同意此项索赔

　　☑同意此项索赔，索赔金额为（大写）×××元整（小写￥×××）。

　　附件：

　　索赔分析、审核文件

　　　　　　　　　　　　　　　　　　　监理机构：××监理公司××监理部

　　　　　　　　　　　　　　　　　　　总监理工程师：×××

　　　　　　　　　　　　　　　　　　　日　　　期：××年×月×日

说明：本表一式×份，由监理机构填写，审定后承包人、监理机构、发包人各一份。

表 3－40　　　　　　　　　　　　　费 用 索 赔 签 认 单

（监理〔××〕索赔签×号）

合同名称：××水利施工合同　　　合同编号：××－×　　　监理机构：××监理公司××监理部

根据有关规定和施工合同约定，经友好协商，承包人对于<u>×××</u>提出的索赔申请报告（承包〔××〕赔报×号），最终索赔金额确定为：大写：<u>×××</u>元整（小写￥<u>×××</u>）。
承 包 人：××市第×水利水电工程局（盖章） 　　　　　　　　项目经理：××× 　　　　　　　　日　　　期：××年×月×日
发 包 人：××市水利水电管理局（盖章） 　　　　　　　　负 责 人：××× 　　　　　　　　日　　　期：××年×月×日
监理机构：××监理公司××监理部（盖章） 　　　　　　　　总监理工程师：××× 　　　　　　　　日　　　期：××年×月×日

说明：本表一式×份，由监理机构填写，签字后监理机构、发包人各一份，承包人两份，办理结算时使用。

五、工程移交与竣工验收

1. 工程项目移交

工程项目移交常用的管理资料有工程移交通知（表 3－41）和工程移交证书（表3－42）。

表 3－41　　　　　　　　　　　　　工 程 移 交 通 知

（监理〔××〕移交×号）

合同名称：××水利工程施工合同　　　　　　　　合同编号：××－×

监理机构：××监理公司××监理部

致：　　　　　　　　　　　　　　　　　　　　　　　　　　　　　（承包人）	
鉴于<u>　××河段混凝土坝体　</u>工程已于<u>　××　</u>年×月×日通过 ☑单位工程验收 □完工验收 根据有关规定和施工合同约定，可按本通知的要求，办理移交手续。特此通知。	
工程移交日期	☑请于<u>××</u>年×月×日办妥移交手续。 □
保修期起算日期	☑本工程保修，自该工程的移交证书中写明的实际完工之日起算，保修期为<u>×</u>个月。
办理移交手续前应完成的工程项目： （1） （2）	
监理机构：××监理公司××监理部 　　　　　　　　　总监理工程师：××× 　　　　　　　　　日　　　期：××年×月×日	
承 包 人：××市第×水利水电工程局（盖章） 　　　　　　　　　项目经理：××× 　　　　　　　　　日　　　期：××年×月×日	

说明：本表一式×份，由监理机构填写，承包人、监理机构、发包人各一份。

表 3 - 42　　　　　　　　　　　**工 程 移 交 证 书**

（监理〔××〕移证×号）

合同名称：××水利施工合同　　　　　　　　　　合同编号：××－×

监理机构：××监理公司××监理部

致：　　　　　　　　　　　　　　　　　　　　　　　　　　（承包人）

　　　　　××河段混凝土坝体　　　工程已按施工合同和监理机构的指示完成（该证书中注明的工程缺陷和未完工程除外），并于　××　年×月×日经过□完工验收/☑单位工程验收。根据有关规定和合同约定，监理机构签发此工程移交证书。从本移交证书颁发之日开始，正式移交给发包人。本工程的实际完工之日为　××　年×月×日，并从此日开始，该工程进入保修期阶段。

　　附件：工程缺陷及未完工程内容清单及其实施计划

　　　　　　　　　　　　　　　　　　　　监理机构：××监理公司××监理部

　　　　　　　　　　　　　　　　　　　　总监理工程师：×××

　　　　　　　　　　　　　　　　　　　　日　　期：××年×月×日

说明：本证书一式×份，由监理机构填写，监理机构及发包人各一份，承包人两份。

2. 工程竣工验收

工程竣工验收阶段，承包人须填写竣工验收申请报告（表 3 - 43）。

表 3 - 43　　　　　　　　　　**竣 工 验 收 申 请 报 告**

（承包〔××〕验报×号）

合同名称：××水利施工合同　　　　　　　　　　合同编号：××－×

承　包　人：××市第××水利水电工程局

致：　　　　　　　　　　　　　　　　　　　　　　　　　　（监理机构）

　　　　　××河段混凝土坝体　　　工程项目已经按计划于　××　年×月×日基本完工，零星未完工程及缺陷修复拟按申报计划实施，验收文件也已准备就绪，现申请验收。

☑合同项目完工验收 □阶段验收 □单位工程验收 □分部工程验收	验收工程名称、编码	申请验收时间
	××河段混凝土坝体	××年×月×日

附件：
(1) 零星未完工程施工计划。
(2) 缺陷修复计划。
(3) 验收报告、资料。

　　　　　　　　　　　　　　　　　　　　承　包　人：×××

　　　　　　　　　　　　　　　　　　　　项目经理：×××

　　　　　　　　　　　　　　　　　　　　日　　期：××年×月×日

监理机构将另行签发审核意见。

　　　　　　　　　　　　　　　　　　　　监理机构：××监理公司××监理部（盖章）

　　　　　　　　　　　　　　　　　　　　签收人：×××

　　　　　　　　　　　　　　　　　　　　日　　期：××年×月×日

说明：本表一式×份，由承包人填写，监理机构审核后，随同审核意见承包人、监理机构、发包人、设计机构各一份。

3. 中止合同文件

合同中止、解除，须由监理机构签发合同解除后付款证书（表3-44）。

表3-44
合同解除后付款证书
（监理〔××〕解付×号）

合同名称：××水利工程施工合同   合同编号：××－×
监理机构：××监理公司××监理部

合同解除原因	违规进行分包

致： （发包人）

  根据施工合同约定，经审核，承包人共应获得工程价款总价为（大写）叁仟伍佰万贰仟捌佰元整（小写¥35002800），已得到各项付款总价为（大写）叁仟叁佰万元整（小写¥33000000），现应支付剩余工程价款总价为（大写）贰佰万贰仟捌佰元整（小写¥2002800），请审核。

附件：
计算资料、证明文件

            监理机构：××监理公司××监理部
            总监理工程师：×××
            日   期：××年×月×日

说明：本表一式×份，由监理机构填写，审定后发包人、监理机构各一份，承包人两份，作为结算的附件。

第八节 工程监理其他资料

水利水电工程施工监理过程中，经常采用的其他资料有监理通知（表3-45）、工程现场书面指示（表3-46）、监理抽检试验登记表（表3-47）、警告通知（表3-48）、监理巡视记录（表3-49）、整改通知（表3-50）等。

表3-45
监 理 通 知
（监理〔××〕通知×号）

合同名称：××水利工程施工合同   合同编号：××－×

致：××市第×水利水电工程局   （承包人）
  事由：（略）

  通知内容：（略）

  附件：

            监理机构：××监理公司××监理部（盖章）
            总监理工程师/监理工程师：×××
            日   期：××年×月×日

            承 包 人：××市第×水利水电工程局（盖章）
            签 收 人：×××
            日   期：××年×月×日

说明：1. 本通知一式×份，由监理机构填写，承包人签收后，承包人、监理机构、发包人各一份。

     2. 一般通知由监理工程师签发，重要通知由总监理工程师签发。

     3. 本通知单可用于对承包人的指示。

表 3-46
工 程 现 场 书 面 指 示
（监理〔××〕现指×号）

合同名称：××水利施工合同 合同编号：××-×
监理机构：××监理公司××监理部

致： (承包人)
请你方执行本指示内容。若你方不提出确认，本指示章签收后立即生效。 发布指示依据：☑工程施工合同 ××× 条款 第×条 　　　　　　　□工程施工合同 　　　条款 第 条 　　　　　　　□工程施工合同 　　　条款 第 条 　　　　　　　□ 指示内容与要求：（略） 　　　　　　　　　　　　　监理机构：××监理公司××监理部（盖章） 　　　　　　　　　　　　　监理工程师：××× 　　　　　　　　　　　　　日　　期：××年×月×日
今收到贵方现场书面指示，我方将： □将按指示要求执行 ☑申请监理机构确认 　　　　　　　　　　　　　承　包　人：××市第×水利水电工程局 　　　　　　　　　　　　　现场负责人：××× 　　　　　　　　　　　　　日　　期：××年×月×日

说明：本表一式×份，由监理机构填写，承包人、监理机构各一份。

表 3-47
监 理 抽 检 试 验 登 记 表
（监理〔××〕试记×号）

合同名称：××水利施工合同 合同编号：××-×
监理机构：××监理公司××监理部

序号	试验项目名称	试验单元工程名称	试验记录编号	试验完成日期	试验负责人	遗漏的试验项目名称	采取的措施	备 注
1								
2								
3								
专业监理工程师		（签名）			填报日期		年　月　日	

说明：监理机构试验室用表。

　　监理通知是监理工作重要用表，是项目监理部针对承包单位出现的问题而签发的要求承包单位进行整改的指令性文件。监理单位使用时，应避免出现两个极端：过滥或不发，并且要维护"监理通知"的权威性。

　　（1）监理通知一般包括以下内容。

　　1）建设单位组织协调确定的事项，需要设计、施工、材料等各方面实施，且需由监理单位发出通知的事宜。

　　2）监理在旁站巡视过程中发现需要及时纠正的事宜，通知应包括工程部位、地段、发现时间、问题性质、要求处理的程度等。

表 3-48　　　　　　　　　　　　警　告　通　知
（监理〔××〕警告×号）

合同名称：××水利施工合同　　　　　　　　　合同编号：××－×
监理机构：××监理公司××监理部

致：　　　　　　　　　　　　　　　　　　　　　　　　　　　　　　（承包人） 　　××　年×月×日×时，你方在工作时，存在下列所述的违规（章）作业情况。为确保施工合同顺利实施，要求你方立即进行纠正，并避免类似情况的再次发生。 　　违规情况描述： 　　××河段 2 号河堤浇筑过程中： 　　（1）砂子未过筛，含较大颗粒，影响浇筑质量。 　　（2）混凝土配料不均，砂子未过磅。 　　（3）无坍落度试验记录。 　　法规或合同条款的相关规定：（略） 　　　　　　　　　　　　　　　　　　监理机构：××监理公司××监理部 　　　　　　　　　　　　　　　　　　监理工程师：××× 　　　　　　　　　　　　　　　　　　日　　　期：××年×月×日	
承包人：××市第×水利水电工程局 　　　　　　　　　　　　　　　　　　签收人：××× 　　　　　　　　　　　　　　　　　　日　　　期：××年×月×日	

说明：本表一式×份，由监理机构填写，承包人、监理机构、发包人各一份。

表 3-49　　　　　　　　　　　　监　理　巡　视　记　录
（监理〔××〕巡视×号）

合同名称：××水利施工合同　　　　　　　　　合同编号：××－×
监理机构：××监理公司××监理部

巡视范围	
巡视对象	
发现问题及处理意见	
	巡视人：××× 日　　期：××年×月×日

说明：本表由监理机构填写，按月装订成册。

表 3-50　　　　　　　　　　　　整　改　通　知
（监理〔××〕整改×号）

合同名称：××水利施工合同　　　　　　　　　合同编号：××－×
监理机构：××监理公司××监理部

致：　　　　　　　　　　　　　　　　　　　　　　　　　　　　　　（承包人） 　　由于本通知所述原因，通知你方对　××河段 2 号河堤浇筑　工程项目应按下述要求进行整改，并于××年×月×日前提交整改措施报告，确保整改的结果达到要求。	
整改原因	□施工质量经检验不合格 ☑材料、设备不符合要求 □未按设计文件要求施工 □工程变更 □

整改要求	□拆除 ☑返工 □更换、增加材料、设备 □修补缺陷 □调整施工人员 □

☑整改所发生费用由承包人承担
□整改所发生费用可另行申报
□
 	
                监理机构：××监理公司××监理部
                总监理工程师：×××
                日 期：××年×月×日	

现已收到整改通知，我方将根据通知要求进行整改，并按要求提交整改措施报告。
 	
                承 包 人：××市第×水利水电工程局
                项目经理：×××
                日 期：××年×月×日	

说明：本表一式×份，由监理机构填写，承包人、监理机构、发包人各一份。

3）季节性天气预报的通知。

4）工程计量的通知。

5）试验结果需要说明或指正的内容等。

（2）在施工过程中所发现的问题可先口头通知承包单位整改，并及时签发监理通知。承包单位整改后，应将整改结果填写监理通知回复单报监理工程师进行审查。

（3）监理通知在发出前必须经总监理工程师同意，当总监理工程师认为必要时应签字确认。

第九节 监理文件资料归档范围与保管期限

水利水电工程监理文件资料归档范围与保管期限见表3-51。

表 3-51   **工程监理文件资料归档范围与保管期限**

序号	归 档 文 件	保 管 期 限		
		项目法人	执行管理单位	流域机构档案馆
1	监理合同协议，监理大纲，监理规范、细则、采购方案、监造计划及批复文件	长期		
2	设备材料审核文件	长期		
3	施工进度、延长工期、索赔及付款报审材料	长期		
4	开（停、复、返）工令、许可证等	长期		
5	监理通知、协调会审纪要，监理工程师指令、指示、来往信函	长期		
6	工程材料监理检查、复检、实验记录、报告	长期		
7	监理日志、监理周（月、季、年）报、备忘录	长期		

续表

序号	归 档 文 件	保 管 期 限		
		项目法人	执行管理单位	流域机构档案馆
8	各项控制、测量成果及复核文件	长期		
9	质量检测、抽查记录	长期		
10	施工质量检查分析评估、工程质量事故、施工安全事故等报告	长期	长期	
11	工程进度计划实施的分析、统计文件	长期		
12	变更价格审查、支付审批、索赔处理文件	长期		
13	单元工程检查及开工（开仓）签证，工程分部分项质量认证、评估	长期		
14	主要材料及工程投资计划、完成报表	长期		
15	设备采购市场调查、考察报告	长期		
16	设备制造的检验计划和检验要求、检验记录及试验、分包单位资格报审表	长期		
17	原材料、零配件等的质量证明文件和检验报告	长期		
18	会议纪要	长期	长期	
19	监理工程师通知单、监理工作联系单	长期		
20	有关设备质量事故处理及索赔文件	长期		
21	设备验收、交接文件、支付证书和设备制造结算审核文件	长期	长期	
22	设备采购、监造工作总结	长期	长期	
23	监理工作声像材料	长期	长期	
24	其他有关的重要来往文件	长期	长期	

本 章 思 考 题

1. 水利水电工程监理资料管理程序是什么？
2. 水利水电工程进度控制监理工作按怎样的程序进行？控制的主要内容包括哪些？
3. 水利水电工程质量控制监理工作按怎样的程序进行？控制的主要内容包括哪些？
4. 水利水电工程造价控制监理工作按怎样的程序进行？控制的主要方法包括哪些？
5. 工程变更管理的基本规定是什么？
6. 工程延期管理的基本规定是什么？
7. 工程索赔管理的基本规定是什么？

第四章　工程土建质量资料整编

学习目标：学习建筑工程施工质量验收统一标准；掌握质量资料整编必备知识；学习各种验收表格格式与填写方法；初步掌握工程质量资料整编技能；熟悉各类验收表格格式与填写方法；能根据实际提供的验收项目，填写检查验收表格；具备完成工程质量资料整编的能力。

第一节　工程土建施工质量评定概述

一、施工质量合格、优良标准

1. 合格标准

（1）合格标准是工程验收标准。不合格工程必须进行处理且达到合格标准后，才能进行后续工程施工或验收。水利水电工程施工质量等级评定的主要依据有：

1）国家及相关行业技术标准。

2）单元工程评定标准。

3）经批准的设计文件、施工图纸、金属结构设计图样与技术条件、设计修改通知书、厂家提供的设备安装说明书及有关技术文件。

4）工程承发包合同中约定的技术标准。

5）工程施工期及试运行期的试验和观测分析成果。

（2）单元（工序）工程施工质量合格标准应按照单元工程评定标准或合同约定的合格标准执行。当达不到合格标准时，应及时处理。处理后的质量等级按以下规定重新确定。

1）全部返工重做的，可重新评定质量等级。

2）经加固补强并经设计和监理单位鉴定能达到设计要求时，其质量评为合格。

3）处理后的工程部分质量指标仍达不到设计要求时，经设计复核，项目法人及监理单位确认能满足安全和使用功能要求，可不再进行处理；或经加固补强后，改变了外形尺寸或造成工程永久性缺陷的，经项目法人、监理及设计单位确认能基本满足设计要求，其质量可定为合格，但应按规定进行质量缺陷备案。

（3）分部工程施工质量同时满足下列标准时，其质量评为合格。

1）所含单元工程的质量全部合格。质量事故及质量缺陷已按要求处理，并经检验合格。

2）原材料、中间产品及混凝土（砂浆）试件质量全部合格，金属结构及启闭机制造质量合格，机电产品质量合格。

（4）单位工程施工质量同时满足下列标准时，其质量评为合格。

1）所含分部工程质量全部合格。

2）质量事故已按要求进行处理。

3）工程外观质量得分率达到 70％以上。

4）单位工程施工质量检验与评定资料基本齐全。

5）工程施工期及试运行期，单位工程观测资料分析结果符合国家和行业技术标准以及合同约定的标准要求。

（5）工程项目施工质量同时满足以下标准时，其质量评为合格。

1）单位工程质量全部合格。

2）工程施工期及试运行期，各单位工程观测资料分析结果均符合国家和行业技术标准以及合同约定的标准要求。

2. 优良标准

（1）优良等级是为工程项目质量创优而设置。

（2）单元工程施工质量优良标准按照《单元工程评定标准》以及合同约定的优良标准执行。全部返工重做的单元工程，经检验达到优良标准时，可评为优良等级。

（3）分部工程施工质量同时满足下列标准时，其质量评为优良。

1）所含单元工程质量全部合格，其中 70％以上达到优良等级，重要隐蔽单元工程和关键部位单元工程质量优良率达 90％以上，且未发生过质量事故。

2）中间产品质量全部合格，混凝土（砂浆）试件质量达到优良等级（当试件组数小于 30 时，试件质量合格）。原材料质量、金属结构及启闭机制造质量合格，机电产品质量合格。

（4）单位工程施工质量同时满足下列标准时，其质量评为优良。

1）所含分部工程质量全部合格，其中 70％以上达到优良等级，主要分部工程质量全部优良，且施工中未发生过较大质量事故。

2）质量事故已按要求进行处理。

3）外观质量得分率达到 85％以上。

4）单位工程施工质量检验与评定资料齐全。

5）工程施工期及试运行期，单位工程观测资料分析结果符合国家和行业技术标准及合同约定的标准要求。

（5）工程项目施工质量同时满足下列标准时，其质量评为优良。

1）单位工程质量全部合格，其中 70％以上单位工程质量达到优良等级，且主要单位工程质量全部优良。

2）工程施工期及试运行期，各单位工程观测资料分析结果均符合国家和行业技术标准及合同约定的标准要求。

二、施工质量评定

1. 重要隐蔽单元工程

（1）单元（工序）工程质量在施工单位自评合格后，报监理单位复核；由监理工程师核定质量等级并签证认可。

（2）重要隐蔽单元工程及关键部位单元工程质量经施工单位自评合格、监理单位抽检后，由项目法人（或委托监理）、监理、设计、施工、工程运行管理（施工阶段已经有时）等单位组成联合小组，共同检查核定其质量等级并填写签证表，报工程质量监督机构核备。

（3）重要隐蔽单元工程验收时，设计单位应同时派地质工程师参加。备查资料清单中凡涉及的项目应在"□"（内打"√"，如有其他资料应在括号内注明资料的名称。重要隐蔽单元工程（关键部位单元工程）质量等级签证表式样见表4-1。

表4-1　　　　重要隐蔽单元工程（关键部位单元工程）质量等级签证表

单位工程名称			单元工程量	
分部工程名称			施工单位	
单元工程名称、部位			自评日期	年　月　日
施工单位 自评意见	1. 自评意见： 2. 自评质量等级：		终检人员　　　（签名）	
监理单位 抽查意见	抽查意见：		监理工程师　　（签名）	
联合小组 核定意见	1. 核定意见： 2. 质量等级：		年　月　日	
保留意见			（签名）	
备案 资料 清单	①地质编录　　　　　　　　　　　　　　　　　　　□ ②测量成果　　　　　　　　　　　　　　　　　　□ ③监测试验报告（岩心试验、软基承载力试验、结构强度等）　□ ④影响资料　　　　　　　　　　　　　　　　　　□ ⑤其他（　　　　）　　　　　　　　　　　　　　□			
联合 小组 成员		单　位　名　称	职务、职称	签名
	项目法人			
	监理单位			
	设计单位			
	施工单位			
	运行单位			

2. 分部工程

分部工程施工质量评定时应当填写水利水电工程分部工程施工质量评定表。

（1）表4-1主要由施工单位质检部门填写，并自评质量等级。评定水轮发电机组安装分项工程质量等级时，应将水轮机、发电机及调速器的型号填写在备注栏内。

（2）评定完成后，应由项目经理或经理代表签字加盖公章。如分部工程是由分包单位完成的，也应由总包单位经理签字盖章。

（3）监理单位复核意见栏由负责该分项工程质量控制的监理工程师填写，签字后交总监或总监代表签字盖章。

（4）质量监督机构核定栏内填写情况如下：

1）大型水利水电枢纽工程主体建筑物的分部工程质量，应由质量监督机构核定人填写意见和签字，然后交质量监督项目站负责人审查签字后，加盖公章。

2）其余分项工程施工质量，在施工单位自评，监理单位复核后报质量监督机构核定。

（5）单元工程质量全部合格，当其中有50％及其以上达到优良，且主要单元工程、重要隐蔽工程单元工程及关键部位的单元工程质量优良，且未发生过质量事故的，可确定为优良。

水利水电工程分部工程施工质量评定表填写内容及填写范例见表4-2。

表4-2　　　　　　　　　　　分部工程施工质量评定表

单位工程名称	泄水闸工程		施工单位		××省水利水电第×工程局		
分部工程名称	闸室土建		施工日期		自××年×月×日至××年×月×日		
分部工程量	混凝土1724m³		评定日期		××年×月×日		
项次	单元工程种类		工程量	单元工程个数	合格个数	其中优良个数	备　注
1	岩基开挖		937m³	6	6	4	
2	混凝土		1724m³	12	12	9	
3	闸房营建		163m³	7	7	4	
4	混凝土构件安装		92t	3	3	2	
合计				28	28	19	67.9％
重要隐蔽单元工程、关键部位单元工程			173m³				关键部位单元工程
施工单位自评意见				监理单位复核意见		项目法人认定意见	
本分部工程的单元工程质量全部合格。优良率为67.9％，主要单元工程、重要隐蔽单元工程及关键部位单元工程3项，质量优良。施工中未发生过质量事故。 　分部工程质量等级：优良 　质检部门评定人：××× 　项目经理或技术负责人：×××（盖公章） 　　　　　　　　　　　　××年×月×日				复核意见： 同意施工单位自评意见 分部工程质量等级：优良 监理工程师：××× 　　　　××年×月×日 总监或副总监：××× 　　　　（盖公章） 　　　　××年×月×日		审查意见：施工质量优良 分部工程质量等级：优良 现场代表：××× 　　　　××年×月×日 技术负责人：××× 　　　（盖公章） 　　　××年×月×日	
工程质量监督机构			核定（备）意见：施工质量优良				
			核定等级：优良　核定（备）人：×××（签名）　机构负责人：×××（签名） 　　　　　　　　　　　　　　　　　　　　　　××年×月×日				

说明：分部工程验收的质量结论，由项目法人报工程质量监督机构核备。大型枢纽工程主要建筑物的分部工程验收的质量结论，由项目法人报工程质量监督机构核定。

3. 单位工程

（1）水利水电工程单位质量评定表为统一格式。其中，单位工程量是指本单位工程的主要工程量。

（2）分部工程名称应按项目划分时确定的名称填写，主要分部工程是指对工程安全、功能和效益起控制作用的分部工程，一般在项目划分时就已确定。表中，主要分部工程名称前面应加"△"符号。

（3）工程量较大工程，原材料、中间产品、金属结构与启闭机、机电产品应计入分部工程进行质量评定；评定单位工程质量时，可不再重复评定。但工程量不大的工程，则计入单位工程评定。

水利水电工程单位工程施工质量评定表填写内容及填写范例见表4-3。

表4-3　　　　　　　　　　　单位工程施工质量评定表

工程项目名称	××水利枢纽工程	施工单位	××市第×工程局		
单位工程名称	泄水坝	施工日期	自××年×月×日至××年×月×日		
单位工程量	混凝土 243240m³	评定日期	××年×月×日		

序号	分部工程名称	质量等级 合格	质量等级 优良	序号	分部工程名称	质量等级 合格	质量等级 优良
1	坝基开挖与处理		√	8	4坝段▽307m至坝顶		√
2	坝基及坝体排水		√	9	中孔坝段		√
3	△坝基灌浆		√	10	坝顶工程	√	
4	3坝段▽307.00m以下	√		11	中孔弧门及启闭机安装	√	
5	3坝段▽307.00m至坝顶		√	12	1号、2号弧门及启闭机安装		√
6	△溢流面及闸墩		√	13	上游护岸加固		√
7	4坝段▽307.00m以下	√		14	检修门及门机安装		√

分部工程共14个，全部合格，其中优良10个，优良率71.4%，主要分部工程优良率100%

外观质量	应得120分，实得108分，得分率90.0%			
施工质量检验资料	齐　全			
质量事故处理情况	施工中未发生过质量事故			
施工单位自评等级：优良 评定人：××× 项目经理：××× 　　（盖公章） ××年×月×日	监理单位复核等级：优良 复核人：××× 总监或副总监：××× 　　（盖公章） ××年×月×日	项目法人认定等级：优良 复核人：××× 单位负责人：××× 　　（盖公章） ××年×月×日	工程质量监督机构核定等级：优良 核定人：××× 机构负责人：××× 　　（盖公章） ××年×月×日

水利水电工程单位工程施工质量检验与评定资料核查表填表内容及填写范例见表4-4。

4.工程项目

（1）工程项目应按初步设计报告中项目名称填写；工程等级应填写本工程项目的级别、规模或主要建筑物的级别；建设地点应填写具体，如省、县、乡。

（2）在"主要工程量"栏内，应填写工程量最大、次大及再次的2～3项，如混凝土工程必须填写混凝土方量，土石方工程必须填写土石方填筑方量，砌石工程必须填写砌石方量。

（3）工程项目全部完成，各单位工程进行施工质量等级评定后，项目总监应认真填写水利水电工程项目施工质量评定表，并进行项目质量评定。其填写内容和填写范例见表4-5。

表4-4　　　　　　　　　　单位工程施工质量检验与评定资料核查表

单位工程名称	××发电厂房工程		施工单位核查日期	××市第×工程局××年×月×日
项次		项　目	份数	核查情况
1	原材料	水泥出厂合格证、厂家试验报告	30	①主要原材料出场合格证及厂家试验报告齐全；②技术性能指标符合设计要求；③复验资料齐全，数量符合规范要求，复验统计资料齐全；④装饰材料中有一批木材无出厂合格证
2		钢材出厂合格证、厂家试验报告	12	
3		外加剂出厂合格证及有关技术性能指标	4	
4		粉煤灰出厂合格证及技术性能指标	—	
5		防水材料出厂合格证、厂家试验报告	3	
6		止水带出厂合格证及技术性能试验报告	2	
7		土工布出厂合格证及技术性能试验报告	—	
8		装饰材料出厂合格证及技术性能试验报告	4	
9		水泥复验报告及统计资料	14	
10		钢材复验报告及统计资料	12	
11		其他原材料出厂合格证及技术性能试验材料	7	
12	中间产品	砂、石骨料试验资料	27	①中间产品取样数量符合《评定标准》的规定；②统计方法正确，资料齐全；③采用三组混凝土试件，实测龄期为30d、32d、35d
13		石料试验资料	4	
14		混凝土拌和物检查资料	67	
15		混凝土试件统计资料	6	
16		砂浆拌和物及试件统计资料	9	
17		混凝土预制件（块）检验资料	3	
18	金属结构及启闭机	拦污栅出厂合格证及有关技术文件	7	①出厂合格证及有关技术文件齐全；②安装测量记录清晰、完整；③焊接记录清楚，探伤报告完整；④运行试验记录清楚、完整；⑤缺压力钢管试验资料
19		闸门出厂合格证及有关技术文件	6	
20		启闭机出厂合格证及有关技术文件	6	
21		压力钢管生产许可证及有关技术文件	5	
22		闸门、拦污栅安装测量记录	13	
23		压力钢管安装测量记录	4	
24		启闭机安装测量记录	6	
25		焊接记录及探伤报告	6	
26		焊工资质证明材料（复印件）	6	
27		运行试验记录	2	

续表

单位工程名称		××发电厂房工程	施工单位	××市第×工程局
			核查日期	××年×月×日
项次		项　目	份数	核查情况
28	机电设备	产品出厂合格证、厂家提交的安装说明书及有关资料	82	①产品出厂合格证及有关技术资料齐全; ②机组及设备安装测试记录齐全; ③各项试验记录齐全; ④水力机械辅助设备试验记录不齐全,有数项试验未进行试验
29		重大设备质量缺陷处理资料	—	
30		水轮发电机组安装测量记录	4	
31		升压变电设备安装测量记录	4	
32		电气设备安装测试记录	4	
33		焊缝探伤报告及焊工资质证明	13	
34		机组调试及试验记录	2	
35		水力机械辅助设备试验记录	2	
36		发电电气设备试验记录	21	
37		升压变电电气设备检测试验报告	3	
38		管道试验记录	3	
39		72h试运行记录	2	
40	重要隐蔽工程施工记录	灌浆记录、图表	16	①灌浆记录齐全、准确、清晰; ②灌浆图表完整、清晰、明确; ③基础排水工程施工记录齐全、准确; ④施工记录齐全、完整
41		造孔灌注桩施工记录、图表	2	
42		振冲桩振冲记录	—	
43		基础排水工程施工记录	2	
44		地下防渗墙施工记录	—	
45		主要建筑物地基开挖处理记录	13	
46		其他重要施工记录	2	
47	综合资料	质量事故调查及处理报告、质量缺陷处理检查记录	—	①资料齐全; ②观测资料记录准确; ③工程资料均按分部工程、单位工程装订成册
48		工程施工期及试运行期观测资料	2	
49		工序、单元工程质量评定表	527	
50		分部工程、单位工程质量评定表	26	
施工单位自查	自查意见: 　　　　基本齐全 填表人:××× 质检部门负责人:×××(公章) 自查日期:××年×月×日		监理单位复查	复查意见: 　　　　基本齐全 监理工程师:××× 监理单位:××监理公司(公章) 复查日期:××年×月×日

表 4-5　　　　　　　　　　工程项目施工质量评定表

工程项目名称	××水利枢纽工程							项目法人	××水利资源开发总公司
工程等级	Ⅰ等，主要建筑物2级							设计单位	××水利水电勘测设计院
建设地点	××省××县××乡（镇）							监理单位	××监理公司
主要工程量	土石方开挖82.6万 m³，混凝土72.3万 m³，金属安装2305t							施工单位	××水利工程第×工程局
开工、竣工日期	××年×月×日至××年×月×日							评定日期	××年×月×日

序号	单位工程名称	单位工程质量统计			分部工程质量统计			单位工程质量等级	备注
		个数（个）	优良（个）	优良率（%）	个数（个）	优良（个）	优良率（%）		
1	△右岸挡水坝	163	112	68.7	7	6	85.7	优良	
2	△溢流泄水坝	472	324	68.6	16	12	75.0	优良	
3	△左岸挡水坝	246	152	61.7	9	5	55.6	优良	
4	△引水工程进水口	154	82	53.2	8	5	62.5	优良	
5	引水隧洞	536	346	64.6	28	21	75.0	优良	加△者为主要建筑物单位工程
6	压力管道工程	497	438	88.1	7	4	57.1	优良	
7	发电厂房工程	583	426	73.1	6	4	66.7	优良	
8	升压变电工程	172	133	77.3	6	4	66.7	优良	
9	厂区防护工程	206	167	81.1	5	3	60.0	优良	
10	防护工程	253	173	68.4	7	5	71.4	优良	
11	永久支洞	174	84	48.3	4	3	75.0	优良	
12	调压井	163	123	76.5	10	6	60.0	优良	
13	调压井值班房	42	34	81.0	8	5	62.5	优良	
14	进水口值班房	38	18	47.4	7	2	28.6	优良	
15	大坝管理及监测设施	187	135	72.2	6	3	50.0	优良	
16									
	单元工程、分部工程合计	3886	2747	70.7	145	97	66.9		

| 评定结果 | 本项目有单位工程15个，质量全部合格。其中优良单位工程15个，优良率100%，主要建筑物单位工程优良率100% |

监理意见	项目法人（建设单位）意见	质量监督机构核定意见
工程项目质量等级：优良 总监理工程师：××× 监理单位：××× 　　　　××年×月×日	工程项目质量等级：优良 法定代表人：××× 项目法人：××× 　　　　××年×月×日	工程项目质量等级：优良 项目站长或负责人：××× 质量监督机构：×××× 　　　　××年×月×日

第二节　基础开挖与河道疏浚

一、岩石边坡开挖单元工程

（1）单元工程划分按设计或施工检查验收的区、段划分，每一区、段为一个单元工程。

（2）保护层开挖应采用浅孔、密孔、少药量的分段控制爆破。

（3）主控项目采取观察检查、仪器测量及查看施工记录与地质报告进行检测。

（4）一般项目采取观察检查或仪器测量进行检测。

（5）检测数量。总检测点数量采用横断面控制，断面间距不大于 10m，各横断面沿坡面斜长方向测点间距不大于 5m，且点数不少于 6 个；局部突出或凹陷部位（面积在 0.5m² 以上者）应增设检测点。

（6）单元工程质量等级有"合格"和"优良"两种：主控项目符合质量标准，一般项目不少于 70% 的检查点符合质量标准定为合格；主控项目符合质量标准，一般项目不少于 90% 的检查点符合质量标准评为优良。

岩石边坡开挖质量评定表及填写范例见表 4-6。

表 4-6   岩石边坡开挖质量评定表

单位工程名称			混凝土大坝		单元工程量	1204m³，436m²	
分部工程名称			溢流坝段		起止桩号（高程）		
单元工程名称、部位			3 号溢流坝段边坡开挖		检查日期	××年×月×日	
项类	检查项目		质量标准			检查记录	
主控项目	1. 开挖坡面		稳定无松动岩块			符合标准	
	2.△平均坡度		不陡于设计坡度			符合标准	
	3.△保护层开挖		浅孔、密孔、少药量、控制爆破			符合标准	
一般项目	检测项目	设计值	允许偏差	实测值（cm）		合格数（点）	合格率（%）
	1. 坡脚标高	-12	+20cm -10cm	-11.97，-11.95，-12.17 -12.03，-12.08，-11.95 -12.02，-11.96，-12.05		9	100
	2. 坡面局部超欠挖	10	±2%	10、13、12、9、9、 10、11、12、12、14		9	90
检验结果	主控项目	全部符合标准					
	一般项目	共实测 19 点，其中合格 18 点，合格率 94.7%					
单元工程等级评定	施工单位：××水利水电第×工程局 ××年×月×日				单元工程质量等级 优 良		
	监理单位：××监理公司××监理部 ××年×月×日				单元工程质量等级 优 良		

二、岩石地基开挖单元工程

（1）单元工程划分：单元工程可按相应混凝土浇筑仓块划分，每一块为一个单元工程；边坡地基开挖也可按施工检查验收的区段划分，每一个验收区段为一个单元工程。

（2）地基保护层的厚度应由爆破试验确定，若无条件试验，可采用类比法，且厚度不得小于 1.5m，开挖保护层时应按设计或规范要求控制炮孔深度和装药量。如减小或不留保护层，须经试验和专门论证。

（3）工程主控项目采取观察检查与查看施工记录，必要时进行声波检测。

（4）一般项目中孔、洞（井）或洞穴的处理采取观察检查或查看施工记录进行检测；

基坑（槽）采取测量仪器、测量工具或用 2m 直尺检查进行检测。

（5）表中"－"为欠挖，"＋"为超挖。某些特殊部位，如结构设计允许欠挖，允许超挖尺寸另行确定。

（6）表中所列允许偏差值系指个别欠挖的突出部位（面积不大于 0.5m² ）的平均值和局部超挖的凹陷部位（面积不大于 0.5m² ）的平均值（地质原因除外）。

（7）检测数量。检测面积在 200m² 以内，总检测点数不少于 20 个；检测面积在 200m² 以上，总检测点数不少于 30 个；局部突出或凹陷部位（面积在 0.5m² 以上者）应增设检测点。

（8）单元工程质量等级有"合格"和"优良"两种：主控项目符合质量标准，一般项目中第 1 项符合质量标准，第 2 项或第 3 项不少于 70% 的检查点符合质量标准评为合格；主控项目符合质量标准，一般项目中第 1 项符合质量标准，第 2 项或第 3 项不少于 90% 的检查点符合质量标准评为合格。

岩石地基开挖单元工程质量等级评定表填写式样见表 4－7。

表 4－7　　　　　　　岩石地基开挖单元工程质量等级评定表

单位工程名称		混凝土大坝	单元工程量		5870m³，521.6m²
分部工程名称		溢流坝坝段	施工单位		××市第×工程局
单元工程名称、部位		3 号坝段，0＋327.6～ 0＋352.3 地基开挖	检验日期		××年×月×日
项类	检查项目		质量标准		检查记录
主控项目	1. 保护层开挖		浅孔、密孔、少药量、控制爆破		符合标准
	2. 建基面		无松动岩块，无明显爆破裂隙		符合标准
	3. 不良地质处理		按设计要求处理		按槽深：宽度＝1：2 开挖断面层及裂隙密集带，并按规定进行处理，符合要求
	4. 多组切割的不稳定岩体开挖		按设计要求处理		－
一般项目	检测项目		设计值	允许偏差 (cm)	实测值	合格数 (点)	合格率 (%)
	1. 孔、洞（井）或洞穴			按设计要求处理	－		
	2. 基坑（槽）无结构要求或无配筋预埋件等	坑（槽）长宽	－6.300	－10　＋20	－6.290、－6.308、 －6.294、－6.296、 －6.303、－6.298、 －6.306、－6.304	8	100
		坑（槽）底部标高					
		垂直或斜面不平整度	20	20	6、10、14、10、8、 10、9、12、18、16	10	100
	3. 基坑（槽）有结构要求或有配筋预埋件等	坑（槽）长宽		0　＋20			
		坑（槽）底部标高					
		垂直或斜面平整度					
	4. 声波检测（需要时采用）		声波降低率小于 10%，或达到设计要求声波值以上				

续表

单位工程名称	混凝土大坝		单元工程量	5870m³，521.6m²	
分部工程名称	溢流坝坝段		施工单位	××市第×工程局	
单元工程名称、部位	3号坝段，0+327.6～0+352.3地基开挖		检验日期	××年×月×日	
项类	检查项目		质量标准	检查记录	
检验结果	主控项目	全部符合标准			
	一般项目	共实测18点，其中合格18点，合格率100%			
单元工程等级评定	施工单位	××水利水电第×工程局 ××年×月×日		单元工程质量等级	
				优　良	
	监理单位	××监理公司××监理部 ××年×月×日		单元工程质量等级	
				优　良	

说明：根据所在工程需要决定是否采用岩石地基声波检测，不是岩石地基开挖工程必须的检测项目。

三、岩石地下开挖单元工程

（1）单元工程划分。平洞开挖工程按施工检查验收的区、段或混凝土衬砌的设计分缝确定的块划分，每一个施工检查验收的区、段或一个浇筑块为一个单元工程。竖井（斜井）开挖工程按施工检查验收段每5～15m划分为一个单元工程。洞室开挖工程：参照平洞或竖井划分单元工程。

（2）"－"为欠挖，"+"为超挖，本处所指超欠挖的质量标准是指不良地质原因以外的部位。

（3）允许偏差值系指局部欠挖的突出部位（面积不大于0.5m²）的平均值和局部超挖的凹陷部位（面积不大于0.5m²）的平均值（地质原因除外）。

（4）检测数量。按横断面或纵断面进行检查，检测间距不大于5m；每个单元不少于两个检查断面，总检测点数不小于20个，局部突出或凹陷部位（面积在0.5m²以上）应增设检测点。

（5）质量等级评定：主控项目符合质量标准，一般项目不少于70%的检查点符合质量标准评为合格；主控项目符合质量标准，一般项目不少于90%的检查点符合质量标准评为优良。

岩石地下平洞、竖井（斜井）开挖单元工程质量等级评定表填写式样见表4-8。

四、软基和岸坡开挖单元工程

（1）单元工程划分按施工检查验收区、段划分，每一区、段为一个单元工程。

（2）建基面和岸坡处理，应将树木、草皮、树根、乱石、腐殖土、淤泥软土、坟墓及各种建筑物等全部清除，并按设计要求对水井、泉水、渗水、地质探孔（洞、井）、洞穴、有害裂隙等进行处理。

（3）软基和岸坡开挖工程质量采取观察检查、仪器检测与查看施工记录进行检测。

（4）建基面轮廓尺寸检测数量为：检测面积在200m²以内，总检测点数不少于10个；检测面积每增加100m²，新增测点数不少于3个。

表 4-8　　　　　　　岩石地下平洞开挖单元工程质量等级评定表

单位工程名称	引水隧洞工程	单元工程量	270m³
分部工程名称	隧洞开挖与衬砌	起止桩号（高程）	
单元工程名称、部位	0+25～0+45 段开挖	检验日期	20××年×月×日

项类	检查项目		质量标准	检查记录
主控项目	1. 开挖岩面或壁面		无松动岩块、陡坎尖角，周边无不稳定块体	开挖洞壁无松动岩块，无悬挂体
	2. 不良地质处理		符合设计要求	—
	3. 洞轴线		符合规范要求	符合《水工建筑物地下开挖工程施工规范》（SL 378—2007）的规定

项类	检测项目		设计值	允许偏差（cm）	实测值	合格数（点）	合格率（%）
一般项目	1. 无结构要求或无配筋预埋件等	底部标高	+7.65m	−10 +20	+7.69，+7.76，+7.54，+7.56，+7.72，+7.43，+7.53，+7.60	7	87.5
		径向	$R=230cm$	−10 +20	227，232，234，231，226，228，234，243，252，236，239	10	90.9
		侧墙	$n=450cm$	−10 +20	462，468，463，448，442，439，446，453，451，458	9	90.0
		开挖面不平整度	10	15	12，14，26，12，14，13，10，11，9，8，10，11，13	12	92.3
	2. 有结构要求或有配筋预埋件等	底部标高		0 +20	—		
		径向		0 +20	—		
		侧墙		0 +20	—		
		开挖面不平整度		15			
	3. 半孔率（%）		岩性特征		实测值		
	4. 声波检测（需要时采用）		声波降低率小于10%，或达到设计要求声波值以上				

检测结果	主控项目	全部符合质量标准
	一般项目	共检测42点，其中合格38点，合格率90.5%

单元工程等级评定	施工单位 ××水利水电第×工程局 ××年×月×日	单元工程质量等级
		优　良
	监理单位 ××监理公司××监理部 ××年×月×日	单元工程质量等级
		优　良

（5）质量等级评定：主控项目符合质量标准，一般项目第2项符合质量标准，第1项不少于70%的检查点符合质量标准评为合格；主控项目符合质量标准，一般项目第2项

符合质量标准，第1项不少于90%的检查点符合质量标准评为优良。

软基和岸坡开挖单元工程质量等级评定表填写式样见表4-9。

表4-9　　　　　　　　软基和岸坡开挖单元工程质量等级评定表

单位工程名称	××发电厂房工程		单元工程量		2786m³，364m²	
分部工程名称	软基开挖		起止桩号（高程）			
单元工程名称、部位	0-25～0-120段地基开挖		检验日期		20××年×月×日	
项类	检查项目		质量标准		检查记录	
主控项目	1. 清基取样检验		符合设计要求 $r \geqslant 1.55g/m^2$		$r = 1.57g/m^2$	
	2. 基础和岸坡开挖清理坡度		符合设计要求		—	
	3. 建基面保护		符合规范要求		—	
	检测项目	设计值	允许偏差（cm）	实测值	合格数（点）	合格率（%）
一般项目	1. 建基面开挖轮廓尺寸 坑（槽）长度	14m	-30（欠挖）+40（超挖）	14.21，14.16，13.65，14.26，14.33，14.27，14.25，14.26，14.26，14.25，14.28，14.35	12	83.3
	坑（槽）底部标高	-3.0m	-10（欠挖）+20（超挖）	-2.97，-3.03，-3.02，-3.24，-3.15，-3.11，-3.23，-3.16，-2.96，-3.08	8	80.0
	垂直或斜面平整度	30	20	16，18，13，14，11，19，23，4	7	87.5
	2. 建基面和岸坡处理		符合设计要求			
检测结果	主控项目	全部符合质量标准				
	一般项目	共实测30点，其中合格25点，合格率83.3%				
单元工程等级评定	施工单位 ××水利水电第×工程局 ××年×月×日				单元工程质量等级 优　良	
	监理单位 ××监理公司××监理部 ××年×月×日				单元工程质量等级 优　良	

五、疏浚单元工程

（1）单元工程划分：

1）按设计、施工要求划分。当设计无特殊要求时，河道（包括航道、湖泊和水库内的水道）疏浚工程宜以200～500m为一单元工程。

2）当遇到下列情形时可按实际需要划分：①河道挖槽尺度、规格不一或工期要求不同；②设计河段各疏浚区相互独立；③疏浚区为一曲线段，施工时需分成若干直线段施工；④河道纵向土层厚薄悬殊或土质出现较大变化。

3）港池、湖泊和水库宽阔水域疏浚工程宜按疏浚投影面积划分单元工程，划分方式见表4-10。

表 4-10　　　　　　　港池、湖泊和水库宽阔水域疏浚单元工程划分

疏浚项目	划分方式	单元工程面积（m²）
港　池	按相邻疏浚区域不同的开挖底高程	≤10000
湖泊、水库宽阔水域	按不同挖深或土层厚度	5000～20000

说明：不同挖深或土层厚度的高差为 1～2m，按单元内平均值计。

（2）对于回淤比较严重的河道或感潮河段应根据设计要求和机械作业性能制定专门的质量评定标准。

（3）施工时最大允许超宽、超深见表 4-11。

表 4-11　　　　　　　　　施工时最大允许超宽、超深值

机　械　类　别		最大允许超宽（每边）（m）	最大允许超深（m²）
绞吸式挖泥船	绞刀直径：1.5m 及以下	0.5	0.4
	绞刀直径：1.5～2.0m	1.0	0.5
	绞刀直径：2.0m 以上	1.5	0.5
斗轮式挖泥船	绞刀直径：1.5m 及以下	0.3	0.3
	绞刀直径：1.5～2.4m	0.5	0.3
	绞刀直径：2.4m 以上	1.0	0.4
链斗式挖泥船	斗容：0.5m³ 及以下	1.0	0.3
	斗容：0.5m³ 以上	1.5	0.4
抓斗式挖泥船	斗容：2.0m³ 及以下	0.5	0.4
	斗容：2.0～4.0m³	1.0	0.6
	斗容：4.0m³ 以上	1.5	0.8
铲扬式挖泥船	斗容：2.0m³ 及以下	1.0	0.4
	斗容：2.0m³ 以上	1.5	0.5
水力冲挖机组	功率：39～42kW	0.3	0.1

（4）检测数量：检测疏浚横断面时，横断面间距一般不得大于 50m，弯道处应适当加密；边坡处检测点间距宜为 2m，底平面宜为 5m；检测宽阔水域底高程时，纵、横检测点间距宜为 5～7m。

（5）质量等级评定：主控项目符合质量标准，一般项目中不少于 90%的检查点符合质量标准评为合格；主控项目符合质量标准，一般项目中不少于 95%的检查点符合质量标准评为优良。

河道疏浚单元工程质量等级评定表填写式样见表 4-12。

六、建筑物外观质量评定

1. 水工建筑物外观质量评定

（1）外观质量等级评定工作是在单位工程完工后，由项目法人组织、质量监督机构组织，项目法人、监理、设计、施工及运行管理等单位组成外观质量评定组，进行现场检验评定。

参加外观质量评定组的人员必须具有工程师及以上技术职称。评定组人数不应少于 5人，大型工程不宜少于 7人。

表 4－12 河道疏浚单元工程质量等级评定表

单位工程名称	××河道疏浚工程			单元工程量		河段长 80m，土石沙 3600m³	
分部工程名称	第Ⅲ标段			施工单位		××市第×工程局	
单元工程名称、部位	3＋160～3＋240			检验日期		20××年×月×日	
项类	检验项目			实 测 值		合格数（点）	合格率（％）
	横断面部位		设计标准	允许误差			
主控项目	河 底	宽度	±50cm	69.4，69.8，70.2，70.4，70.3，70.1		5	83.3
		高程 5m	±20cm	4.91，4.81，5.01，5.12，4.91，5.01，5.22，5.13，5.12，5.07		9	90.0
	内堤距	146m	±80cm	145.6，146.2，146.4，146.3，146.2		5	100.0
一般项目	左岸部分	河 坡	M＝3.2	—			
		河 滩 高程 6.5m	±20cm	6.47，6.45，6.32，6.27，6.31，6.35		5	83.3
		河 滩 宽度 18m	±30cm	17.78，18.23，18.25，18.01，17.80，17.93		6	100.0
		标准堤 内坡	M＝2.3	—			
		标准堤 外坡	M＝2	—			
		标准堤 顶高程 12m	±5cm	12.03，12.04，12.03，12.03，12.02，12.01		6	100.0
		标准堤 顶宽度 5m	±10cm	5.07，5.03，4.95，4.98，4.93，5.08		6	100.0
		标准堤 干密度 1.57t/m³		1.58，1.59，1.58，1.57，1.59，1.58		6	100.0
	右岸部分	河 坡	M＝3.3	—			
		河 滩 高程 6.3m	±20cm	6.42，6.31，6.27，6.18，6.52，6.39		5	83.3
		河 滩 宽度 20m	±30cm	20.21，20.27，20.15，20.12，20.07，20.09		6	100.0
		标准堤 内坡	M＝2.4	—			
		标准堤 外坡	M＝2.1	—			
		标准堤 顶高程 12m	±5cm	12.03，12.02，12.04，12.05，12.03，12.02		6	100.0
		标准堤 顶宽度 6m	±10cm	6.08，6.03，6.00，5.94，5.89，5.97		5	83.3
		标准堤 干密度 1.57t/m³		1.59，1.58，1.58，1.59，1.58，1.59		6	100.0
检测结果	主控项目	共实测 21 点，其中合格 19 点，合格率 90.5％					
	一般项目	共实测 60 点，其中合格 57 点，合格率 95.0％					
单元工程等级评定	施工单位 ××市第×工程局 ××年×月×日					单元工程质量等级	
						合 格	
	监理单位 ××监理公司××监理部 ××年×月×日					单元工程质量等级	
						合 格	

（2）外观质量评定表中各项质量标准，是在主体工程开工初期由项目法人组织监理、设计、施工等单位根据本工程的特点研究提出来的。

（3）水工建筑物外观质量评定表填写内容及填写范例见表 4－13。

表 4－13　　　　　　　　　　水工建筑物外观质量评定表

单位工程名称		泄水闸工程	施工单位	××市第×工程局
主要工程量		混凝土 26374m³	评定日期	××年×月×日

项次	项　目	标准分（分）	评定得分（分）				备注
			一级（100%）	二级（90%）	三级（70%）	四级（0%）	
1	建筑物外部尺寸	12		10.8			
2	轮廓线顺直	10	10.0				
3	表面平整度	10			7.0		
4	立面垂直度	10		9.0			
5	大角方正	5		4.5			
6	曲面与平面联结平顺	9		8.1			
7	扭面与平面联结平顺	9		8.1			
8	马道及排水沟	3（4）	—				
9	梯　步	2（3）	2.0				
10	栏　杆	2（3）			1.4		
11	扶　梯	2		1.8			
12	闸坝灯饰	2			1.4		
13	混凝土表面无缺陷	10		9.0			
14	表面钢筋割除	2（3）		1.8			
15	砌体勾缝　宽度均匀、平整	4			2.8		
16	竖、横缝平直	4		3.6			
17	浆砌卵石露头均匀、整齐	8	—				
18	变形缝	3（4）		2.7			
19	启闭平台梁、柱、排架	5			3.5		
20	建筑物表面清洁、无附着物	10			7.0		
21	升压变电工程围墙（栏棚）、杆架、塔、柱	5	—				
22	水工金属结构外表面	6（7）		5.4			
23	电站盘柜	7	—				
24	电缆线路敷设	4（5）	—				
25	电站油气、水、管路	3（4）	—				
26	厂区道路及排水沟	4	—				
27	厂区绿化	8	—				
合　计		应得117分，实得99.9分，得分率85.4%					

施工单位	设计单位	监理单位	项目法人（建设单位）	质量监督机构
×××	×××	×××	×××	×××
××年×月×日	××年×月×日	××年×月×日	××年×月×日	××年×月×日

说明：1. 表中带括号标准分为工程量大时的标准分。填表时，须将不执行的分数用"—"划掉，如表中项次8、9、10、14、18、22、24、25中括号内的标准分。

　　　2. 检测数量。全面检查后，抽测25%，且各项不少于10点。

2. 房屋建筑安装工程观感质量评定

在水利水电工程建设施工中，房屋建筑安装工程观感质量评定的内容、要求及填写范例见表4-14。

表 4-14   房屋建筑安装工程观感质量评定表

单位工程名称	××发电厂房工程		建筑面积		976m²		
分部工程名称	主厂房房建工程		施工单位		××市第×工程局		
结构类型	框架、单层		评定日期		××年×月×日		
项次	项 目	标准分（分）	评定得分（分）					备注
			一级(100%)	二级(90%)	三级(80%)	四级(70%)	五级(0)	
1	室外墙面	10		9.0				
2	室外大角	2	2.0					
3	外墙面横竖线角	3		2.7				
4	散水、台阶、阴沟	2			1.6			
5	滴水槽（线）	1			0.8			
6	变形缝、水落管	2		1.8				
7	屋面坡向	2			1.6			
8	屋面防水层	3			2.4			
9	屋面细部	3			2.1			
10	屋面保护层	1			0.8			
11	室内顶棚	4（5）			4.0			
12	室内墙面	10		9.0				
13	地面与楼面	10			7.0			
14	楼梯、踏步	2			1.6			
15	厕浴、阳台泛水	2	—					
16	抽气、垃圾道	2	—					
17	细木、护栏	2（4）	—					
18	门安装	4			3.2			
19	窗安装	4			3.2			
20	玻璃	3		1.8				
21	油漆	4（6）		5.4				
22	管道坡度、接口、支架、管件	3		2.7				
23	卫生器具、支架、阀门、配件	3		2.7				
24	检查口、扫除口、地漏	2			1.6			

注：项次1～21为"建筑工程"，项次22～24为"给排水"。

续表

单位工程名称		××发电厂房工程		建筑面积		976m²	
分部工程名称		主厂房房建工程		施工单位		××市第×工程局	
结构类型		框架、单层		评定日期		××年×月×日	

项次	项目		标准分（分）	评定得分（分）					备注
				一级（100%）	二级（90%）	三级（80%）	四级（70%）	五级（0）	
25	采暖	管道坡度、支架、接口、弯道	3	—					
26		散热器及支架	2	—					
27		伸缩器、膨胀水箱	2	—					
28	煤气	管道坡度、接口、支架	2	—					
29		煤气管与其他管距离	1	—					
30		煤气表、阀门	1	—					
31	电气安装	线路敷设	2		1.8				
32		配电箱（盘、板）	2	2.0					
33		照明器具	2		1.8				
34		开关、插座	2			1.6			
35		防雷、动力	2			1.6			
36	通风	风管、支架	2				1.4		
37		风口、风阀、风罩	2				1.4		
38		风机	1			0.8			
39		风管、支架	2		1.8				
40		风口、风阀	2			1.6			
41		空气处理室、机组	1		0.9				
42		运行、平层、开关门	3	—					
43		层门、信号系统	1	—					
44		机房	1	—					
合计			应得98分，实得83.7分，得分率85.4%						

施工单位	设计单位	监理单位	项目法人（建设单位）	质量监督机构
×××	×××	×××	×××	×××
××年×月×日	××年×月×日	××年×月×日	××年×月×日	××年×月×日

第三节　地基及基础工程

一、岩石地基灌浆单元工程

（1）单元工程划分。帷幕灌浆以一个坝段或隧洞内1～2个补砌段的灌浆帷幕（一般为相邻的10～20个孔）为一单元工程；固结灌浆按混凝土浇筑块、段或其他方式划分，一般以一个浇筑块、段内的若干个灌浆孔为一单元工程。

（2）检测数量。帷幕灌浆应逐孔逐段进行检查；固结灌浆应逐孔进行检查。

（3）各孔检测结果凡可用数据表示的均应填写数据。当一个灌浆孔有多个灌浆段时，灌浆项类内各检查项目的检测结果可用分数表示，如："8/11"表示该孔有 11 个灌浆段，其中 8 个段合格。不便用数据表示的可用符号表示，"√"表示"符合质量标准"；"○"表示"基本符合要求"；"×"表示"不符合质量标准"。

（4）各孔质量评定用符号表示，"√"表示"优良"；"○"表示"合格"；"×"表示"不合格"。

（5）单元工程效果检查中的"其他"一栏中可以填写检查孔的岩芯情况，检查孔灌浆注入量情况，物探测试情况，坝（堰、堤）下游量水堰渗水量或坝（堰、堤）下游测压管内水位在施工前、后变化等检查结果。

（6）单个灌浆孔质量评定。灌浆孔钻孔及各段灌浆的主控项目全部符合标准，一般项目有 70%的检查点符合质量标准评为合格；灌浆孔的主控项目和一般项目全部符合标准评为优良。

（7）灌浆单元工程质量等级评定。单元工程灌浆效果检查符合要求，灌浆孔全部合格，优良灌浆孔数小于 70%评为合格；单元工程灌浆效果检查符合要求，灌浆孔全部合格，优良灌浆孔数大于或等于 70%评为优良。

岩石地基灌浆单元工程质量等级评定表填写式样见表 4-15。

表 4-15   岩石地基灌浆单元工程质量等级评定表

单位工程名称			混凝土大坝		单元工程量		灌浆总长度 386m			
分部工程名称			溢流坝段		施工单位		××水利水电工程局			
单元工程名称			3 号坝段岩石基础		检验日期		××年×月×日			
项类	检查项目		质量标准	各孔检测结果（孔号）							
				1	2	3	4	5	6	7	8	9	10
主控项目	1. 钻孔	孔深	不小于设计孔深	√	√	√	√	√	√	√	√	√	√
	2. 灌浆	灌浆压力	符合设计要求	√	√	√	√	√	√	√	√	√	√
		灌浆结束条件	符合设计要求	√	√	√	√	√	√	√	√	√	√
	3. 施工记录、图表		齐全、准确、清晰	√	√	√	√	√	√	√	√	√	√
一般项目	1. 钻孔	孔序	按先后排序和孔序施工	√	√	√	√	√	√	√	√	√	√
		孔位偏差	≤10cm	√	√	√	√	√	√	√	○	√	√
		终孔孔径	帷幕孔不小于 46mm，固结孔不小于 38mm	√	√	√	√	√	√	√	√	√	√
		孔底偏距	符合设计要求	√	√	√	√	√	√	√	√	√	√
	2. 灌浆	灌浆段位置及段长	符合设计要求	√	√	√	√	√	√	√	√	√	√
		钻孔冲洗	回水清净、孔底沉淀小于 20cm	√	√	√	√	√	√	√	√	√	√
		裂隙冲洗与压水试验	符合设计要求	√	√	√	√	√	√	√	√	√	√
		浆液及变换	符合设计要求	√	√	√	√	√	√	√	√	√	√

续表

单位工程名称		混凝土大坝	单元工程量		灌浆总长度386m						
分部工程名称		溢流坝段	施工单位		××水利水电工程局						
单元工程名称		3号坝段岩石基础	检验日期		××年×月×日						
项类	检查项目	质量标准	各孔检测结果（孔号）								
			1	2	3	4	5	6	7	8	9	10
一般项目 2.灌浆	特殊情况处理	无特殊情况发生，或虽有特殊情况，但处理后不影响灌浆质量	√	√	√	√	√	√	√	√	√	√
	抬动观测	符合设计要求	√	√	√	√	√	√	√	√	√	√
	封　孔	符合设计要求	√	√	√	√	√	√	√	√	√	√
各孔质量评定			√	○	√	√	√	√	√	○	√	√
本单元工程共有灌浆孔10个，其中优良灌浆孔8个，优良率为80%											
单元工程效果检查	检查孔压水试验透水率 $q=2.3\sim4.1Lu$（防渗标准为不大于5Lu）										
	其他：钻孔、检查孔可见水泥结石、充填密实										
评　定　意　见					单元工程质量等级						
单元工程效果检查符合压水试验要求，灌浆孔全部合格，优良比占80%					优　良						
施工单位	××水利水电工程局 ××年×月×日				监理单位	××监理公司××监理部 ××年×月×日					

二、回填灌浆单元工程

（1）单元工程划分。按施工形成的灌浆区域或区段（隧洞一般长度为50m左右）划分，每一个灌浆区域或区段为一个单元工程。

（2）检测数量按每个灌浆孔或每个灌浆区逐项进行检查。

（3）各孔检测结果凡可用数据表示的均应填写数据，不便用数据表示的可用符号表示："√"表示"符合质量标准"；"○"表示"基本合格"；"×"表示"不符合质量标准"。

（4）各孔质量评定用符号表示："√"表示"优良"；"○"表示"合格"；"×"表示"不合格"。

（5）通过钻孔进行的回填灌浆工程。

1）单个回填灌浆孔质量评定：主控项目符合质量标准，一般项目不少于60%的检查点符合质量标准评为合格；灌浆孔的主控项目和一般项目全部符合质量标准评为优良。

2）单元工程质量等级评定：单元工程回填灌浆效果检查符合要求，回填灌浆孔全部合格，优良回填灌浆孔数小于70%评为合格；单元工程回填灌浆效果检查符合要求，回填灌浆孔全部合格，优良回填灌浆孔数不小于70%评为优良。

（6）预埋管路系统回填灌浆工程质量评定：单元工程回填灌浆效果检查符合要求，主控项目全部符合质量标准，一般项目中有两项符合质量标准评为合格；单元工程回填灌浆效果检查符合要求，主控项目和一般项目全部符合质量标准评为优良。

通过钻孔进行回填灌浆单元工程质量等级评定表填写式样见表4-16。

表 4‐16　　　　　　　　　　通过钻孔进行回填灌浆单元工程质量等级评定表

单位工程名称	混凝土大坝					单元工程量		灌浆总长度 386m			
分部工程名称	灌浆工程					施工单位		××水利水电工程局			
单元工程名称	0+080～0+100					检验日期		××年×月×日			

项类	检查项目	质量标准	各孔检测结果（孔号）									
			1	2	3	4	5	6				
主控项目	1. 孔深	进入岩石 10cm	√	√	√	√	√	√				
	2. 灌浆次序	符合设计要求	√	√	√	×	√	√				
	3. 灌浆压力	符合设计要求	√	√	√	√	√	√				
	4. 灌浆浓度	符合设计要求	√	√	√	√	√	√				
	5. 结束标准	符合设计要求	√	√	√	○	√	√				
	6. 施工记录	齐全、准确、清晰	√	√	√	√	√	√				
一般项目	1. 孔位偏差	符合设计要求	√	√	√	√	√	√				
	2. 孔径	符合设计要求	√	√	√	√	√	√				
	3. 抬动变形	符合设计要求	√	√	√	√	√	√				
	4. 中断处理	应无中断或虽有中断，但处理及时，措施合理，经检查分析，尚不影响灌浆质量	√	√	√	√	√	√				
	5. 封孔	符合设计要求	√	√	√	√	√	√				
各孔质量评定			√	√	√	○	√	√				
本单元工程共有灌浆孔 6 个，其中优良灌浆孔 5 个，优良率为 82.7%												
单元工程效果检查	检查孔注浆试验结果：初始 10min 内注入量为 4.5L，钻孔取芯，芯样完整，胶结良好											
	检查孔岩芯和浆液结石充填情况：											
评 定 意 见						单元工程质量等级						
单元工程效果检查符合要求，各灌浆孔质量合格，其中质量优良的灌浆孔占 82.7%						优　　良						
施工单位	××水利水电工程局　　　　　　　　××年×月×日					监理单位		××监理公司××监理部　　　　　　　　××年×月×日			

预埋管路系统回填灌浆单元工程质量等级评定式样见表 4‐17。

三、基础排水单元工程

（1）单元工程划分。以一个坝段内的（或相邻的 20 个）排水孔（槽）为一个单元工程。

（2）检测数量。逐孔（槽）进行检查。

（3）各孔（槽）检测结果凡可用数据表示的均应填写数据，不便用数据表示的可用符号表示："√"表示"符合质量标准"；"○"表示"基本合格"；"×"表示"不符合质量标准"。

（4）各孔（槽）质量评定用符号表示："√"表示"优良"；"○"表示"合格"；"×"表示"不合格"。

表 4－17　　　　　　　　　　　**预埋管路系统回填灌浆单元工程质量等级评定表**

单位工程名称	混凝土大坝		单元工程量	264m²
分部工程名称	灌浆工程		施工单位	××水利水电工程局
单元工程名称	0＋080～0＋100 段回灌		检验日期	××年×月×日
项类	检查项目	质量标准	检测结果	
主控项目	1. 灌浆区段封闭、管路畅通情况	无外漏，管路畅通	经通气检查、观测无外漏现象，管理畅通	
	2. 进浆管口压力	符合设计要求	符合设计要求	
	3. 排气管出浆	排气管出浆密度达 1.70g/cm³ 以上	密度为 1.98g/m³	
	4. 浆液浓度变化及结束标准	符合设计要求	符合设计要求	
	5. 施工记录	齐全、准确、清晰	施工记录齐、全、准、清	
一般项目	1. 灌浆中断处理	无中断现象	经实际情况分析无中断现象	
	2. 抬动变形	不超过设计规定值	符合设计要求	
	3. 封孔	符合设计要求	钻孔抽查符合设计要求	
本单元工程的主控项目 100％符合标准，一般项目 100％符合标准				
单元工程效果检查	检查孔注浆试验结果： 检查孔岩芯和浆液结石充填情况：			
评　定　意　见		单元工程质量等级		
主控项目和一般项目全部符合质量标准		优　良		
施工单位	××水利水电工程局 　　　　　××年×月×日	监理单位	××监理公司××监理部 　　　　××年×月×日	

（5）单个排水孔（槽）质量评定：主控项目符合质量标准；一般项目中应有不少于 70％的检查点符合质量标准评为合格；主控项目和一般项目全部符合质量标准评为优良。

（6）排水孔（槽）单元工程质量等级评定：单元工程内排水孔（槽）全部合格，优良排水孔（槽）数小于 70％评为合格；单元工程内排水孔（槽）全部合格，优良排水孔（槽）数不小于 70％评为优良。

基础排水单元工程质量评定表填写式样见表 4－18。

四、锚喷支护单元工程

（1）单元工程划分：按一次锚喷支护施工区、段划分，每一区、段为一个单元工程。

（2）各项检测结果凡可用数据表示的均应填写数据，不便用数据表示的可用符号表示："√"表示"符合质量标准"；"×"表示"不符合质量标准"。

（3）检测数量。

1）锚喷支护工程采用抽样的方法进行检查。

2）锚杆检查：每一个单元工程内锚杆的检测数量为该单元工程内锚杆总数的 10％～15％，并不少于 20 根；锚杆总量少于 20 根时，应进行全数检查。注浆锚杆抗拔力（或无损检测）检测数量为每 300～400 根（或按设计要求）抽样不少于 1 组（每组 3 根）。

表 4-18　　　　　　　　　　　　基础排水单元工程质量等级评定表

单位工程名称	混凝土大坝		单元工程量	排水孔总长 160m								
分部工程名称	坝体防渗与排水		施工单位	××水利水电工程局								
单元工程名称	3 号坝段岩石基础		检验日期	××年×月×日								
项类	检查项目	质量标准	各孔检测结果（孔号）									
			1	2	3	4	5	6	7	8	9	10
主控项目	1. 孔径	符合设计要求	√	√	√	√	√	√	√	√	√	√
	2. 终孔高程或孔深	符合设计要求	√	√	√	√	√	√	√	√	√	√
	3. 管（槽板）接头，管（槽）与岩石接触	密合不漏水，管（槽）内干净	√	√	√	√	√	√	√	√	√	√
一般项目	1. 孔口平面位置偏差	不大于 20cm	√	√	√	√	√	√	√	√	√	√
	2. 偏斜率	符合设计要求	√	√	√	√	○	√	√	√	√	√
	3. 钻孔冲洗	孔壁清洁，孔底残留厚度不大于 20cm	√	√	√	√	√	√	√	√	√	√
	4. 孔内保护装置（需设保护时）	符合设计要求	√	√	√	√	√	√	√	√	√	√
	5. 孔口位置	符合设计要求	√	√	√	√	√	√	√	√	√	√
各孔（槽）质量评定			√	√	√	√	○	√	√	√	√	√
本单元工程共有排水孔（槽）10 个，其中优良排水孔（槽）9 个，优良率为 90%												
评　定　意　见			单元工程质量等级									
单元工程效果检查符合压水试验要求，灌浆孔全部合格，优良比占 80%			优　良									
施工单位	××水利水电工程局　　××年×月×日		监理单位	××监理公司××监理部　　××年×月×日								

3）喷混凝土检查：每 200m² （隧洞一般为 20m 洞长）设置一个检查断面，检测点数不少于 5 个。对喷混凝土性能的检查，每 100m³ 喷混凝土混合料或混合料小于 100m³ 的独立工程，试件数不少于 1 组（每组 3 块），材料或配合比变更时，应另做一组。

（4）质量等级评定：主控项目符合质量标准，一般项目不少于 70% 的检查点符合质量标准评为合格；主控项目符合质量标准，一般项目不少于 90% 的检查点符合质量标准评为优良。

锚喷支护单元工程质量等级评定表填写式样见表 4-19。

五、预应力锚固单元工程

（1）单元工程划分。按单根预应力锚索（锚杆）进行划分，每根预应力锚索为一个单元工程。

（2）各项检测结果凡可用数据表示的均应填写数据，不便用数据表示的可用符号表示：用"√"表示"符合质量标准"；用"×"表示"不符合质量标准"。

（3）每根锚索（锚杆）逐项检查。其中钻孔、编索、内锚段注浆、封孔注浆、张拉、锚墩施工等应当进行专项检查和质量评定。

表 4 - 19   锚喷支护单元工程质量等级评定表

单位工程名称		引水隧洞	单元工程量	612m²，锚杆 268 根，总长 508m
分部工程名称		隧（洞）开挖与衬砌	施工单位	××水利水电工程局
单元工程名称		0+080～0+120 段锚喷支护	检验日期	××年×月×日

项类	检查项目		质量标准	检测结果
主控项目	1. 锚杆	锚杆及胶结材料性能	符合设计要求	水泥用 42.5 级硅酸盐水泥，锚杆用 φ20，砂浆强度等级符合设计，材质试验指标符合要求
		锚孔清理	无岩粉、积水	锚孔清理干净，无岩粉、积水
		锚孔孔深	符合设计要求	符合设计要求
		注浆锚杆抗拔力（或无损检测）	符合设计要求	锚杆抽检 6 根，抗拔力为 21.3t，21.7t、19.8t、20.3t、20.6t、22.1t
	2. 喷射混凝土	喷混凝土性能	符合设计要求	符合设计要求
		喷层均匀性	无夹层、包砂或个别处有夹层、包砂	无夹层、包砂
		喷层密实性	符合设计要求	符合设计要求
		挂网直径与网格尺寸	符合设计要求	符合设计要求
一般项目	1. 锚杆	孔位偏差	≤10cm	—
		钻孔方向	垂直锚固面或符合设计要求	垂直锚固面
		孔径	符合设计要求	符合设计要求
		锚杆长度	符合设计要求	符合设计要求
		注浆	符合设计要求	符合设计要求
	2. 喷射混凝土	喷射厚度 过水隧洞	不得小于设计厚度的 70%	抽查 4 个断面，喷射厚度均大于设计厚度的 70%
		喷射厚度 非过水隧洞	不得小于设计厚度的 60%	—
		岩面清理	符合设计要求	符合设计要求
		喷层表面整体性	无裂缝或个别处有裂缝	喷层表面无裂缝
		喷层养护	符合设计要求	喷层养护符合设计要求
		挂网与坡面距离	符合设计要求	—
	本单元工程共有锚杆 268 根，主控项目 100%符合标准，一般项目 100%符合标准			

单元工程效果检查	检查孔注浆试验结果：	
	检查孔岩芯和浆液结石充填情况：	

评 定 意 见	单元工程质量等级
主控项目和一般项目全部符合质量标准	优 良

施工单位	××水利水电工程局 ××年×月×日	监理单位	××监理公司××监理部 ××年×月×日

（4）质量等级评定：主控项目符合质量标准；一般项目不少于 70%的检查点符合质量标准评为合格；主控项目和一般项目全部符合质量标准评为优良。

预应力锚固单元工程质量等级评定表填写式样见表 4 - 20。

表 4 - 20 预应力锚固单元工程质量等级评定表

单位工程名称			单元工程量	
分部工程名称			施工单位	
单元工程名称			检验日期	××年×月×日

项类	检查项目		质量标准	检测结果
主控项目	1. 钻孔	孔深	不小于设计孔深且不大于设计孔深 40cm	
		孔向	符合设计要求	
	2. 锚索制作安装	材质检验	符合设计要求	
		编索	符合设计要求	
	3. 注浆	浆液性能	符合设计要求	
		内锚段注浆	符合设计要求	
	4. 张拉	张拉及锁定荷载	符合设计要求	
		钢绞线或索体伸长值	符合设计要求	
	5. 各项施工记录	齐全、准确、清晰	符合设计要求	
一般项目	1. 钻孔	锚孔孔位偏差	不大于 10cm	
		锚孔孔径	终孔孔径不小于设计孔径 10mm	
		锚孔清理	符合设计要求	
	2. 锚索制作安装	存放与运输	符合设计要求	
		索体安装	符合设计要求	
	3. 注浆	封孔注浆	符合设计要求	
	4. 锚墩及封锚	混凝土性能	符合设计要求	
		基面清理	符合设计要求	
		结构与体形	符合设计要求	
		防护措施	符合设计要求	

本单元工程的主控项目 ％符合标准，一般项目 ％符合标准			
评 定 意 见		单元工程质量等级	
施工单位	××年×月×日	监理单位	××年×月×日

六、振冲法地基处理单元工程

（1）单元工程划分。按独立建筑物地基或同一建筑物地基范围内不同加固要求的区域划分，每一独立建筑物地基或不同要求的区域为一个单元工程。

（2）各项检测结果凡可用数据表示的均应填写数据，不便用数据表示的可用符号表示："√"表示"符合质量标准"；"×"表示"不符合质量标准"。

（3）单元工程效果检查中的"其他"一栏中可以填写桩的开挖检查情况等。

（4）对单元工程内的振冲桩主控项目进行全数或抽样检查：桩数检测数量为 100％；桩体密度抽样检测数量为总桩数的 1％～3％，并不少于 3 根桩；填料质量按规定的验收批进行抽样检查；桩间土密实度按设计规定的数量进行检查。

（5）对单元工程内的振冲桩一般项目进行全数或抽样检查：除（4）指定的主控项目检测数量外，柱基础、条形基础的桩中心位置偏差检测数量为100%；其他一般项目的检测数量为本单元工程总桩数的20%以上，并不少于10根。

（6）质量等级评定：主控项目桩体密实度、桩间土密实度有不小于90%的检查点符合质量标准，其他主控项目全部符合质量标准，一般项目不小于70%的检查点符合质量标准评为合格；主控项目全部符合标准，一般项目不小于90%的检查点符合质量标准评为优良。

振冲法地基处理单元工程质量等级评定表填写式样见表4-21。

表 4-21　　　　　　　　　振冲法地基处理单元工程质量等级评定表

项类	单位工程名称		单元工程量	
	分部工程名称		施工单位	
	单元工程名称		检验日期	××年×月×日
项类	检查项目	质量标准		检测结果
主控项目	1. 桩数	符合设计要求		
	2. 填料质量与数量	符合设计要求		
	3. 桩体密实度	符合设计要求		
	4. 桩间土密实度	符合设计要求		
	5. 施工记录	齐全、准确、清晰·		
一般项目	1. 加密电流	符合设计要求		
	2. 留振时间	符合设计要求		
	3. 加密段长度	符合设计要求		
	4. 孔深	符合设计要求		
	5. 桩体直径	符合设计要求		
	6. 桩中心位置偏差	柱基础	$\leqslant D/5$	
			$\leqslant D/4$	
		大面积基础满堂布桩	$\leqslant D/4$	
		条形基础桩	$\leqslant D/5$	
		（注：D 为桩直径）		
	本单元工程共有振冲桩　根，主控项目　%符合标准，一般项目　%符合标准			
单元工程效果检查	复合地基承载力 $f=$　　kPa			
	其他：			
	评　定　意　见		单元工程质量等级	
施工单位		××年×月×日	监理单位	××年×月×日

七、混凝土防渗墙单元工程

（1）单元工程划分。每个槽孔（墙段）为一个单元工程。

（2）各孔检测结果凡可用数据表示的均应填写数据，不便用数据表示的可用符号表示："√"表示"符合质量标准";"×"表示"不符合质量标准"。

（3）单元工程效果检查中的"其他"一栏中可以填写检查孔的岩芯情况，无损检测情况，坝（堰、堤）下游量水堰渗水量或坝（堰、堤）下游测压管内水位在施工前、后变化等检查结果。

（4）造孔质量检查应逐孔进行，孔斜检查在垂直方向的测点间距不得大于5m。

（5）清孔质量检查。孔底淤积厚度检查每个单孔位置；泥浆性能指标至少检查两个单孔位置。

（6）其他检查项目按有关标准逐项检查。对于重要工程或经资料分析认为有必要对混凝土墙体进行钻孔取芯及注（压）水试验检查时，其检测数量由设计、监理和施工单位商定。

（7）质量等级评定。主控项目符合质量标准；一般项目不少于70%的检查点符合质量标准评为合格；主控项目符合质量标准；一般项目不少于90%的检查点符合质量标准评为优良。

（8）如果进行了墙体钻孔检查，则其检查结果应符合设计要求。

混凝土防渗墙单元工程质量等级评定表填写式样见表4-22。

表4-22　　　　　　　　混凝土防渗墙单元工程质量等级评定表

单位工程名称			土石坝	单元工程量		混凝土70m³				
分部工程名称			土石地基防渗	施工单位		××水利水电工程局				
单元工程名称			第×槽孔	检验日期		××年×月×日				
项类	检查项目		质量标准	各孔质量情况（孔号）						
				1	2	3	4	5	6	7	8	9

项类	检查项目		质量标准	1	2	3	4	5	6	7	8	9
主控项目	1. 造孔	槽孔孔深	不得小于设计孔深	√	√	√	√	√	√	√	√	√
		孔斜率	符合设计要求	0.1	0.16	0.07	0.05	0.05	0.09	0.2	0.18	0.07
	2. 清孔	接头刷洗	刷子钻头上不带泥屑，孔底淤积不再增加	—	—	—	—	—	—	—	—	—
		孔底淤积	≤10cm	8	5	7	6	4	8	3	5	7
	3. 混凝土浇筑	导管埋深	≥1m	实测6次，超标0孔，最小埋深1.6m								
		混凝土上升速度	≥2m/h，或符合设计要求	混凝土平均上升速度2.1m/h								
	4. 施工记录、图表		齐全、准确、清晰	齐全、准确、清晰								
一般项目	1. 造孔	孔位中心偏差	≤3cm	2.8	2	3	4					
		槽孔宽度	符合设计要求（包括接头搭接厚度）	实测6孔，偏差超标0孔，最小宽度80cm								
	2. 清孔	孔内泥浆密度	黏土泥浆 ≤1.3g/cm³	实测6孔，偏差超标0孔，最大1.29g/m³								
			膨润土泥浆 ≤1.15g/cm³									
		孔内泥浆黏度	黏土泥浆 ≤30s	实测6孔，超标0次，最大27s								
			膨润土泥浆 32～50s									
		孔内泥浆含砂量	黏土泥浆 ≤10%	实测6孔，超标1次，最大8%								
			膨润土泥浆 ≤6%									

续表

单位工程名称	土石坝		单元工程量				混凝土 70m³		
分部工程名称	土石地基防渗		施工单位				××水利水电工程局		
单元工程名称	第×槽孔		检验日期				××年×月×日		

项类	检查项目		质量标准	各孔质量情况（孔号）								
				1	2	3	4	5	6	7	8	9
一般项目	3. 钢筋笼下设	钢筋笼安放，预埋安装，仪器埋设	符合设计要求	钢筋笼刚度、安放位置及保护层均符合设计要求								
	4. 混凝土浇筑	导管布置	符合设计要求	导管距孔端：实测 4 次，超标 0 次，最大 1.2m；导管间距：实测 4 次，超标 0 次，最大间距 3.2m								
		槽内混凝土面高差	≤0.5m									
		浇筑最终高度	高于设计要求 50cm	高于设计顶面 50cm								
	5. 混凝土性能	混凝土配合比	符合设计要求									
		混凝土坍落度	18～22cm	实测 8 次，超标 0 次，最小 19cm，最大 21cm								
		混凝土扩散度	34～40cm	实测 8 次，超标 0 次，最小 36cm，最大 39cm								
		抗压强度、抗渗等级、弹性模量等	符合设计要求									

本单元工程主副孔共有 85 孔，主控项目 100%符合标准，一般项目 97.6%符合标准

单元工程效果检查	检查孔注水试验渗透系数 k=　 cm/s；或钻孔压水试验透水率 q=　 Lu
	其他：

评　定　意　见	单元工程质量等级
主控项目全部合格，一般项目合格率为 97.4%，评为优良	优　良
施工单位　　××水利水电工程局　××年×月×日	监理单位　　××监理公司××监理部　××年×月×日

八、钻孔灌注桩单元工程

钻孔灌注桩单元工程质量等级评定表填写式样见表 4-23。

（1）单元工程划分：一般按柱（墩）基础划分，每一柱（墩）下的灌注桩基础为一个单元工程。不同桩径的灌注桩不宜划分为一个单元工程。

（2）各桩检测结果凡可用数据表示的均应填写数据，不便用数据表示的可用符号表示："√"表示"符合质量标准"；"×"表示"不符合质量标准"。

（3）各桩质量评定用符号表示，"√"表示"优良"；"○"表示"合格"；"×"表示"不合格"。

（4）每根钻孔灌注桩逐项进行检查，其中孔径和孔斜率的测点间距宜为 2～4m。

（5）单根钻孔灌注桩质量评定：主控项目符合质量标准，一般项目不少于 70%的检查点符合质量标准评为合格；主控项目和一般项目全部符合质量标准评为优良。

（6）钻孔灌注桩单元工程质量评定：本单元内的钻孔灌注桩全部合格，优良灌注桩数小于 70%评为合格；本单元内的钻孔灌注桩全部合格，优良灌注桩数大于或等于 70%评为优良。

表 4-23　　　　　　　　　钻孔灌注桩单元工程质量等级评定表

单位工程名称			防洪堤			单元工程量				450m²			
分部工程名称			防洪堤地基处理			施工单位				××水利水电工程局			
单元工程名称			46+430～46+456			检验日期				××年×月×日			
项类	检查项目		质量标准	各孔检测结果（孔号）									
				1	2	3	4	5	6	7	8	9	10
主控项目	1. 钻孔	孔位偏差	不大于 5cm	√	√	√	√	√					
		孔　深	符合设计要求	√	√	√	√	√					
		孔底沉渣厚度	端承桩不大于 50mm	30	27	28	43	49					
			摩擦桩不大于 150mm	√	√	√	√	√					
	2. 钢筋笼制作	主筋间距偏差	±10mm	−8	+6	+4	−8	−6					
		长度偏差	±100mm	+15	−40	−55	+20	−30					
	3. 混凝土浇筑	导管埋深	≥2m	2.1	2.5	2.4	2.0	2.3					
		混凝土上升速度	≥2m/h	2.4	2.5	2.3	2.4	2.5					
	4. 混凝土性能	混凝土抗压强度等	符合设计要求	√	√	√	√	√					
	5. 施工记录、图表		齐全、准确、清晰	√	√	√	√	√					
一般项目	1. 钻孔	孔斜率	<1%	0.8	0.9	0.6	0.5	0.8					
		孔径偏差	符合设计要求	√	√	√	√	√					
	2. 钢筋笼制作	箍筋间距偏差	±20mm	−4	−16	−4	+8	−10					
		直径偏差	±10mm	+1	−2	+3	−3	+2					
		钢筋笼安放	符合设计要求										
	3. 混凝土浇筑	浇筑最终高度	水下浇筑时应高于设计桩顶浇筑高程30cm以上，非水下浇筑时应符合设计桩顶浇筑高程	√	√	√	√	√					
		充盈系数	>1	1.1	1.06	1.03	1.2	1.15					
	4. 混凝土性能	混凝土配合比	符合设计要求	√	√	√	√	√					
		混凝土坍落度	水下灌注 16～22cm，干孔施工 7～10cm，或符合设计要求	√	√	√	√	√					
各桩质量评定													
本单元工程共有灌注桩 5 个，其中优良灌注桩 5 个，优良率为 100%													
检查孔钻孔取芯和载荷试验等检查结果：													
评　定　意　见					单元工程质量等级								
主控项目全部合格，一般项目合格率为 100%，评为优良					优　良								
施工单位	××水利水电工程局 ××年×月×日				监理单位	××监理公司××监理部 ××年×月×日								

九、高压喷射灌浆单元工程

（1）单元工程划分：应根据工程重要性和规模确定，以相邻的 20～40 个高喷孔或连续 400～600m² 的防渗墙体为一个单元工程。

（2）使用低压浆液时"浆液压力"项为一般项目。

（3）各孔检测结果凡可用数据表示的均应填写数据，不便用数据表示的可用符号表示："√"表示"符合质量标准"；"○"表示"基本合格"；"×"表示"不符合质量标准"。

（4）各孔质量评定用符号表示，"√"表示"优良"；"○"表示"合格"；"×"表示"不合格"。

（5）单元工程效果检查中的"其他"一栏中可以填写检查孔的岩芯情况，坝（堰、堤）下游量水堰渗水量或坝（堰、堤）下游测压管内水位在施工前、后变化等检查结果。

（6）单个高喷灌浆孔的质量评定：主控项目符合质量标准；一般项目不少于 70% 的检查点符合质量标准评为合格；主控项目和一般项目全部符合质量标准评为优良。

（7）高喷灌浆单元工程质量等级评定：在本单元工程高压喷射灌浆效果检查符合要求的前提下，高喷灌浆孔全部合格，优良高喷灌浆孔数小于 70% 评为合格；高喷灌浆孔全部合格，优良高喷灌浆孔数不小于 70% 评为优良。

高压喷射灌浆单元工程质量等级评定表填写式样见表 4-24。

表 4-24　　　　　　　　　高压喷射灌浆单元工程质量等级评定表

单位工程名称			抽水站	单元工程量		桩长 160m，混凝土 136m³					
分部工程名称			进水口段排桩	施工单位		××水利水电工程局					
单元工程名称			80～730 号	检验日期		××年×月×日					
项类	检查项目		质量标准	各孔检测结果（孔号）							
				1	2	3	4	5	6	7	8	9	10
主控项目	1. 钻孔	孔位偏差	符合设计要求	√	√	√	√	√	√	√	√	√	√
		钻孔深度	符合设计要求	√	√	√	√	√	√	√	√	√	√
	2. 高喷灌浆	喷射管下入深度	符合设计要求	√	√	√	√	√	√	√	√	√	√
		喷射方向	符合设计要求	√	√	√	√	√	√	√	√	√	√
		提升速度	符合设计要求	√	√	√	√	√	√	√	√	√	√
		浆液压力	符合设计要求	√	√	√	√	√	√	√	√	√	√
		浆液流量	符合设计要求	√	√	√	√	√	√	√	√	√	√
		水压力	两管法无此项，三管法要符合设计要求	√	√	√	√	√	√	√	√	√	√
	3. 施工记录		齐全、准确、清晰	√	√	√	√	√	√	√	√	√	√
一般项目	1. 钻孔	孔序	符合设计要求	√	√	√	√	√	√	○	√	√	√
		孔斜率	孔深小于 30m 时不大于 1%，或符合设计要求	√	√	√	√	√	√	√	√	√	√
	2. 高喷灌浆	转动速度或摆动速度	为提升速度数值的 0.8～1.0 倍	√	√	√	√	√	√	√	√	√	√

续表

单位工程名称			抽水站		单元工程量			桩长 160m，混凝土 136m³		
分部工程名称			进水口段排桩		施工单位			××水利水电工程局		
单元工程名称			80～730 号		检验日期			××年×月×日		

项类	检查项目		质量标准	各孔检测结果（孔号）									
				1	2	3	4	5	6	7	8	9	10
一般项目	2. 高喷灌浆	摆动角度	符合设计要求	√	√	○	√	√	√	√	√	√	√
		气压力	符合设计要求	√	√	√	√	√	√	√	√	√	√
		气流量	符合设计要求	√	√	√	√	√	√	√	√	√	√
		水流量	二管法无此项，三管法要符合设计要求	√	√	√	√	√	√	√	√	√	√
		进浆密度	$1.4～1.7g/cm^3$，或符合设计要求	√	√	√	√	√	√	√	√	√	√
		回浆密度	$≥1.3g/cm^3$（两管法），$≥1.2g/cm^3$（三管法）	√	√	√	√	√	√	√	√	√	√
		中断处理	不影响或轻微影响质量	√	√	√	√	√	√	√	√	√	√
各孔质量评定				√	√	○	√	√	√	○	√	√	√
本单元工程内共有高喷灌浆孔 10 个，其中优良高喷灌浆孔 10 个，优良率为 100%													
单元工程效果检查	围井（钻孔）注水试验渗透系数 $k=$　cm/s；或钻孔压水试验透水率 $q=$　Lu												
	其他：												

检查孔钻孔取芯和载荷试验等检查结果：

评 定 意 见	单元工程质量等级
高喷灌浆质量全部合格，其中优良率为 80%	优 良
施工单位	××水利水电工程局 ××年×月×日	监理单位	××监理公司××监理部 ××年×月×日

第四节　混 凝 土 工 程

一、混凝土施工工序

1. 基础面或混凝土施工缝

（1）单元工程划分：对混凝土浇筑仓号，按每一仓号为一个单元工程；对排架、梁、板、柱等构件，按一次检查验收部位为一个单元工程。

（2）基础面或混凝土施工缝应全仓检查。

（3）工序质量等级评定：主控项目符合质量标准；一般项目中基础岩面或混凝土施工缝有少量积水，但积水总面积不大于整个仓面面积的 5%，则评为合格。单处积水面积不大于 2m²，其他项目均符合质量标准，主控项目、一般项目均符合质量标准，则评为优良。

基础面或混凝土施工缝工序质量评定表填写式样见表 4-25。

表 4 - 25　　　　　　　　　基础面或混凝土施工缝工序质量评定表

单位工程名称		混凝土大坝		单元工程量	混凝土826m³，施工缝274m²	
分部工程名称		溢流坝段		施工单位	××水利水电工程局	
单元工程名称		3号坝段，▽2.5~4.5m		检验日期	××年×月×日	
项类	检查项目		质量标准	质量评定		
				总检查点数	合格点数	合格率（%）
主控项目	1. 基础岩面	建基面	无松动岩块	8	8	100
		地表水和地下水	妥善引排或封堵	6	6	100
	2. 软基面	建基面	预留保护层已挖除，地质符合设计要求	6	6	100
	3. 混凝土施工缝	表面处理	无乳皮、成毛面、微露粗砂	6	6	100
一般项目	1. 基础岩面	岩面清洗	清洗洁净、无积水、无积渣杂物	8	8	100
	2. 软基面	垫层铺填	符合设计要求	6	5	83.3
		基础面清理	无乱石、杂物，坑洞分层回填夯实	6	6	100
	3. 混凝土施工缝		清洗洁净、无积水、无积渣杂物	8	7	87.5
施工单位	自查结果	主控项目：全部合格 一般项目：合格率92.7%	监理单位	检查结果	主控项目：全部合格 一般项目：合格率92.7%	
	工序质量等级	优　良		工序质量等级	优　良	
	质量负责人	××× ××水利水电工程局 ××年×月×日		监理工程师	××× ××监理公司 ××年×月×日	

2. 模板

（1）单元工程划分：对混凝土浇筑仓号，按每一仓号为一个单元工程；对排架、梁、板、柱等构件，按一次检查验收部位为一个单元工程。

（2）模板总检查点数量：模板面积在100m² 以内，不少于20个；模板面积在100m² 以上时，每增加100m²，检查点数增加不少于10个。

（3）工序质量等级评定：主控项目符合质量标准，一般项目不少于70%的检查点符合质量标准，评为合格；主控项目符合质量标准，一般项目不少于90%的检查点符合质量标准，评为优良。

模板工序质量评定表填写式样见表4-26。

3. 钢筋

（1）单元工程划分：对混凝土浇筑仓号，按每一仓号为一个单元工程，对排架、梁、板、柱等构件，按一次检查验收部件为一个单元工程。

（2）对梁、板、柱等构件，总检查点数不少于30个，其余总检查点数一般不少于50个。

表 4 – 26　　　　　　　　模板工序质量评定表

单位工程名称	混凝土大坝		单元工程量	混凝土 826m²，模板面积 163.4m³		
分部工程名称	溢流坝段		施工单位	××水利水电工程局		
单元工程名称	3 号坝段，▽2.5～4.5m		检验日期	××年×月×日		
项类	检查项目		质量标准		质量评定	
			外露表面	隐蔽内面	总检查点数	合格点数	合格率（%）

项类	检查项目		外露表面	隐蔽内面	总检查点数	合格点数	合格率（%）
主控项目	1. 稳定性、刚度和强度		符合模板设计要求		采用钢模板、钢支撑和方木，支撑牢固。稳定性、刚度、强度均满足设计要求		
	2. 结构物边线与设计边线	外模板	0	−10mm	15mm	符合设计要求		
		内模板	+10mm	0				
	3. 结构物水平截面内部尺寸		±20mm		30	30	100
	4. 承重模板标高		+5mm	0	25	25	95
一般项目	1. 模板	相邻两板面高差	2mm	5mm	40	38	95
		局部不平（用 2m 直尺检查）	5mm	10mm	35	35	100
	2. 板面缝隙		2mm	2mm	30	27	90
	3. 模板外观		规格符合设计要求，表面光洁、无污物		模板表面光洁、无污物		
	4. 脱模剂		质量符合标准要求，涂抹均匀		脱模剂涂抹均匀，符合要求		
	5. 预留孔洞	中心线位置	5mm				
		截面内部尺寸	+10mm　0				

施工单位	自查结果	主控项目：全部合格 一般项目：合格率 95.2%	监理单位	检查结果	主控项目：全部合格 一般项目：合格率 95.2%
	工序质量等级	优　良		工序质量等级	优　良
	质量负责人	××× ××水利水电工程局 ××年×月×日		监理工程师	××× ××监理公司 ××年×月×日

（3）工序质量评定：主控项目符合质量标准；一般项目不少于 70% 的检查点符合质量标准，评为合格。主控项目符合质量标准；一般项目不少于 90% 的检查点符合质量标准，评为优良。

钢筋工序质量评定表填写式样见表 4 – 27。

4. 预埋件

（1）单元工程划分：对混凝土浇筑仓号，按每一仓号为一个单元工程；对排架、梁、板、柱等构件，按一次检查验收部位为一个单元工程。

（2）水工混凝土中的预埋件包括止水片（带）、伸缩缝材料、坝体排水设施、冷却及接缝灌浆管路、铁件、内部观测仪器等，属于隐蔽工程，在施工中应进行全过程检查和保护，防止移位、变形、损坏及堵塞。

表 4-27　　　　　　　　　　　　　　钢筋工序质量评定表

单位工程名称		单元工程量	
分部工程名称		施工单位	
单元工程名称、部位		检验日期	年　月　日

项类	检查项目				质量标准	质量评定	
主控项目	1. 钢筋的材质、数量、规格尺寸、安装位置				符合产品质量标准和设计要求		
	2. 钢筋接头的机械性能				符合施工规范及设计要求		
	3. 焊接接头和焊缝外观				不允许有裂缝、脱焊点和漏焊点，表面平顺，没有明显的咬边、凹陷、气孔等，钢筋不得有明显烧伤		
	4. 套筒的材质及规格尺寸				符合质量标准和设计要求，外观无裂纹或其他肉眼可见缺陷，挤压以后的套筒不得有裂纹		
	5. 钢筋接头丝头				符合规范及设计要求，保护良好，外观无锈蚀和洞污，牙形饱满光滑		
	6. 接头分布				满足规范及设计要求		
	7. 螺纹匹配				丝头螺纹与套筒螺纹满足连接要求，螺纹结合紧密，无明显松动，以及相应处理方法得当		
	8. 冷挤压连接接头挤压道数				符合形式检验确定的道数		

项类	检查项目				允许偏差	质量评定		
						总检查点数	合格点数	合格率（%）
一般项目	1. 闪光对焊		接头处的弯折角		≤4°			
			轴线偏移		≤0.10d 且≤2mm（d 为钢筋直径，下同）			
	2. 搭接焊或帮条焊		帮条对焊接接头中心的纵向横移		≤0.50d			
			接头处钢筋轴线的曲折		≤4°			
		焊缝	长　度		−0.50d			
			高　度		−0.05d			
			宽　度		−0.10d			
			咬边深度		≤0.05d 且≤1mm			
			表面气孔和夹渣	在2d长度上的数量	≤2 个			
				气孔、夹渣的直径	≤3mm			
	3. 熔槽焊		焊缝余高		≤3mm			
			接头处钢筋中心线的位移		≤0.10d			
	4. 窄间隙焊		横向咬边深度		≤0.5mm			
			接头处钢筋中心线的位移		≤0.10d 且≤2mm			
			接头处的弯折角		≤4°			

续表

单位工程名称				单元工程量			
分部工程名称				施工单位			
单元工程名称、部位				检验日期		年 月 日	
项类	检查项目		允许偏差		质量评定		
					总检查点数	合格点数	合格率（%）
一般项目	5. 机械连接	带肋钢筋套筒冷挤压连接接头	压痕处套筒外形尺寸	挤压后套筒长度应为原套筒长度的1.10～1.15倍，或压痕处套筒的外径波动范围为原套筒外径的0.8～0.9倍			
			接头弯折	≤4°			
		直螺纹连接接头	外露丝扣	无1扣以上完整丝扣外露			
		锥螺纹连接接头	拧紧力矩值	应符合DL/T 5169的要求			
			接头丝扣	无1扣以上完整丝扣外露			
	6. 绑扎	搭接长度		应符合DL/T 5169的要求			
	7. 钢筋长度方向的偏差			±1/2净保护层厚			
	8. 同一排受力钢筋间距的局部偏差	柱及梁中		±0.5d			
		板及墙中		±0.1倍间距			
	9. 同一排中分布钢筋间距的偏差			±0.1倍间距			
	10. 双排钢筋，其排与排间距的局部偏差			±0.1倍间距			
	11. 梁与柱中钢筋间距的偏差			0.1倍箍筋间距			
	12. 保护层厚度的局部偏差			±1/4净保护层厚			
施工单位	自查结果	主控项目： 一般项目：	监理单位	检查结果	主控项目： 一般项目：		
	工序质量等级			工序质量等级			
	质量负责人	年 月 日		监理工程师	年 月 日		

（3）单元工程中对所有预埋件必须全部检查，且对止水片（带）、伸缩缝材料、坝体排水设施、冷却及接缝灌浆管路、铁件、内部观测仪器等每一单项的检查中，主控项目必须全面检查，一般项目的检查点数不宜小于10个。

（4）单项质量评定：主控项目符合质量标准，一般项目不少于70%的检查点符合质量标准，评为合格；主控项目符合质量标准，一般项目不少于90%的检查点符合质量标准，评为优良。

止水片（带）、伸缩缝材料、排水设施、冷却及接缝灌浆管路、铁件及内部观测仪器安装质量评定表填写式样见表4-28～表4-33。

（5）综合质量评定。预埋件中每一单项质量均达到合格，评为合格；凡预埋件中单项质量全部合格并有50%以上的单项达到优良，评为优良。

预埋件工序质量评定表式样见表4-34。

表 4－28　　　　　　　　　　止水片（带）安装质量评定表

单位工程名称	混凝土大坝	单元工程量	混凝土 826m³，止水铜片长 6.3m
分部工程名称	溢流坝段	施工单位	××市第×工程局
单元工程名称、部位	3 号坝段，▽ 2.50～4.50m	检验日期	××年×月×日

项类	检查项目		质量标准	质量评定		
主控项目	1. 结构形式、位置、尺寸、材料的品种、规格、性能		符合设计及标准要求	符合质量标准及设计要求		
	2. 止水片（带）外观		表面平整，无浮皮、锈污、油渍、砂眼、钉孔、裂纹等	符合质量标准及设计要求		
	3. 止水基座		符合设计要求	符合质量标准及设计要求		
	4. 止水片（带）插入深度		符合设计要求	符合质量标准及设计要求		
	5. 沥青止水井（柱）		安装位置准确、牢固，上下层衔接好，电热元件及绝热材料埋设准确，沥青填塞密实	符合质量标准及设计要求		

项类	检查项目		允许偏差	质量评定		
				总检查点数	合格点数	合格率（%）
一般项目	1. 止水片几何尺寸偏差	宽	±5mm	＋3，＋2，－1，＋3，＋4，－1.5	6	100
		高	±2mm	＋1.5，－1.1，－1.5，－1，＋1.5，＋1.5	6	100
		长	±20mm	＋10，＋12，＋15，－17，－15，＋18	6	100
	2. 搭接长度	金属止水片	≥20mm，双面焊接	25，28，16，19，40，35	4	100
		橡胶、PVC 止水带	≥10mm			
		金属止水片与 PVC 止水带接头搭接长度	≥350mm（螺栓拴接法）	355，375，390，380，345，350	5	83.3
	3. 接头抗拉强度		≥母材强度的 75%	—		
	4. 止水片（带）中心线与接缝中心线安装偏差		±5mm	—		

施工单位	自查结果	主控项目：全部合格　一般项目：合格率达到 90%	监理单位	检查结果	主控项目：全部合格　一般项目：合格率达到 90%
	工序质量等级	优　良		工序质量等级	优　良
	质量负责人	×××　　　　　　　　××年×月×日		监理工程师	×××　　　　　　　　××年×月×日

表 4-29　　　　　　　　　伸缩缝材料安装质量评定表

单位工程名称	混凝土大坝		单元工程量	混凝土 826m³，施工缝 274m²
分部工程名称	溢流坝段		施工单位	××市第×工程局
单元工程名称、部位	3 号坝段，▽ 2.50～4.50m		检验日期	××年×月×日
项类	检查项目	质量标准		质量评定
主控项目	1. 伸缩缝缝面	平整、洁净、干燥、外露铁件应割除；其高度不得低于混凝土收仓高度		符合质量标准及设计要求
	2. 铺设材料质量	符合设计要求		符合质量标准及设计要求
一般项目	1. 涂敷沥青料	涂刷均匀平整、与混凝土黏结紧密，无气泡及隆起现象		有个别小气泡
	2. 粘贴沥青油毛毡等嵌缝材料	铺设厚度均匀平整、牢固，拼装紧密		符合质量标准及设计要求
	3. 铺设预制油毡板或其他材料	铺设厚度均匀平整、牢固，相邻块安装紧密平整，无破损		符合质量标准及设计要求
施工单位	自查结果	主控项目：全部合格 一般项目：基本合格	监理单位 检查结果	主控项目：全部合格 一般项目：基本合格
	工序质量等级	合　格	工序质量等级	合　格
	质量负责人	×××　　　　　　　××年×月×日	监理工程师	×××　　　　　　　××年×月×日

表 4-30　　　　　　　　　排水设施安装质量评定表

单位工程名称			单元工程量		
分部工程名称			施工单位		
单元工程名称、部位			检验日期	年　月　日	
项类	检查项目		质量标准	质量评定	
主控项目	1. 孔口装置		按设计要求加工、安装，并进行防锈处理，安装牢固，不得有渗水、漏水现象		
	2. 排水管通畅性		通畅		
一般项目	检查项目		质量标准	质量评定		

项类	检查项目		质量标准	总检查点数	合格点数	合格率（%）
一般项目	1. 排水孔（管）口位置偏差		≤100mm			
	2. 坝体排水孔倾斜度		≤4%			
	3. 基岩排水孔	倾斜度偏差 孔深不小于 8m	≤1%			
		孔深小于 8m	≤2%			
		深度偏差	±0.5%			
施工单位	自查结果	主控项目： 一般项目：		监理单位 检查结果	主控项目： 一般项目：	
	工序质量等级	合　格		工序质量等级	合　格	
	质量负责人	×××　　　　　　　××年×月×日		监理工程师	×××　　　　　　　××年×月×日	

表 4 - 31 冷却及接缝灌浆管路安装质量评定表

单位工程名称			单元工程量		
分部工程名称			施工单位		
单元工程名称、部位			检验日期		年 月 日

项类	检查项目		质量标准	质量评定	
主控项目	1. 管材质量		材质、尺寸符合设计要求,无堵塞,表面无锈皮、油渍、污物等		
	2. 管路安装、接头		安装牢靠,接头不漏水、不漏气、无堵塞		
一般项目	1. 管路的位置、高程		符合设计要求		
	2. 管路进出口		露出模板外 30~50cm,妥善保护,有识别标志		
施工单位	自查结果	主控项目: 一般项目:		监理单位	检查结果	主控项目: 一般项目:
	工序质量等级				工序质量等级	
	质量负责人		年 月 日		监理工程师	年 月 日

表 4 - 32 铁件安装质量评定表

单位工程名称			单元工程量		
分部工程名称			施工单位		
单元工程名称、部位			检验日期		年 月 日

项类	检查项目		质量标准	质量评定		
主控项目	1. 材质、规格、数量		符合质量标准及设计要求			
	2. 安装高程、方位、埋入深度及外露长度等		符合设计要求			
一般项目	检查项目		质量标准	质量评定		
				总检查点数	合格点数	合格率(%)
	1. 锚筋钻孔位置允许偏差(mm)	柱子的锚筋	≤20			
		钢筋网的锚筋	≤50			
	2. 钻孔底部的孔径		$d+20mm$(d 为锚筋直径)			
	3. 在岩石部分的钻孔深度		不小于设计孔深			
	4. 钻孔的倾斜度对设计轴线的偏差(在全孔深度范围内)		≤5%			
施工单位	自查结果	主控项目: 一般项目:		监理单位	检查结果	主控项目: 一般项目:
	工序质量等级				工序质量等级	
	质量负责人		年 月 日		监理工程师	年 月 日

表 4-33　　　　　　　　　　　　**内部观测仪器安装质量评定表**

单位工程名称			单元工程量		
分部工程名称			施工单位		
单元工程名称、部位			检验日期	年 月 日	

项类	检查项目	质量标准	质量评定		
主控项目	1. 仪器及其附件的数量、规格、尺寸	符合设计要求			
	2. 仪器安装定位及方法	符合设计和 DL/T 5178			
	3. 仪器的重新率定和检验	按 DL/T 5178 的规定进行，且合格			
	4. 仪器电缆连接	采取专用电缆和硫化仪硫化，接头绝缘、不透水、不渗水			
	5. 电缆过缝保护、走向	符合设计要求			
一般项目	检查项目	质量标准	质量评定		
			总检查点数	合格点数	合格率（%）
	1. 仪器电缆的编号	每个仪器在电缆上编号不得少于 3 处，每 20m 处一个编号			
	2. 仪器周边混凝土浇筑	剔除粒径大于 40mm 的骨料，再振捣密实			
	3. 电缆与施工缝的距离	≥15cm			

施工单位	自查结果	主控项目： 一般项目：	监理单位	检查结果	主控项目： 一般项目：
	工序质量等级			工序质量等级	
	质量负责人	年 月 日		监理工程师	年 月 日

表 4-34　　　　　　　　　　　　**预埋件工序质量评定表**

单位工程名称		单元工程量	
分部工程名称		施工单位	
单元工程名称、部位		检验日期	年 月 日

检 查 项 目	质量评定
1. 止水片（带）	
2. 伸缩缝材料	
3. 排水设施	
4. 冷却及接缝灌浆管路	
5. 铁件	
6. 内部观测仪器	

施工单位	自查结果	___项___评为合格 ___项___评为优良	监理单位	检查结果	___项___评为合格 ___项___评为优良
	工序质量等级			工序质量等级	
	质量负责人	年 月 日		监理工程师	年 月 日

5. 混凝土浇筑

（1）混凝土施工的资源配备应与浇筑强度相适应，确保混凝土施工的连续性。如因故中止，且超过允许间歇时间，则应按施工缝处理。

（2）混凝土浇筑过程中随时检查。

（3）工序质量评定：主控项目全部符合合格质量标准；一般项目不少于70%的检查点符合合格质量标准，评为合格；主控项目全部符合优良质量标准；一般项目不少于90%的检查点符合合格质量标准，评为优良。

混凝土浇筑工序质量评定表填写式样见表4-35。

表4-35　　　　　　　　　　　混凝土浇筑工序质量评定表

单位工程名称	混凝土大坝		单元工程量	混凝土 826m³	
分部工程名称	溢流坝段		施工单位	××市第×工程局	
单元工程名称、部位	3号坝段，▽2.50～4.50m		检验日期	××年×月×日	
项类	检查项目	质 量 标 准			质量评定
		优　良	合　格		
主控项目	1. 入仓混凝土料（含原材料、拌和物及硬化混凝土）	无不合格料入仓	少量不合格料入仓，经处理满足设计及规范要求		入仓混凝土料全部合格
	2. 平仓分层	厚度不大于振捣棒有效长度的90%，铺设均匀，分层清楚，无骨料集中现象	局部稍差		混凝土铺设均匀，分层清楚，厚度在40～50cm，无骨料集中现象。优良
	3. 混凝土振捣	垂直插入下层5cm，有次序，间距、留振时间合理，无漏振、无超振	无漏振、无超振		混凝土捣振均匀，无漏振，垂直插入下层深度5cm。优良
	4. 铺料间歇时间	符合要求，无初凝现象	上游迎水面15m以内无初凝现象，其他部位初凝累计面积不超过1%，并经处理合格		铺料间歇时间符合要求，无初凝现象。优良
	5. 混凝土养护	混凝土表面保持湿润，连续养护时间符合设计要求	混凝土表面保持湿润，但局部短时间有时干时湿现象，连续养护时间基本满足设计要求		混凝土养护及时，表面湿润，无时干时湿现象。优良
一般项目	1. 砂浆铺筑	厚度不大于3cm，均匀平整，无漏铺	厚度不大于3cm，局部稍差		—
	2. 积水和泌水	无外部水入入，泌水排除及时	无外部水流入，有少量泌水，且排除不够及时		无外部水流入，有少量泌水，排除够及时。合格
	3. 插筋、管路等埋设件以及模板的保护	保护好，符合要求	有少量位移，及时处理，符合设计要求		插筋埋设有少量位移，但不影响使用。合格

续表

单位工程名称		混凝土大坝		单元工程量	混凝土 826m³
分部工程名称		溢流坝段		施工单位	××市第×工程局
单元工程名称、部位		3号坝段，▽2.50～4.50m		检验日期	××年×月×日
项类	检查项目	质 量 标 准			质量评定
		优 良	合 格		
一般项目	4. 混凝土浇筑温度	满足设计要求	80%以上的测点满足设计要求，且单点超温不大于3℃		—
	5. 混凝土表面保护	保护时间、保温材料质量符合设计要求，保护严密	保护时间与保温材料质量均符合设计要求，保护基本严密		—
施工单位	自查结果	主控项目：全部满足标准要求一般项目：全部合格		监理单位 检查结果	主控项目：全部满足标准要求一般项目：全部合格
	工序质量等级	合 格		工序质量等级	合 格
	质量负责人	××× ××年×月×日		监理工程师	××× ××年×月×日

(4) 砂石骨料质量评定。

1) 检验日期。填写检验月（季）的开始及终止日期。

2) 数量。填写本检验资料所代表的砂料总量（m³）。

3) 产地、种类。填写砂料、粗骨料出产地，天然或人工砂，人工或天然粗骨料。

4) 检测数量。在筛分楼出料皮带或下料口取样。各种规格粗骨料的超粒径含量、含泥量每8h检验一次，主控项目和一般项目每月检验次数不少于两次。

5) 检验结果。填写检查次数、实测值范围及合格组数。

6) 质量等级评定。主控项目符合质量标准，一般项目不少于70%的检查点符合质量标准，评为合格；主控项目符合质量标准，一般项目不少于90%的检查点符合质量标准，评为优良。

砂石骨料质量评定表填写式样见表4-36及表4-37。

二、混凝土外观质量

(1) 混凝土拆模后，应检查其外观质量。当发现混凝土有裂缝、蜂窝、麻面、错台和变形等质量缺陷时，应及时处理。

(2) 混凝土外观质量评定分为拆模后和消除缺陷后两个时段进行。单元工程质量最终评定结果以消除缺陷以后的评定结果为准，但凡拆模后评定不合格，经处理后满足标准要求的，只能评为合格。

(3) 质量评定：主控项目全部符合合格质量标准；一般项目不少于70%的检查点符合合格质量标准，评为合格；主控项目全部符合优良质量标准；一般项目不少于90%的检查点符合合格质量标准，评为优良。但经消缺处理后符合标准要求的，只能评为合格。

表 4-36 　　　　　　　　　　 **砂 料 质 量 评 定 表**

工程名称			混凝土大坝	种 类	天然砂
生产单位			××砂场	数 量	8000m³
检验日期			××年×月×日至××年×月×日		

项类	检查项目		质量标准	检验结果
主控项目	1. 天然砂中含泥量	有抗冻要求或不小于 C₉₀30	≤3%	含泥量：抽检 12 组，实测值 1.7%～3.0%，全部合格； 黏土量：抽检 12 组。实测值 0.3%～1.0%，全部合格
		<C₉₀30	≤5%	—
	2. 泥块含量		不允许	抽检 12 组，未发现泥团
	3. 有机质含量		浅于标准色（天然砂）	抽检 12 组，有机质含量，均浅于标准色
			不允许（人工砂）	
一般项目	1. 云母含量		≤2%	抽检 12 组，实测值 0.6%～1.8%，全部合格
	2. 石粉含量		6%～18%（人工砂）	—
	3. 表观密度		≥2500kg/m³	—
	4. 细度模数	天然砂	2.2～3.0	抽检 12 组，实测值 2.56～2.68t/m³，全部合格
		人工砂	2.4～2.8	—
	5. 坚固性	有抗冻要求	≤8%	—
		无抗冻要求	≤10%	抽检 12 组，实测值 3.5%～7.8%，全部合格
	6. 硫化物及硫酸盐含量		≤1%	抽检 12 组，实测值 0.2%～0.74%，全部合格
	7. 轻物质含量		≤1%（天然砂）	抽检 12 组，实测值 0.3%～0.7%，全部合格
评 定 意 见				质量等级
主控项目 100%符合质量标准要求，一般项目 100%检查点符合质量标准要求				优　良
施工单位	××× 　　　　　　××年×月×日		监理单位	××× 　　　　　　××年×月×日

表 4-37 　　　　　　　　　　 **粗 骨 料 质 量 评 定 表**

工程名称			混凝土大坝	种 类	天然砂
生产单位			××砂场	数 量	8000m³
检验日期			××年×月×日至××年×月×日		

项类	检查项目		质量标准	检验结果
主控项目	1. 含泥量	D20、D40	≤1%	抽检 12 组，含泥量为 0.2%～0.5%，符合质量要求
		D80、D150（D120）	≤0.5%	
	2. 泥块含量		不允许	抽检 12 组，未发现泥块
	3. 有机质含量		浅于标准色（天然砂）	抽检 12 组，有机质含量，均浅于标准色

续表

工程名称	混凝土大坝		种 类	天然砂
生产单位	××砂场		数 量	8000m³
检验日期	××年×月×日至××年×月×日			

项类	检查项目		质量标准	检验结果
一般项目	1. 坚固性	有抗冻要求	≤2%	符合要求
		无抗冻要求	≤12%	—
	2. 硫化物及硫酸盐含量		≤0.5%	抽验12组，硫酸盐及硫化物含量0.08%～0.25%
	3. 表观密度		≥2550kg/m³	抽验12组，密度为2580～2760kg/m³
	4. 吸水率		≤2.5%	各抽检12组，D20、D40吸水率为1.8%～2.3%；D80、D150吸水率0.8%～1.3%
	5. 针片状含量		≤15%（经论证可以放宽到25%）	抽检12组，针片状颗粒含量为7.5%～12.7%
	6. 超径含量		原孔筛小于5%，超粒径筛为0	抽检12组，原孔筛筛余量为1.2%～3.6%
	7. 逊径含量		原孔筛小于10%，超粒径筛小于2%	抽检12组，原孔筛检验逊径为3.7%～5.4%

评 定 意 见		质量等级
主控项目100%符合质量标准要求，一般项目100%检查点符合质量标准要求		优 良
施工单位	×××　　　　　　　××年×月×日	监理单位　×××　　　　　　　××年×月×日

混凝土外观质量评定表填写式样见表4-38。

三、混凝土单元工程

（1）基础面或混凝土施工缝、模板、钢筋、预埋件、混凝土浇筑、混凝土外观6项全部达到合格，混凝土单元工程质量等级合格。

（2）基础面或混凝土施工缝、模板、预埋件、混凝土外观4项达到合格并且其中任意1项达到优良，钢筋、混凝土浇筑2项达到优良。混凝土单元工程质量等级优良。

（3）当混凝土物理力学性能不符合设计要求时应予重新评定。

混凝土单元工程质量等级评定表填写式样见表4-39。

四、钢筋混凝土预制构件安装单元工程

（1）单元工程划分，按安装检查质量评定的根、组、批或者按安装的桩号、高程、生产班划分，每一根、组、批或某一桩号、高程、生产班预制构件安装为一个单元工程。

（2）预制构件的型号、尺寸、预埋件位置和接缝、接头应符合设计要求。

（3）质量等级评定：主控项目符合质量标准，一般项目不少于70%的检查点符合质量标准，则评为合格；主控项目符合质量标准，一般项目不少于90%的检查点符合质量标准，则评为优良。单元工程质量评定时，还应考虑构件制作质量，凡构件制作质量优良、安装质量合格，也可评为优良。

钢筋混凝土预制构件安装单元工程质量等级评定表填写式样见表4-40。

表 4-38 混凝土外观质量评定表

单位工程名称			混凝土大坝	单元工程量		15867m³
分部工程名称			溢流坝段	施工单位		××市第×工程局
单元工程名称、部位			80～100 号	检查日期		××年×月×日
项类	检查项目		质量标准			质量评定
			优 良	合 格		
主控项目	1. 形体尺寸及表面平整度		符合设计要求	局部稍超出规定，但累计面积不超过 0.5%，经处理符合设计要求		符合设计要求
	2. 露筋		无	无主筋外露，箍、副筋个别微露，经处理符合设计要求		无露筋现象
	3. 深层及贯穿裂缝		无	经处理符合设计要求		无裂缝现象
一般项目	1. 麻面		无	有少量麻面，但累计面积不超过 0.5%，经处理符合设计要求		有少量麻面，经处理符合设计要求
	2. 蜂窝空洞		无	轻微、少量、不连续，单个面积不超过 0.1m²，深度不超过骨料最大粒径，经处理符合设计要求		无蜂窝空洞现象
	3. 碰损掉角		无	重要部位不允许，其他部位轻微少量，经处理符合设计要求		无缺角掉角现象
	4. 表面裂缝		无	有短小、不跨层的表面裂缝，经处理符合设计要求		混凝土表面有较短小的裂缝，但经处理已符合设计要求
施工单位	自查结果	主控项目：全部优良 一般项目：全部合格		监理单位	检查结果	主控项目：全部优良 一般项目：全部合格
	工序质量等级	优良			工序质量等级	优良
	质量负责人	××× ××年×月×日			监理工程师	××× ××年×月×日

表 4-39 混凝土单元工程质量等级评定表

单位工程名称				单元工程量		
分部工程名称				施工单位		
单元工程名称、部位				评定日期		
检查项目				质量等级		
1. 基础面、混凝土施工缝				合 格		
2. 模板				合 格		
3. 钢筋				优 良		
4. 预埋件				合 格		
5. 混凝土浇筑				优 良		
6. 混凝土外观				优 良		
施工单位	自查结果			监理单位	检查结果	
	工序质量等级	优 良			工序质量等级	优 良
	质量负责人	××× ××年×月×日			监理工程师	××× ××年×月×日

表 4-40 钢筋混凝土预制构件安装单元工程质量等级评定表

单位工程名称	混凝土大坝		单元工程量	15867m³	
分部工程名称	溢流坝段		施工单位	××市第×工程局	
单元工程名称、部位	80~100 号		检查日期	××年×月×日	

项类	检查项目		质量标准	检验记录	
主控项目	1. 构件预制质量		符合设计要求和质量标准	符合《水电水利基本建设工程单元工程质量等级评定标准第 1 部分：土建工程》（DL/T 5113.1—2005）附录 B.3 的要求	
	2. 构件型号和安装位置		符合设计要求	符合设计要求	
	3. 构件吊装时的混凝土强度		符合设计要求。设计无规定时，不得低于设计强度标准值的 70%；预应力构件孔道灌浆的强度必须达到设计要求	符合设计要求	
	4. 构件连接		符合设计要求。承受内力的接头应符合 GB 50204—2002 的有关规定	符合设计要求	
一般项目	检查项目		允许偏差（mm）	合格数点	合格率（%）
	1. 杯形基础	中心线和轴线的位移	±10		
		杯形基础底标高	0~-10	实测 10 点，合格点数为 10	100
	2. 柱	中心线和轴线位移	±5	实测 10 点，合格点数为 10	100
		垂直度 柱高 10m 以下	10		
		柱高 10m 及其以上	20	实测 8 点，合格点数为 8	100
		牛腿上表面和柱顶标高	0~-8	实测 8 点，合格点数为 8	100
	3. 梁或吊车梁	中心线和轴线位移	±5	实测 8 点，合格点数为 8	100
		梁顶面标高	0~-5	实测 8 点，合格点数为 7	87.5
		下弦中心线和轴线位移	±5	实测 8 点，合格点数为 8	100
	4. 屋架	垂直度 桁架、拱形屋架	1/250 屋架高	—	
		薄腹梁	5	—	
	5. 板	相邻两板下表面平整 抹灰	5	—	
		不抹灰	3	—	
	6. 预制廊道、井筒板（埋入建筑物）	中心线和轴线位移	±20	—	
		相邻两构件的表面平整	10	—	
	7. 建筑物外表面预制模板	相邻两板面高差	3（局部 5）	实测 10 点，合格点数为 8	8
		外边线与结构物边线	±10	实测 8 点，合格点数为 7	87.5
检查结果	共检测 70 点，其中合格 66 点，合格率 94.3%				
评定意见				单元工程质量等级	
主控项目全部合格，一般项目实测点合格率为 94.3%				优 良	
施工单位	××水利水电工程局 ××年×月×日		监理单位	××监理公司 ××年×月×日	

说明："单元工程量"填写安装预制件构件数量（t、m³、件）。

五、坝体接缝灌浆单元工程

（1）单元工程划分。按设计确定的灌浆区划分，每一个灌浆区作为一个单元工程。

（2）灌浆前混凝土的龄期、灌区两侧及压重混凝土的温度、接缝张开度均应满足设计要求。

（3）各项检测结果凡可用数据表示的均应填写数据，不便用数据表示的可用符合表示："√"表示"符合质量标准"；"×"表示"不符合质量标准"。

（4）质量等级评定。主控项目符合质量标准；一般项目不少于70％的检查点符合质量标准，则评为合格；主控项目和一般项目全部符合质量标准，则评为优良。如进行了钻孔取芯及压水试验检查时，其检查结果均应满足设计要求。

坝体接缝灌浆单元工程质量等级评定表填写式样见表4-41。

表4-41　　　　　坝体接缝灌浆单元工程质量等级评定表

单位工程名称	混凝土大坝		工程量	灌溉面积117m²
分部工程名称	非溢流坝段接缝灌浆		施工单位	××市第×工程局
单元工程名称、部位	3～5号坝段接缝灌浆，D80～D135m		检验日期	××年×月×日
项类	检查项目	质量标准		质量评定
主控项目	1. 灌区封闭、管路和缝面畅通情况	无外漏，管路和缝面畅通，两根排气管单开出水量宜大于25L/min进行预灌性压水检查		进行了预灌性压水检查，管路畅通，无串漏现象
	2. 排气管出浆密度	两根排气管均出浆，其出浆密度均大于1.5g/cm³		两排气管均出浆，且其密度为1.67g/cm³
	3. 排气管管口压力	两根排气管均有压力，其中一根压力已达到设计压力的50％以上		—
	4. 灌浆记录	齐全、准确、清晰		灌浆过程中，灌浆记录齐全、清晰、准确
一般项目	1. 管路及缝面冲洗	冲洗时间和压力符合设计要求，回水清净		—
	2. 浆液浓度变换及结束标准	符合设计要求		符合规范和设计要求
	3. 缝面增开度变化	符合设计要求		—
	4. 有无串漏浆现象	基本无串漏浆，或虽稍有串漏（小于25L/min），经处理后，不影响灌浆质量		灌浆过程中无串浆、漏浆现象
	5. 中断等特殊情况处理	无中断，或虽有中断但处理及时，措施合理，经检查分析尚不影响灌浆质量		灌浆连续，无中断现象
本单元工程的主控项目100％符合标准，一般项目100％符合标准				
单元工程效果检查	检查孔压水试验结果：			
	检查孔芯样情况：			
评定意见			单元工程质量等级	
主控项目、一般项目全部符合质量标准			优良	
施工单位	×××水利水电工程局　　　××年×月×日		监理单位	×××监理公司　　　××年×月×日

本 章 思 考 题

1. 土工建筑工程竣工验收的一般要求是什么？
2. 土工建筑工程施工质量合格、优良的标准是什么？
3. 土建开挖检验与评定的标准是什么？
4. 地基与基础工程检测的数量与评定的标准是什么？
5. 混凝土施工工序质量、外观质量评定标准是什么？
6. 坝体接缝灌浆工程的质量等级评定的标准是什么？

第五章　机电安装质量资料整编

学习目标：理解金属结构、机械设备、电气设备及其附属设备安装的内容；掌握机电设备质量等级评定标准；能够熟练填写单元工程质量等级评定表。

第一节　金属结构及启闭机安装工程

一、金属结构及启闭机安装工程分类

金属结构设备及安装主要包括闸门启闭机、拦污栅等设备及安装，以及引水工程的钢管制作及安装和航运过坝工程的升船机设备及安装等。

二、质量评定表填写说明

在工程项目划分中，金属结构一般是作为单位工程中的分部工程。

单元工程质量评定表中有的单元工程只有单元工程质量评定表，有的单元工程带有项目分表，在填写带项目分表的单元工程质量评定表时，该表后面要附上全部项目分表。

关于填写本部分评定表的一些共同问题的说明：

（1）表中加"△"的项目为主要检查（检测）项目。

（2）"单元工程量"一般填写该单元工程的重量（或尺寸）并加必要说明。

（3）项目的质量标准。水利水电工程施工质量等级分为"合格"、"优良"两级。

1）合格标准。

a. 主要项目必须全部符合质量标准，分有"合格"、"优良"标准的项目，指符合"合格"标准。

b. 一般项目符合或基本符合质量标准，分有"合格"、"优良"标准的指"合格"标准。"基本符合"标准，是指与标准虽有微小出入，但不影响安全运行和设计效益。

2）优良标准。所有测点都必须全部符合质量标准（对分有"合格"与"优良"标准的项目，要全部达到优良标准）。

（4）项目表不评定质量等级，只在"评定意见栏填上：主要项目和一般项目项数及合格项目数、优良项目数。这里所说的项目数，是指项次数，项次中出现小项不计算在内只计作一个项目"。

（5）单元工程量。填写单元工程施工重量，钢管要填写管径 D、壁厚 δ。

（6）允许偏差项目填表，应根据情况在相应位置用"√"标明。

（7）质量评定意见按以下格式填写"主要项目全部符合质量标准，一般项目检查实测点合格率××.×%，其余基本符合质量标准；优良项目中全部项目××.×%，主要项目

优良率××．×％"。

（8）单元工程质量标准。

1）合格：主要项目必须全部符合质量标准，一般项目检查的实测点有90％及其以上符合质量标准，其余基本符合标准。

2）优良：在合格基础上，优良项目占全部检查项目50％及其以上，且主要项目全部优良。

（9）设计值按施工图填写。实测值填写实际检测数据，而不是偏差值。当实测数据多时，可填写实测组数、实测值范围（最小值至最大值）、合格数，但实测值应作表格附件备查。

（10）表尾的填写。

1）测量人：指施工单位负责该评定表中各项目的测试检验人员。填表时，由1～2名主要测量人签名。

2）施工单位由负责终验的人员签字。如果该工程由分包单位施工，则单元（工序）工程表尾由分包施工单位的终验人员填写分包单位全称，并签字。重要隐蔽工程、关键部位的单元工程，当分包单位自检合格后，总包单位应参加联合小组核定其质量等级。

3）建设、监理单位。实行了监理制的工程，由负责该项目的监理人员复核质量等级并签字；未实行监理制的工程，由建设单位专职质检人员签字。

4）表尾所有签字人员，必须由本人按照身份证上的姓名签字，不得使用化名，也不得由其他人代为签名。签名时应填写填表日期。

5）表尾填写：××单位是指具有法人资格单位的现场派出机构，若须加盖公章，则加盖该单位的现场派出机构的公章。

三、相关资料表格填写范例

（一）压力钢管安装单元工程

压力钢管的安装指钢管、伸缩节、岔管的安装等。压力钢管埋管单元工程评定表见表5-2～表5-6。

1. 压力钢管埋管安装

（1）单元工程划分：埋管安装时以一个混凝土浇筑段的钢管安装或一个部位钢管安装为一个单元工程。

（2）未涉及的项目，均用"—"标明。如项次4无主要项目，在相应栏内用"—"标明。

（3）单元工程量填写本单元钢管重量（管内径 D 及壁厚 δ）或安装长度（L，内径 D 及壁厚 δ）。

压力钢管埋管安装单元工程质量评定表填写式样见表5-1，表中各项目的质量标准分别如表5-2～表5-5所示。

2. 压力钢管明管安装单元工程

单元工程划分：以一个部位钢管安装为一个单元工程。质量等级评定表填写式样见表5-6。

表 5－1　　　　　　　　　　　压力钢管埋管安装单元工程质量评定表

单位工程名称	引水隧洞工程		单元工程量		20.4t（D＝3000m，δ＝12mm）	
分部工程名称	压力钢管制作		施工单位		××市第×工程局	
单元工程名称、部位	第2段埋管安装 0＋235～0＋320		评定日期		××年×月×日	
项次	项　　目		主要项目（个）		一般项目（个）	
			合格	优良	合格	优良
1	管口中心、里程、圆度、纵缝、环缝对口错位		5	5	1	1
2	焊缝外观质量		4	4	5	4
3	一、二类焊缝焊接、表面清除及焊补		1	1	4	3
4	管壁防腐、灌浆孔堵焊		—	—	3	3
合　　计			10	10	13	12
优良项目占全部项目的百分数（％）			93.5			
评　定　意　见			单元工程质量等级			
主要项目全部符合质量标准。一般项目检验的实测点100％符合质量标准。优良项目占全部项目的95.6％，其中主要项目优良率为100％			优　　良			
测量人	×××	××年×月×日	施工单位	×××	××年×月×日	建设（监理）单位 ××× ××年×月×日

（二）闸门安装单元工程

闸门设备及安装指平面闸门、弧形闸门和人字闸门等。以平面闸门为例，介绍平面闸门埋件安装和闸门门体安装。

1. 平面闸门埋件安装

单元工程划分：以一扇闸门的埋件安装为一个单元工程，评定表填写式样见表5－7。

2. 平面闸门门体安装

以一扇门体安装为一个单元工程，质量评定表填写式样见表5－8。

（三）启闭机机械安装单元工程（以桥式启闭机为例）

启闭设备及安装指桥式启闭机、门式启闭机、卷扬式启闭机、螺杆式启闭机、油压式启闭机等。

1. 启闭机轨道单元工程

（1）以一台桥机的轨道安装为一个单元工程。

（2）单元工程量填写本单元轨道型号及长度。

启闭机轨道安装单元工程质量评定表填写式样见表5－9。

2. 门式启闭机安装单元工程

以一台门机为一个单元工程，质量评定表填写式样见表5－10。

3. 油压启闭机安装单元工程

以一台油压启闭机为一个单元工程，质量评定表填写式样见表 5-11。

（四）活动式拦污栅安装单元工程

以一道拦污栅为一个单元工程，质量评定表填写式样见表 5-12。

表 5-2　　压力钢管埋管管口中心、里程、圆度、纵缝、环缝对口错位质量评定表

单位工程名称		引水隧洞工程			单元工程量			20.4t（$D=3000m$，$\delta=12mm$）		
分部工程名称		压力钢管制作			施工单位			××市第×工程局		
单元工程名称、部位		第2段埋管安装 0+235～0+320			评定日期			××年×月×日		
项次	项目	设计值	允许偏差（mm）					实测值（mm）	合格数（点）	合格率（%）
			合格			优良				
			钢管内径 D（m）			钢管内径 D（m）				
			$D≤3$	$3<D≤5$	$D>5$	$D≤2$	$3<D≤5$	$D>5$			
1	△始装节管口里程	1+200	±5	±5	±5	±4	±4	±4	1+200.002	1	100
2	△始装节管口中心	5	5	5	4	4	4	4.0、3.9	2	100
3	与蜗壳、伸缩节、蝴蝶阀、球阀、岔管连接的管节及弯管起点的管口中心		6	10	12	6	10	12	— —		
4	其他部位管节的管口中心		15	20	25	10	15	20	13.0、15.0、11.0	3	100
5	△钢管圆度		5D/1000（15）			4D/1000（12）			7.0～11.0 共测30点	16	100
6	△纵缝对口错位		小于或等于板厚10%，且不大于2；当板厚小于或等于10时为1			小于或等于板厚5%，且不大于2；当板厚小于或等于20时为1			0.3～0.5 共测30点	30	100
7	△环缝对口错位		小于或等于板厚15%，且不大于3；当板厚小于或等于10时为1.5			小于或等于板厚10%，且不大于3；当板厚小于或等于15时为1.0			0.8～1.4 共测20点	20	100
检验结果		主要项目共测69点，合格69点，合格率100%									
		一般项目共测3点，合格3点，合格率100%									
评定意见									质量等级		
主要项目5项，全部合格，其中6项优良；一般项目1项，全部合格，其中优良1项											
测量人	××× 　　　　××年×月×日		施工单位	××× 　　　　××年×月×日			建设（监理）单位		××× 　　　　××年×月×日		

表 5-3　　　　　　　　　　　　焊接缝外观质量评定表

工程单位名称			引水隧洞工程	单元工程量		20.4t（$D=3000mm$，$\delta=12mm$）
分部工程名称			压力钢管制作	施工单位		××市第×工程局
单元工程名称、部位			第2段埋管安装 0+235～0+320	检验日期		××年×月×日
项次	项　目		质量标准（mm）			检验记录
1	△裂纹		一类、二类、三类焊缝均不允许			无裂纹
2	△表面夹渣		一类、二类焊缝均不允许； 三类焊缝：深不大于 0.1δ，长不大于 0.3δ，且不大于 10			无表面夹缝
3	△咬边		一类、二类焊缝：深不超过 0.5，连续长度不超过 100，两侧咬边累计长度不大于 10% 全长焊缝； 三类焊缝：深不大于 1，长度不限			咬边深度 0.2～0.5，连续长度最大 50mm，累计长度为：8% 全长焊缝
4	未焊满		一类、二类焊缝均不允许； 三类焊缝：不超过 $0.0+0.02\delta$ 且不超过 1，每 100 焊缝内缺陷总长不大于 25			焊满
5	△表面气孔	钢管	一类、二类焊缝均不允许； 三类焊缝：每 50 长的焊缝内允许有直径为 0.3δ，且不大于 2 的气孔 2 个，孔间距不小于 6 倍孔径			表面无气孔
		钢闸门	一类焊缝均不允许； 二类焊缝：1.0mm 直径气孔每米范围内允许 3 个，间距不小于 20；三类焊缝：1.5mm 直径气孔每米范围内允许 5 个，间距不小于 20			
6	焊缝余高 Δh	√手工焊	一类、二类焊缝：　　　　　　　　　三类焊缝： $12<\delta<25$　$\Delta h=0～2.5$　　　　　$\Delta h=0～3$ $25<\delta<50$　$\Delta h=0～3$　　　　　$\Delta h=0～4$			$\Delta h=2.0～2.5$
		埋弧焊	一类、二类焊缝 0～4，三类焊缝 0～5			
7	对接接头焊缝宽度	√手工焊	盖过每边坡口宽度 2～4，且平缓过渡			盖过坡口 2.0～4.0，且平缓过渡
		埋弧焊	盖过每边坡口宽度 2～7，且平缓过渡			
8	飞　溅		清除干净			基本清除干净
9	焊　溜		不允许			无焊溜
10	交焊缝厚度不足（按设计焊缝厚度计）		一类焊缝：不允许； 二类焊缝：不超过 $0.3+0.05\delta$ 且不超过 1，每 100 焊缝内长度缺陷总长不大于 25； 三类焊缝：不超过 $0.3+0.05\delta$，且不超过 2，每 100 焊缝内长度缺陷总长不大于 25			—
11	角焊缝焊脚 K	手工焊	$K<12+3$　　　　$K>12+4$			—
		埋弧焊	$K<12+4$　　　　$K>12+5$			—
检验结果			项目共检验 9 项，合格 9 项，优良 8 项			
评　定　意　见						质量等级
主要项目 4 项，全部合格，其中优良 4 项；一般项目 5 项，全部合格 5 项，其中优良 4 项						
测量人	××× 　　　　　　××年×月×日		施工单位	××× 　　　　　　××年×月×日	建设（监理）单位	××× 　　　　　　××年×月×日

说明：δ 为板厚，项次 6，新规范没有 $\delta<12$ 的标准，这里以旧规范 $\delta<10$，$\Delta h=0～2$ 代之。

表 5−4　　　　　一、二类焊缝内部质量、表面清除及局部凹坑焊补质量评定表

工程单位名称	引水隧洞工程	单元工程量	20.4t ($D=300mm$，$\delta=12mm$)
分部工程名称	压力钢管制作	施工单位	××市第×工程局
单元工程名称、部位	第 2 段埋管安装 0＋235～0＋320	检验日期	××年×月×日

项次	项　目	质量标准（mm） 合　格	质量标准（mm） 优　良	检验记录
1	△一、二类焊缝 X 射线透照	按规范或设计规定的数量和质量标准透照、评定，将发现的缺陷修补完，修补不宜超过 2 次	一次合格率 85%	—
2	△一、二类焊缝 超声波探伤	按规范或设计规定的数量和质量标准透照、评定，将发现的缺陷修补完，修补不宜超过 2 次	一次合格率 95%	一次合格率 95%
3	埋管外壁的 表面清除	外壁上临时支撑割除和焊疤清除干净	外壁上临时支撑割除和焊疤清除干净并磨光	清除干净并磨光
4	埋管外壁局部 凹坑焊补	凡凹坑深度大于板厚 10% 或大于 2mm 应焊补	凡凹坑深度大于板厚 10% 或大于 2mm 应焊补并磨光	局部凹坑深度均小于 1.0mm
5	埋管内壁局部 凹坑焊补	内壁上临时支撑割除和焊疤清除干净	内壁上临时支撑割除和焊疤清除干净并磨光	清除干净并磨光
6	埋管内壁局部 凹坑焊补	凡凹坑深度大于板厚 10% 或大于 2mm 应焊补	凡凹坑深度大于板厚 10% 或大于 2mm 应焊补并磨光	局部凹坑最大深度为 2.4mm，已焊补并打磨

检验结果	主要项目检验 1 项，符合 1 项
	一般项目检验 4 项，符合 4 项，基本符合 1 项

评　定　意　见	质量等级
主要项目 1 项，全部合格，其中优良 1 项，一般项目 4 项，全部合格，其中优良 4 项	

测量人	××× ××年×月×日	施工单位	××× ××年×月×日	建设（监理）单位	××× ××年×月×日

表5-5 压力钢管埋管内壁防腐蚀表面处理、涂料涂装、灌浆孔堵焊质量评定表

工程单位名称	引水隧洞工程		单元工程量	20.4t（$D=300mm$，$\delta=12mm$）
分部工程名称	压力钢管制作		施工单位	××市第×工程局
单元工程名称、部位	第2段埋管安装0+235～0+320		检验日期	××年×月×日
项次	项目	质量标准（mm）		检验记录
		合格	优良	
1	埋管内壁防腐蚀表面处理	内管壁用压缩空气喷砂或喷丸除锈，彻底清除铁锈、氧化皮、焊渣、油污、灰尘、水分等，使之露出灰白色金属光泽	符合《水电水利工程压力钢管制造安装及验收规范》（DL/T 5017—2007）要求	喷砂除锈达到$Sa^{1/2}$标准，表面粗糙度50～70μm
2	埋管内壁涂料涂装	漆膜厚度应满足两个85%，即85%的测点厚度应达设计要求。达不到厚度测点，其最小厚度值应不低于设计厚度的85%	漆膜厚度应满足两个90%，即90%的测点厚度应达设计要求。达不到厚度测点，其最小厚度值应不低于设计厚度的90%	漆膜厚度，外表质量达设计要求，涂层黏附力较强
3	灌浆孔堵焊	堵焊后表面平整，无裂纹，无渗水现象		表面平整、无裂纹，无渗水
检验结果	项目检验3项，符合3项，基本符合1项			
评定意见				质量等级
一般项目3项，全部合格，其中优良3项				
测量人	××× ××年×月×日	施工单位	××× ××年×月×日	建设（监理）单位 ××× ××年×月×日

表5-6 压力钢管明管安装单元工程质量等级评定表

单位工程名称	引水隧道工程		单元工程量		27.5t	
分部工程名称	压力钢管安装		施工单位		××水利水电工程局	
单元工程名称、部位	第一段明管安装		评定日期		××年×月×日	
项次	项目		主要项目（个）		一般项目（个）	
			合格	优良	合格	优良
1	管口中心、里程、支座中心等		3	3	4	3
2	圆度、纵缝、环缝对口错位		2	2	—	—
3	焊缝外观质量		3	3	3	2
4	一、二类焊缝焊接，内外壁表面清除及焊补		1	1	1	1
5	防腐蚀表面处理、涂料涂装				2	2
合计			9	9	1	8
优良项目占全部项目的百分数（%）			89.5			
评定意见			单元工程质量等级			
主要项目全部符合质量标准。一般项目检验的实测点80%符合质量标准，其余基本符合质量标准。优良项目占全部项目的89.5%，其中主要项目优良率为100%			优良			
测量人	××× ××年×月×日	施工单位		××× ××年×月×日	建设（监理）单位	××× ××年×月×日

表 5-7　　　　　　　　　平面闸门门埋件安装单元工程质量等级评定表

单位工程名称	水闸工程	单元工程量		15.4t	
分部工程名称	闸门机械安装	施工单位		××水利水电工程局	
单元工程名称、部位	平面闸门埋件安装	评定日期		××年×月×日	
项次	项　目	主要项目（个）		一般项目（个）	
		合格	优良	合格	优良
1	底槛、门楣安装	9	9	3	3
2	主轨、侧轨安装	2	2	4	2
3	反轨、侧止水座板安装	5	5	3	1
4	护角、胸墙安装	1	1	3	1
5	各埋件距离	—	—	5	5
6	防腐蚀表面处理	—	—	4	4
7	防腐蚀涂料涂装	—	—	3	2
	合　　计	17	17	25	18
优良项目占全部项目的百分数（%）		83.3			
评　定　意　见		单元工程质量等级			
主要项目全部符合质量标准。一般项目检验的实测点 72% 符合质量标准，其余基本符合质量标准。优良项目占全部项目的 83.3%，其中主要项目优良率为 100%		优　良			
测量人	×××　　××年×月×日	施工单位	×××　　××年×月×日	建设（监理）单位	×××　　××年×月×日

表 5-8　　　　　　　　　平面闸门门体安装单元工程质量评定表

单位工程名称	水闸工程	单元工程量		15.8t	
分部工程名称	闸门安装	施工单位		××水利水电工程局	
单元工程名称、部位	平面闸门门体安装	评定日期		××年×月×日	
项次	项　目	主要项目（个）		一般项目（个）	
		合格	优良	合格	优良
1	止水橡皮、反向滑块安装	3	3	1	1
2	焊缝对口错位	2	1	—	—
3	一、二类焊缝内部焊接质量、门体表面清除和局部凹坑焊补	1	0	2	2
4	焊缝外观质量	4	4	7	6
5	门体防腐蚀表面处理、涂料涂装	—	—	2	0
6	门体防腐蚀金属喷镀	—	—	—	—
	合　　计	10	8	12	9
优良项目占全部项目的百分数（%）		77.3			
评　定　意　见		单元工程质量等级			
主要项目全部符合质量标准。一般项目检验的实测点 94% 符合质量标准，其余基本符合质量标准。优良项目占全部项目的 77.3%，其中主要项目优良率为 76%		优　良			
测量人	×××　　××年×月×日	施工单位	×××　　××年×月×日	建设（监理）单位	×××　　××年×月×日

表 5-9　　　　　　　　　　启闭机轨道安装单元工程质量评定表

单位工程名称	发电厂房工程	单元工程量	QU120，2×120m
分部工程名称	闸门及启闭机械安装	施工单位	××市第×工程局
单元工程名称、部位	桥式启闭机轨道安装	评定日期	××年×月×日

项次	项目	设计值(mm)	允许偏差（mm） 合格	允许偏差（mm） 优良	实测值（mm） 左	实测值（mm） 右	合格数(点)	合格率(%)
1	△轨道实际中心线对轨道设计中心线位置的偏移 L≤10m L>10m		2 3	1.5 2.5	+2.0～+3.0 共测 15 点（偏向上游侧）		15	100
2	△轨距 L≤10m L>10m	18000	±3 ±5	±2.5 ±4	17997.0～18002.0 共测 21 点		21	100
3	△轨道纵向直线度		1/1500 且全过程不超过 2 个	1/1500 且全过程不超过 2 个	0.5(m)～0.7(m) 共测 9 点 全程上游 8.0m，下游 9.0m		79	100
4	△同一断面上，两轨道高程相对差		8	8	7.8～8 共测 38 点 L/800=22.0		38	100
5	轨道接头左、右、上三面错位		1	1	0.5～0.8 共测 24 点		24	100
6	轨道接头间隙		1～3	1～2	2.0～4.0，共测 21 点		19	90.5
7	伸缩节接头间隙		+2 -1	±1	—	—	—

检验结果	主要项目共测 153 点，合格 153 点，合格率 100%
	一般项目共测 45 点，合格 43 点，合格率 95.6%

评 定 意 见	单元工程质量等级
主要项目全部符合质量标准。一般项目检验的实测点 95.6%符合质量标准，其余基本符合质量标准。优良项目占全部项目的 33.3%，其中主要项目优良率为 25%	合　格

测量人	××× ××年×月×日	施工单位	××× ××年×月×日	建设（监理）单位	××× ××年×月×日

表 5-10 门式启闭机安装单元工程质量评定表

单位工程名称		水闸工程	单元工程量		525t	
分部工程名称		闸门及启闭机安装	施工单位		××水利水电工程局	
单元工程名称、部位		门式启闭机安装	评定日期		××年×月×日	
项次	项 目		主要项目（个）		一般项目（个）	
			合格	优良	合格	优良
1	门腿安装		3	3	2	2
2	制动器安装		—	—	3	2
3	联轴器安装		—	—	5	5
4	门架和大车行走机构		4	2	3	2
5	小车行走机构		3	1	2	2
合 计			10	6	15	13
优良项目占全部项目的百分数（%）			76			
试 运 转			符合重量标准要求			
评 定 意 见			单元工程质量等级			
主要项目全部符合质量标准。一般项目检验的实测点86.7%符合质量标准，其余基本符合质量标准。优良项目占全部项目的76%，其中主要项目优良率为60%，试运转			合 格			
测量人	××× ××年×月×日	施工单位	××× ××年×月×日	建设（监理）单位	××× ××年×月×日	

表 5-11 油压启闭机安装单元工程质量评定表

单位工程名称		水闸工程	单元工程量		75.5t	
分部工程名称		闸门及启闭机安装	施工单位		××水利水电工程局	
单元工程名称、部位		油压启闭机安装	评定日期		××年×月×日	
项次	项 目		主要项目（个）		一般项目（个）	
			合格	优良	合格	优良
1	机架安装及活塞杆铅直度		3	3	2	1
2	钢梁与推力支座安装		3	3	1	1
3	油桶、储油箱管道安装		—	—	6	5
4	△启闭机试验和液压试验		符合质量标准要求			
合 计			6	6	9	7
优良项目占全部项目的百分数（%）			86.7			
评 定 意 见			单元工程质量等级			
主要项目全部符合质量标准。一般项目检验的实测点77.8%符合质量标准，其余基本符合质量标准。优良项目占全部项目的86.7%，其中主要项目全部优良，试运转			优 良			
测量人	××× ××年×月×日	施工单位	××× ××年×月×日	建设（监理）单位	××× ××年×月×日	

表 5-12　　　　　　　　　**活动式拦污栅安装单元工程质量评定表**

单位工程名称	水闸工程		单元工程量		5.3t	
分部工程名称	闸门及启闭机安装		施工单位		××水利水电工程局	
单元工程名称、部位	进水口拦污栅左3号		评定日期		××年×月×日	
项次	项　目		主要项目（个）		一般项目（个）	
			合格	优良	合格	优良
1	埋件安装		2	2	4	3
2	孔口部位各埋件间安装距离		—	—	5	3
3	栅体安装		3	3	—	—
合　计			5	5	9	6
优良项目占全部项目的百分数（％）			78.6			
评定意见			单元工程质量等级			
主要项目全部符合质量标准。一般项目检验的实测点66.7％符合质量标准，其余基本符合质量标准。优良项目占全部项目的78.6％，主要项目全部优良			优　良			
测量人	×××　　××年×月×日	施工单位	×××　　××年×月×日		建设（监理）单位	×××　　××年×月×日

第二节　水力机械辅助设备安装工程

一、机械设备安装工程分类

机械设备安装主要指水利水电工程中固定资产的全部机械设备的安装，包括水电站和泵站两个部分。水力机械辅助设备安装包括辅助设备和系统管路安装。

二、单元工程质量标准

1. 主要设备部分

（1）合格：主要检查项目全部符合要求，一般检查项目的实测点有90％及以上符合要求，其余虽有微小出入，但不影响使用。系统试验符合要求。

（2）优良：检查项目全部符合合格要求，并有50％及以上检查项目达到优良标准（其中主要项目必须达到优良标准）。

2. 机械辅助设备部分

（1）合格：每台设备的主要检查项目全部符合规定，一般检查项目的实测点有90％及以上符合规定，其余虽有微小超差，但不影响使用。经试运转符合要求。组成单元工程的各台设备全部合格。

（2）优良：每台设备的检查项目全部符合合格标准，并有50％及以上检查项目达到优良等级。组成单元工程的各台设备有50％及以上达到优良等级。

三、相关资料表格填写范例

各类设备的安装位置偏差应符合表5-13的要求。

（1）空气压缩机安装单元工程质量评定表式样见表5-14。

表 5 - 13 设备安装位置允许偏差

项 次	检查项目	允许偏差（mm）		检验方法
		合 格	优 良	
1	设备平面位置	±10	±5	用钢卷尺检查
2	高 程	+20 −10	+10 −5	用水准仪及吊锤、钢尺检查

表 5 - 14 空气压缩机安装单元工程质量评定表

工程单位名称		发电厂工程	单元工程量	一台（0.7MPa，100）（min）	
分部工程名称		水力机械辅助设备安装	施工单位	××市第×工程局	
单元工程名称、部位		2号低压气机安装12.55m，空压机室	检验日期	××年×月×日	
项次	检查项目		允许偏差（mm）	实测值	结论
			合格 / 优良		
1	设备平面位置		±10 / ±5	横向：3000＋4mm 纵向：1000＋5mm	优良
2	高程（设计 12.55m）		+20，−10 / +10，−5	12.548m	优良
3	△机身纵、横向水平度		0.10（m） / 0.08（m）	横向：0.07mm（m） 纵向：0.06mm（m）	优良
4	皮带轮端面垂直度		0.50（m） / 0.30（m）	0.03mm（m）	优良
5	两皮带轮端面在同一平面内		0.50 / 0.20	0.30mm	优良
6	无负荷试运 转（4～8h）	润滑油压	不低于0.1MPa	0.12MPa	
		曲轴箱油温	不超过60℃	55℃	
		运动部件振动	无较大振动	轻微振动	
		运动部件声音检查	声音正常	正常	
		各连接部件检查	应无松动	无松动	
7		渗 油	无	无	
		漏 气	无	无	
		漏 水	无	无	
		冷却水排水温度	不超过40℃	36℃	
		各级排气温度	符合设计规定小于60℃	58℃	
		各级排气压力	符合设计规定0.75MPa	0.65MPa	
		安全阀	压力正确，动作灵敏	压力正确，动作灵敏	
		各级自动控制装置	灵敏可靠	灵敏可靠	
检验结果		共检验7项，合格7项，其中优良6项，优良率85.7%			
评 定 意 见				单元工程质量等级	
每台设备主要检查项目全部符合规定。一般检查项目的实测点100%符合规定，其余虽有微小出入，但不影响使用，85.7%项目达到优良标准。组成单元工程的各台设备100%达到优良等级				优 良	
测量人	××× ××年×月×日	施工单位	××× ××年×月×日	建设（监理）单位	××× ××年×月×日

说明：使用范围：总装机容量大于25MW或单机容量不小于3MW的水电站。

（2）离心水泵安装单元工程质量评定表式样见表5-15。

（3）水力测量仪表安装单元工程质量评定表式样见表5-16。

表 5-15 离心水泵安装单元工程质量评定表

工程单位名称		发电厂工程		单元工程量	一台（$Q=50.4$m²/h，$H=25\sim35$m）
分部工程名称		水力机械辅助设备安装		施工单位	××市第×工程局
单元工程名称、部位		2号冷却水泵口12.55m供水泵房		检验日期	××年×月×日
项次	检查项目	允许偏差（mm）		实测值	结论
		合格	优良		
1	设备平面位置	±10	±5	横向：6800＋4mm 纵向：1700－3mm	优良
2	高程（15.05m）	＋20，－10	＋10，－5	15.05m	优良
3	泵体纵、横向水平度	0.10（m）	0.08（m）	横向：0.06mm（m） 纵向：0.07mm（m）	优良
4	△叶轮和密封环间隙	符合设计规定		厂内装配	—
5	多级泵叶轮轴向间	大于推力头轴向间隙		厂内装配	—
6	主、从动轴中心	0.10	0.08	0.07mm	优良
7	主、从动轴中心倾斜	0.20（m）	0.10（m）	0.17mm（m）	合格
8	水泵试运行转（在额定负荷下，试运转不小于2h）	填料函检查：压盖松紧适当，只有滴状泄漏		有滴状泄漏	优良
		转动部分检查：运转中无异常振动和响声，各连接部分不应松动和渗漏		运转中无异常振动和响声，各连接部分无松动和渗漏	
		轴承温度：滚动轴承不超过75℃		68℃	
		电动机电流：不超过额定值（$I=42.5$A）		40A	
		水泵压力和流量：符合设计规定（$Q=50.4$m³/h，$P=0.2$MPa）		$Q=50.4$m³/h，$P=0.19$MPa	
		水泵止退机构：动作灵活可靠		动作灵活可靠	
		水泵轴的径向振动：转速（r/min） 双向振幅（mm）；＞750～1000 ≤0.10；＞1000～1500 ≤0.08；＞1500～3000 ≤0.06		横向振幅：0.06mm 纵向振幅：0.07mm	
检验结果		共检验6项，合格6项，其中优良5项，优良率83.3%			
	评 定 意 见			单元工程质量等级	
	每台设备主要检查项目全部符合规定。一般检查项目的实测点100%符合规定，其余虽有微小出入，但不影响使用，83.3%项目达到优良标准。组成单元工程的各台设备100%达到优良等级			优 良	
测量人	××× ××年×月×日	施工单位	××× ××年×月×日	建设（监理）单位	××× ××年×月×日

表 5-16 水力测量仪表安装单元工程质量评定表

工程单位名称	发电厂工程		单元工程量	6 套
分部工程名称	2 号水轮发电机组安装		施工单位	××市第×工程局
单元工程名称、部位	水力测量仪表安装，交通走廊		检验日期	××年×月×日

项次	检查项目	允许偏差（mm）		实测值	结论
		合格	优良		
1	仪表设计位置	10	5	距墙边：设计 120，实测 115～121	优良
2	仪表盘设计位置	20	10	横向：800＋8，纵向：120－66 横向：3200＋8，纵向：1200－5	优良
3	仪表盘垂直度	3（m）	2（m）	1.5mm（m），1.7mm（m） 2.0mm（m），1.8mm（m） 1.8mm（m）	优良
4	仪表盘水平度	3（m）	2（m）	1.5mm（m），1.8mm（m） 1.5mm（m），2.0mm（m） 1.7mm（m）	优良
5	仪表盘高程（设计－3.90）	±5	±	－3.902m，－3.898m； －3.899m，－3.898m， －3.901	优良
6	取压管位置	±10	±5	横向：300＋5mm 纵向：3190＋2mm	优良

检验结果	共检验 6 项，合格 6 项，其中优良 6 项，优良率 100％	
评 定 意 见		单元工程质量等级
一般检查项目的实测点 100％符合规定，组成单元工程的各台设备 100％达到优良等级		优 良
测量人	××× 　　　　××年×月×日	施工单位	××× 　　　　××年×月×日	建设（监理）单位	××× 　　　　××年×月×日

四、质量评定

水力机械设备安装工程质量等级评定见表 5-17 和表 5-18。

表 5-17 单元（扩大单元）工程质量等级评定表

编号：

分部工程名称	水力机械辅助设备安装	单元工程名称	水泵安装	部位	
施工单位	××水电安装公司	工程量		开工日期	年 月 日

序号	项目名称	主要项目		一般项目	
		优良（个）	合格（个）	优良（个）	合格（个）
1					
2					
3					
4					
合计					

检 验 评 定 意 见		评 定 等 级	
甲方检查人		乙方检查人		施工单位 技术负责人

表 5 - 18　　　　　　　**分部工程质量等级评定表**　　　　　编号：

单位工程名称		分部工程名称		部　位	
施工单位		工程量		开工日期	

序号	单元工程名称	质量等级		备　注
		优良（个）	合格（个）	
1				
2				
3				
4				
合计				

单元工程共　　项　　　其中优良　　项　　　优良率　　%	
检　验　评　定　意　见	评　定　等　级

甲方代表		监理单位代表		乙方代表	

第三节　电气设备安装工程

一、电气设备安装工程分类

电气设备包括发电电气设备和升压变电电气设备。发电电气设备划分为发电电压设备、控制保护、监控系统、厂区用电等。升压变电电气可划分为主变压器、高压电气设备。一次拉线及其他设备等。

二、单元工程质量标准填写说明

（1）表头"单元工程名称、部位"，一般名称用本单位主要设备名称或再加上编号表示。部位指电气设备在电气结线图的位置，如1号主变压器安装、2B出线隔离开关安装等。

（2）表中加"△"的项目为主要检查项目。

（3）凡在"质量标准"栏中有"产品技术规定"、"产品技术要求"者，应注明具体要求（规定）。

（4）检查项目"结论"栏以"优良、合格"表示。

（5）操作试验，试运行和交接验收项目的"合格"、"优良"，对不同设备有不同要求，有要求的就要填写，详见各表填表说明和相关的规范。

三、相关资料表格范例

1. 油断路器安装

（1）以一组油断路器安装为一个单元工程。

（2）单元工程量填写本单元断路器全型号及台数。

20kV及以下油断路器安装单元工程质量评定表填写范例见表5-19。

2. 互感器安装

（1）以一组电流式电压互感器安装为一个单元工程。

表 5－19   **20kV 及以下油断路器安装单元工程质量评定表**

单位工程名称	发电厂房	单元工程量	SN3－10/3000，1 台
分部工程名称	电气一次设备安装	施工单位	××市第×工程局
单元工程名称、部位	IG 发电机油断器安装	检验日期	××年×月×日

项次	检查项目		质量标准（或允许偏差 mm）		检验记录	结论
			合格	优良		
1	一般规定		金属构架安装正确，牢固，质量符合要求。所有部件应齐全，无锈蚀，支持绝缘子活绝缘套瓷件应清洁，无裂纹、破损，瓷铁件黏合牢固。绝缘件应无变形和受潮		构架安装符合设计，所有部件齐全，无锈蚀，无损伤，瓷铁件黏合牢固，绝缘件无变形和受潮	优良
2	基础部分允许偏差		中心距及高度不大于±10，预留孔或预埋铁板中心线不大于±10，基础螺栓中心线不大于±2		$\Delta L_1 \leqslant +7$，$\Delta H \leqslant +5$ $\Delta L_2 \leqslant +8$，$\Delta L_3 \leqslant +2$	优良
3 箱体安装	3.1 外观检查		安装垂直，固定牢固，底座与基础之间的垫片不宜超过 3 片，总厚度应不大于 10，各垫片间焊接牢固		安装垂直，固定牢靠，垫片数不大于 2 片，已焊接牢固	优良
	△3.2 允许偏差同相各支柱中心线三相底座或油箱中心线		≤5 ≤5	≤2.5 ≤2.5	$\Delta A \leqslant 2$，$\Delta B \leqslant 2.5$， $\Delta C \leqslant 2$，$\Delta L_1 \leqslant 2$， $\Delta L_2 \leqslant 2.3$	
	3.3 油箱		内部清洁，无杂质，绝缘衬套干燥，无损伤，放油阀畅通。顶部及法兰等处衬垫完好，有弹性，密封良好，箱体焊缝无渗油，油漆完整		内部清洁，衬套干燥，无损伤，放油阀畅通，衬垫完好，无渗油，油漆完好	
4	△灭弧室检查		部件应完整，绝缘件应干燥，无变形，安装位置应准确		无变形，绝缘件干燥，安装正确	优良
5	提升杆及导向板检查		无弯曲及裂纹，绝缘漆层完好，绝缘电阻符合产品要求（出厂：$R \geqslant 1300 M\Omega$）		无变形 $R_A = 1200 M\Omega$ 漆层完好 $R_B = 1250 M\Omega$ $R_C = 1200 M\Omega$	优良
6△导电部分检查	6.1 触头		表面清洁，镀银部分不得挫磨，铜钨合金不得有裂纹或脱焊。动静触头应对准，分合闸过程无卡阻，合闸后触头线接触，用厚 0.05mm×10mm 塞尺检查，应塞不进去		表面清洁，无挫磨，无裂纹，分合过程无卡阻现象，线接触时，用 0.05mm 塞尺塞不进去	优良
	6.2 横杆，导电杆		无裂纹，导电杆应平直，端部光滑平整		无裂纹，平直，端部光滑	
	6.3 编织铜线或软铜片		应无断裂，铜片间无锈蚀，固定螺栓齐全，紧固		无损伤，无锈蚀，紧固	
7 缓冲器	7.1 动作		固定牢固，动作灵活，无卡阻回跳现象		灵活，无回跳现象	
	7.2 油质，油位		油质应符合产品要求，油标、油位正确		油质报告，显示符合要求，油位正确	
	7.3 行程		应符合产品技术规定（5mm）		5mm	
8	8.1 部位		应清洁平整，无毛刺或锈蚀，连接螺栓紧固		清洁平整，无锈蚀，紧固	优良
	8.2 接触面：线接触		<0.05		三相：0.05mm 塞尺塞不进	
	8.3 接触面：面接触 接触面宽度不大于 50mm 接触面宽度不小于 60mm		塞尺塞入深度 <4 <6	塞尺塞入深度 <2 <3	1 2	

续表

单位工程名称		发电厂房		单元工程量		SN3-10/3000，1台
分部工程名称		电气一次设备安装		施工单位		××市第×工程局
单元工程名称、部位		IG发电机油断器安装		检验日期		××年×月×日

项次	检查项目	质量标准（或允许偏差 mm）		检验记录	结论
		合 格	优 良		
9 操作机构和传动装置安装	9.1 部件	齐全完整，连接牢固，各锁片、防松螺母均应拧紧，开口销张开		齐全、坚固，开口销张开	
	9.2 分合闸线圈	绝缘完好，铁芯动作应灵活，无卡阻		绝缘完好，铁芯动作无卡阻	
	△9.3 合闸接触器和辅助开关	动作应准确可靠，接点接触良好，无烧损或锈蚀		动作可靠，接点接触良好，无锈蚀	
	△9.4 操作机构调整	应满足动作要求，检查活动部件与固定部件的间隙、移动距离、转动角度等均应在产品允许的误差范围内		均已调整在厂家允许误差范围内	
	△9.5 联动动作检查	应正常，无卡阻现象，分合闸位置指标器指示正确		联动正常，无卡阻现象，分合指示正确	
10	排气装置的安装	应符合 GBJ 147—1990 第 3.2.8 条要求		内部清洁，有罩盖、排气不影响附近设备	优良
11	油标油位指标器检查	指示正确，无渗油		指示正确，无渗油现象	优良
12	接地部位检查	接触牢固、可靠		牢固、可靠	优良
13	△测量每相导电回路电阻	应符合产品的技术要求（出厂：58μΩ，56μΩ，K56μΩ）		58μΩ，55μΩ，K55μΩ	优良
14	测量断路器分合闸状态时的绝缘电阻	绝缘电阻值大于1200MΩ		1800MΩ	优良
15	测量二次回路绝缘电阻	绝缘电阻值大于等于1MΩ		2.0MΩ	优良
16	测量分合闸线圈的直流电阻及绝缘电阻	绝缘电阻值大于10MΩ，直流电阻值应符合产品技术要求，直流电阻出厂值：合闸线圈 2.76Ω，分闸线圈89.5Ω		直流电阻：合闸线圈 2.8Ω，分闸线圈90Ω，绝缘电阻：14MΩ	优良
17	△交流耐压试验	试验标准见 GB 50150—2006，耐压试验应通过		合闸时，27kV，耐压1min无异常	优良
18	△测量分合闸时间	均应符合产品技术规定（合闸：0.5s；分闸：0.14s）		合闸时：0.49s；分闸：0.13s	优良
19	测量分合闸速度	应符合产品技术规定（合闸最大 1.5m/s，分闸最大 3m/s）		刚合闸时：1.3m/s；刚分闸：2m/s；最大合：1.5m/s；最大分：3m/s	优良
20	测量分合闸同时性	符合产品技术要求（≤4ms）		<3ms	优良
21	绝缘油试验	应符合 GB 50150—2006 有关规定		试验报告，满足要求，耐压 35kV	优良
22	检查操作机构最低动作电压	分闸电磁铁：$30\%U_n<U<65\%U_n$ 合闸接触器：$(85\%\sim110\%)\ U_a$		分闸：131V，合闸：205V	优良
23	操作试验	在额定操作电压下进行分合闸操作各 3 次。断路器动作正常		DC 220V 时，分合闸 3 次，动作正常	优良
检验结果		共检验23项，其中合格23项，优良23项，优良率100%			
评 定 意 见				单元工程质量等级	
主要检查项目全部符合质量标准，一般检查项目符合质量标准。试验结果优良				优 良	

测量人	××× ××年×月×日	施工单位	××× ××年×月×日	建设（监理）单位	××× ××年×月×日

（2）单元工程量填写全型号及组数。

20kV 及以下互感器安装单元工程质量评定表填写范例见表 5－20。

表 5－20　　　　　　　　20kV 及以下互感器安装单元工程质量评定表

单位工程名称		发电厂房	单元工程量		JDJ—10 电压互感器 1 组	
分部工程名称		电气一次设备安装	施工单位		××市第×工程局	
单元工程名称、部位		10kV 母线电压互感器安装	检验日期		××年×月×日	
项次	检查项目		质量标准	检验记录		结论
1 外观检查	1.1 外观		清洁、完整，外壳无渗漏现象。法兰无裂纹或损伤，穿心导电杆固定牢固	无渗漏，无裂纹，固定牢固，局部不够清洁		优良
	1.2 瓷套管		无裂纹或损伤，与上盖间的胶合应牢固	无裂纹，胶合牢固		优良
	1.3 接地		牢固，可靠	牢固，可靠		优良
2 安装质量检查	2.1 本体安装		放置稳固。垂直固定牢固，同一组的中心应在同一平面上，间隙一致	同一组中心基本在一平面上，牢固，垂直，间隙一致		优良
	2.2 二次引线端子		接线正确，连接牢固，绝缘良好，标志正确	接线正确，绝缘良好		优良
3	3.1 一次绕组		不作规定	500MΩ		优良
	3.2 二次绕组		√电压互感大于 5MΩ 电流互感器大于 10MΩ	300MΩ		优良
4	△交流耐压试验		一次绕组试验电压标准见 GB 50150—2006 附录 1	一次绕组相对地 27kV，二次绕组对地 2kV 交流耐压 1min 无异常		优良
5	测量电流互感器的励磁特性曲线		同型号互感器特性曲线相互比较，应无显著差别	—		—
6	测量电压互感器一次线圈直流电阻		与厂家实测数值比较，应无显著差别（出厂值：A：3.09kΩ，B：3.08kΩ，C：3.1kΩ）	A：3.08kΩ，B：3.07kΩ，C：3.09		优良
7	测量 1000V 以上的电压互感器空载电流		空载电流值不作规定，与出厂值相比应无明显差别（出厂值：a－x：0.095A，b－x：0.091A，c－x：0.095A）	a－x　0.095A b－x　0.090A c－x　0.096A		优良
8	电压互感器绝缘油试验		符合 GB 50150—2006 要求	—		—
9	△检查三相互感器接线组别和单相互感器的极性		必须与铭牌及外壳上的符号相符	组别与铭牌相符，极性与设计相符		优良
10	检查变化		应与铭牌值相符	与设计一致		优良
检验结果		共检验 8 项，合格 8 项，其中优良 6 项，优良率 75.5%				
评 定 意 见				单元工程质量等级		
主要检查项目全部符合质量标准，一般检查项目符合质量标准				合　格		
测量人	××× ××年×月×日		施工单位	××× ××年×月×日	建设（监理）单位	××× ××年×月×日

3. 电缆线路安装

（1）控制电缆以同一控制保证系统的控制电缆总数为一个单元工程；35kV 及以下电力电缆以同一电压等级电缆总数为一个单元工程。

（2）单元工程量填写单元安装电缆长度。

35kV 及以下电缆线路安装单元工程质量评定表填写范例见表 5-21。

表 5-21　　　　　　　　35kV 及以下电缆线路安装单元工程质量评定表

单位工程名称		发电厂房	单元工程量		电力电缆 2.5km
分部工程名称		电气一次设备安装	施工单位		××市第×工程局
单位工程名称、部位		10kV 电力电缆安装	检验日期		××年×月×日
项次	检查项目		质量标准	检验记录	结论
1	一般规定		电缆附件齐全，符合国家标准规定，电缆隐蔽工程应有验收签证，电缆防火设施安装应符合设计规定	附件齐全，有验收签证，按设计要求涂有防火材料	优良
2	电缆支架安装		平整牢固，排列整齐、均匀，成排安装的支架高度应一致，允许偏差小于等于±5mm。支架与电缆或建筑物的坡度应相同。托架的制作安装应符合设计要求。支架应涂刷防腐漆和油漆，漆层完好。按规定可靠接地	牢固，排列整齐，高度基本一致，$\Delta h \leqslant +4mm$，支架油漆完好，接地可靠	合格
3	电缆管加工及敷设	加工弯制	每根电缆管弯头小于等于 3 个，直角弯头不大于 2 个，管的弯曲半径应不小于所穿电缆的最小允许弯曲半径。管子弯制后无裂纹，弯扁程度不大于管子外径的 10%。管口平齐呈喇叭形，无毛刺	每根电缆管弯头小于等于 3，弯曲半径符合要求，管口无毛刺	合格
		敷设与连接	安装牢固、整齐，裸露的金属管应刷防腐漆。连接紧密，出入地沟、隧道、建筑物的管口应密封。管道内清洁无杂物	安装整齐，牢固，密封良好，管内无杂物	
4	控制敷设安装	敷设前的检查	电缆无扭曲变形，外表无损伤。绝缘层无损伤，铠层无松散。电缆绝缘电阻应符合 GB 50150—2006 的要求	—	—
		电缆的敷设	数量、位置与电缆统计书、图纸相符，厂房内、隧道、沟道内敷设、排列顺序应符合 GB 50168—2006 规定。电缆排列整齐。△最小弯曲半径大于等于 10 倍电缆外径。标志牌齐全、清晰、正确	—	
		电缆的固定	垂直敷设（或超过 45°倾斜敷设）应在每个支架上固定，水平敷设时在电缆首末端及转弯处固定，各固定支持点间的距离符合设计规定	—	
5	电力电缆敷设安装的其他要求	敷设	明敷电缆应剥除麻护层，并列敷设的电缆相互间净距符合设计要求，并联运行的电力电缆其长度相等	麻护片已剥除，净距符合设计	优良
		△电缆头制作	电缆终端头和接头的制作符合规范要求	制作符合规范要求	
		△电气试验	绝缘电阻：绝缘良好，达到敷设前要求。直流耐压试验无异常、试验过程中泄露电流应稳定无异常	绝缘良好，直流耐压无异常，泄露电流成线性，见试验记录	
检验结果		共检验 4 项，合格 4 项，其中优良 2 项，优良率 50.0%			
	评定意见				单元工程质量等级
主要检查项目全部符合质量标准，一般检查项目基本符合质量标准，试验结果达到规范规定					合　格
测量人	×××　　　　　　×× 年×月×日		施工单位	×××　　　　　　×× 年×月×日	建设（监理）单位　×××　　　　××年×月×日

4. 铅蓄电池安装

（1）以一组蓄电池为一个单元工程。

（2）单元工程量填写本单元电池安装个数。

铅蓄电池安装单元工程质量评定表填写范例见表 5-22。

表 5-22　　　　　　　　　铅蓄电池安装单元工程质量评定表

单位工程名称		发电厂房	单元工程量		1 组 115 个
分部工程名称		电气二次设备安装	施工单位		××市第×工程局
单元工程名称、部位		铅酸蓄电池组安装	检验日期		××年×月×日
项次	检查项目	质量标准	检验记录		结论
1 母线及台架安装	1.1 硬母线安装	质量应符合硬母线安装要求	安装正确，基本符合要求		合格
	1.2 母线	支持点间距小于 2m，与建筑物或接地部分之间距离大于 50m。平直、排列整齐、弯曲度一致。全长、金属支架、绝缘子铁脚均应涂刷耐酸相色漆，相色正确。与绝缘固定用的绑线，铜母线截面应大于 2.5mm²，铁线截面应大于 3mm²，绑扎应牢固，并涂耐酸漆，与电池连接的端头应搪锡且连接紧固	支持点间距 1500mm，与接地部分距离 60mm 涂耐酸色漆，钢线截面大于等于 6，绑扎牢固并涂耐酸漆，端头搪锡		
	1.3 引出线	应有正负极性标志，电缆穿管口（或洞口）应有耐酸材料密封	正极红色，负极黑色，管口用耐酸材料密封		
	1.4 穿墙接线板	应为耐酸、非可燃又不吸潮的绝缘材料，接线板与固定框架之间及固定螺栓处应旋转耐酸密封	绝缘材料，固定螺栓，密封垫等均为耐酸材料		
	1.5 开口式蓄电池木台架	应涂刷耐酸漆，台架之间不得用金属连接固定，台架安装平稳，台架与地面之间应有绝缘垫绝缘	涂有耐酸漆，无金属连接，台架与地面有绝缘垫		
2	安装前外观检查	部件齐全、无损伤，密封良好，极板平直，无受潮及剥落，接线柱无变形，极性正确	部件齐全、无损伤，密封良好，极板平直，无受潮，极性正确		优良
3	蓄电池安装	安装平稳，排列整齐，池槽高低一致，间距符合要求。接线正确，螺栓紧固，极板规格数量符合产品的技术要求，极板焊接牢固，池槽编号应清晰、正确	平稳、整齐、高低一致，接线正确，焊接部位牢固，编号清晰、正确		优良
4	电解液配制与灌注	符合产品技术规定	用蓄电池硫酸有合格证，配制符合规定		优良
5	蓄电池充电	符合产品技术规定	恒流、均定、不过充，充电容量达到产品技术要求		优良
6	△蓄电池的首次放电	按产品规定进行，不应"过放"，放电终了应符合规定	未放过，符合"优良"要求		优良
7	绝缘电阻测量	符合产品技术规定（大于 0.5MΩ）	1MΩ		优良
8	蓄电池切换器的安装	应符合 GB 50172—1992 规定	底板绝缘良好，灵活可靠，开关动作可靠，指示正确		优良
检验结果		共检验 8 项，合格 8 项，其中优良 7 项，优良率 87.5%			
评 定 意 见				单元工程质量等级	
主要检查项目全部符合质量标准，一般检查项目符合质量标准				合 格	
测量人	×××　　××年×月×日	施工单位	×××　　××年×月×日	建设（监理）单位	×××　　××年×月×日

注　适用范围：电压大于等于 48V，且容量大于 100Ah 者。

5. 主变压器安装单元

(1) 以一台变压器安装为一个单元工程。

(2) 单元工程量填写本单元工程主变全型号及台数。

主变压器安装单元工程质量评定表填写范例见表 5－23。

表 5 - 23　　　　　　　　　　　主变压器安装单元工程质量评定表

单位工程名称		发电厂房	单元工程量		SF8—20000/121，1 台	
分部工程名称		主变压器安装	施工单位		××市第×工程局	
单元工程名称、部位		2 号变压器安装	检验日期		××年×月×日	
项次	检查项目	质量标准		检验记录		结论
1	一般规定	油箱及所有的附件应齐全，无锈蚀或机械损伤，无渗漏现象。各连接部位螺栓应齐全，紧固良好。套管表面无裂缝、伤痕，充油套管无渗油现象，油位指示正常		附件齐全。无损伤。无渗漏，连接固定良好，油位指示正确		优良
2 器身检查	△2.1 铁芯	应无变形和多点接地。铁轭与夹件，夹件与螺杆等处的绝缘应完好，连接部位应紧固		铁芯无变形和多点接地，绝缘完好，连接坚固		优良
	2.2 线圈	绝缘层应完好无损，各组线圈排列应整齐，间隙均匀，油路畅通。压钉应紧固，绝缘良好，防松螺母锁紧		绝缘良好。排列整齐间隙均匀，油路通畅，连接坚固		
	2.3 引出线	△绝缘包扎坚固，无破损、拧扭现象。固定牢固。绝缘距离符合设计要求。引出线裸露部分应元毛刺或尖角，焊接良好。△引出线与套臂的连接应正确，连接牢固		包扎坚固，绝缘距离符合设计要求，裸露部分无毛刺，焊接良好，与套管接线正确，牢固		
	2.4 电压切换装置	△无激磁电压切换装置备份接点与线圈的连接应紧固正确，接点接触紧密，转动部位应转动灵活，密封良好，指示器指示正确。有载调压装置的各开关接点接触良好。分接线连接牢固，正确，切换部分密封良好		连接坚固正确，接点接触紧密良好，转动部位灵活密封良好，指示正确		
	2.5 箱体	△各部位无油泥、金属屑等杂物。有绝缘围屏者，其围屏应绑扎牢		无油泥、金属屑等杂物		
3	变压器干燥的检查	检查干燥记录，应符合 GBJ 148—1990 第 2.5.1～2.5.5 条有关要求		检查干燥记录，符合规范要求		
4 本体及附件安装	4.1 轨道检查	两轨道间距距离允许误差应小于 2mm，轨道对设计标高允许误差应小于±2mm，轨道连接处水平允许误差应小于 1mm		距离误差：2mm，高程误差：－1mm，水平误差：0.50mm		优良
	4.2 本体就位	轮距与轨距中心应对正，滚轮应加制动装置且该装置应固定牢固。装有气体继电器的箱体顶盖应有 1%～1.5%的升高坡度		中心对正，滚轮能拆卸，制动装置固定，箱体顶盖沿电气体继电器气流方向，升高坡度为 1.2%		
	△4.3 冷却装置	安装前应进行密封试验无渗漏。与变压器本体及其他部位的连接密封良好，管路阀门操作灵活，开闭位置正确。油泵运转正常。风扇电动机及叶片应安装牢同、转动灵活、运转正常、无振动或过热现象。冷却装置安装完毕，试运行正常，联动正确		试验检查无渗漏，连接牢固，密封良好，阀门操作灵活，油泵运转正常，风扇电动机良好，冷却装置试运动正常，联动正确		

续表

单位工程名称		发电厂房	单元工程量	SF8—20000/121，1 台	
分部工程名称		主变压器安装	施工单位	××市第×工程局	
单元工程名称、部位		2 号变压器安装	检验日期	××年×月×日	
项次	检查项目	质量标准		检验记录	结论
4 本体及附件安装	4.4 有载调压装置的安装	△传动机构应固定牢固，操作灵活无卡阻。切换开关的触头及其连线应完整，接触良好。限流电阻完整无断裂。△切换装置的工作顺序及切换时间应符合产品技术要求，机械联锁与电气联锁动作正确。△位置指示器动作正常。指示正确。油箱应密封良好，油的电气绝缘强度应符合产品技术要求。电气试验符合"标准6"要求		传动机构牢固，操作灵活，切换开关连接完整、接触良好，限流电阻完整，切换装置符合产品技术要求，联锁动作正确，油箱密封良好，油的电气试验符合标准	优良
	4.5 储油柜及吸潮器安装	储油柜应清洁干净，固定牢固。△油位表应动作灵活，指示正确。吸潮器与储油柜的连接管应密封良好，吸潮应干燥		清洁、牢固，油位表动作灵活，油位指示正确，连接管密封良好，吸潮剂干燥	
	△4.6 套管的安装	套管表面无裂纹、伤痕，套管应试验合格，各连接部位接触紧密，密封良好。充油套管不渗漏油，油位正常		套管试验合格，密封良好无渗漏，油位正常	
	4.7 升高座的安装	安装正确，边相倾斜角应符合制造要求。与电流互感器中心一致。绝缘筒应安装牢固位置正确		安装正确，中心一致，绝缘筒安装牢固，正确	
	4.8 气体断电器的安装	安装前应检验整定。安装水平，接线正确。与连通管的连接应密封良好		安装水平，接线正确，与管连接密封良好	
	4.9 安全气道的安装	内壁清洁干燥，隔膜的安装位置及油流方向正确		清洁干燥，安装正确	
	4.10 测温装置的安装	温度计应经校验，整定值符合要求，指示正确		温度计整定值符合要求，指示正确	
	4.11 保护装置的安装	配备应符合设计要求，各保护应经校验，整定值符合要求。操作及联动试验过程中保护装置应动作正常		联动试验动作正常，整定值符合要求	
5	△变压器油	应符合 GB 50150—2006 的要求		（1）在冲击合闸前和运行24h 后的油中气体色谱分析两次测得的氢、乙炔、总烃总含量无差别； （2）油中微水含量为 10ppm； （3）$\tan\delta = 0.24$（90℃）； （4）击穿电压 56kV	优良
6	变压器与母线或电缆的连接	应符合 GBJ 149—1990 第 2.1.8 条、第2.2.2 条、第 2.3.2 条的有关规定		采用铜铝过渡板，铜端搪锡，接连紧固，符合规范要求	优良
7	各接地部位	应牢固可靠，并按规定涂漆。接地引下线及引下线与主接地网的连接应满足设计要求（铁芯 1 点，外壳 2 点）		接地可靠、涂漆标志明显。连接满足设计要求	优良

续表

单位工程名称	发电厂房	单元工程量	SF8—20000/121，1 台		
分部工程名称	主变压器安装	施工单位	××市第×工程局		
单元工程名称、部位	2 号变压器安装	检验日期	××年×月×日		
项次	检查项目	质量标准	检验记录		结论
8	△变压器整体密封检查	符合 GB 50150—2006 的要求	静压 0.03MPa，24h 无渗漏，无损伤		优良
9	测量绕组连同套管一起的直流电阻	相间相互差别不大于 2%	低压 高压 1 2 3 4 5 ab 0.0213A0 1.871，1.819，1.778，1.781，1.191 bc 0.02009B0 1.875，1.831，1778，1.739，1.695 ca 0.0215C0 1.871，1831，1.782，1.739，1.696		优良
10	检查分接头的变压比	额定分接头变压比允许偏差为±0.5%，其他分接头与铭牌数据相比应无明显差别，且应符合变压比规律	实测误差 1 2 3 4 5 AB/ab 0.23，0.18，0.16，0.16，0.13 BC/bc 0.24，0.18，0.17，0.15，0.12 CA/ca 0.24，0.21，0.18，0.15，0.14		优良
11	△检查三相变压器的接线组别和单相变压器的极性	应与铭牌及顶盖上的符号相符（YN，d11）	用电压比电桥测定接线组别为 YN，d11		优良
12	测量绕组连同套管一起的绝缘电阻和吸收比	符合 GB 50150—2006 的要求（绝缘电阻不低于出厂值的 70%，吸收比大于等于 1.3）	20℃ 高—低 地：5000/28000＝1.78 低—高地：3700/1500＝2.47 高低—地：3700/2300＝1.61 符合要求		优良
13	△测量绕组连同套管一起的正切值 tanδ	符合 GB 50150—2006（不大于出厂值的 130%）	高—低地，tanδ%＝0.4 低—高地，tanδ%＝0.5 高低—地，tanδ%＝0.7 与出厂值相同		优良
14	测量绕组连同套管直流泄漏电流	GB 50150—2006 符合要求（20℃ 时，110kV，<50μA，30℃ 时，<74μA）	见试验报告，26℃时，低—高地：7μA，高—低地：9μA，高低—地：10μA		优良
15	工频耐压试验	试验电压标准见 GB 50150—2006，试验中应无异常	高—低地，免做，低—高地，35kV，60s 无异常		优良
16	与铁芯的各紧固件及铁芯引出套管与外壳的绝缘电阻测量	用 2500V 兆欧表测量，时间 1min，无闪络及击穿现象	2500V 兆欧表测量时间 1min，无闪络及击穿现象		优良

续表

单位工程名称	发电厂房	单元工程量	SF8—20000/121，1台		
分部工程名称	主变压器安装	施工单位	××市第×工程局		
单元工程名称、部位	2号变压器安装	检验日期	××年×月×日		
项次	检查项目	质量标准	检验记录		结论
17	非纯瓷套管试验	符合 GB 50150—2006 第15.0.3条的有关规定	绝缘电阻 1600 ～ 4000MΩ，$\tan\delta\% = 0.5 \sim 0.65$（20℃），电容值与出厂比较，最大差值＋8％		优良
18	18.1 测量限流元件的电阻	与产品出厂值比较应无显著差别 与出厂测量值一致	与出厂测量值一致		优良
	18.2 检查开关动、静触头动作顺序	应符合产品技术要求	有载调压开关动、静触头动作顺序正确		
	18.3 检查切换装置的切换过程	全部切换过程，应无开路现象	全部切换过程均无开路现象		
	18.4 检查切换装置的调压情况	电压变化范围和规律与产品出厂数据相比，应无显著差别	电压变化范围和规律与出厂数据基本一致		
19	△相位检查	必须与电网相位一致	与电网相位一致		优良
20	额定电压下的冲击合闸试验	试验5次，应无异常现象	试验5次，无异常		优良
检验结果		共检验19项，合格19项，其中优良19项，优良率100％			
	评　定　意　见			单元工程质量等级	
主要检查项目全部符合质量标准。一般检查项目符合质量标准。启动试运行达到优良标准				优　良	
测量人	××× ××年×月×日	施工单位	××× ××年×月×日	建设（监理）单位	××× ××年×月×日

说明：适用范围：额定电压小于等于330kV，额定容量大于等于6300kVA 的油浸式变压器安装。

6. 隔离开关安装

（1）以一组隔离开关为一个单元工程。

（2）单元工程量填写本单元隔离开关型号和组数。

隔离开关安装单元工程质量评定表填写范例见表5－24。

7. 厂区馈电线路安装

（1）以同一电压等级的线路、安装为一个单元工程。

（2）单元工程量填写本单元线路安装量（km）。

厂区馈电线路安装单元工程质量评定表填写范例见表5－25。

表 5 - 24　　　　　　　　　　隔离开关安装单元工程质量评定表

单位工程名称	升压变电站	单元工程量	GW4—110，组
分部工程名称	其他电气设备安装	施工单位	××市第×工程局
单元工程名称、部位	2B 出线隔离开关安装	检验日期	××年×月×日

项次	检查项目	质量标准	检验记录	结论
1	外观检查	所有部件、附件齐全无伤损、变形及锈蚀，瓷件应无裂纹及破损。固定部分安装正确，固定牢固。操动机构部件齐全，连接紧固动作灵活。液压操作机构部件齐全，连接紧固动作灵活。液压操作机构油位正常，无渗漏油。气压操作机构密封应良好，无漏气现象	安装正确，连接紧固、动作灵活。液压机构油位正常，无渗漏，气压机构密封良好	合格
2	开关组装	相间距离允许误差：110kV 及以下应小于±10mm，110kV 以上开关应小于等于±20。支持绝缘子与底座平面应垂直且固定牢固。同一绝缘子支柱的各绝缘子中心线应在同一垂直面内。均压环应安装牢固平整	开关相间误差 A→B＋5mm，B→C＋5mm，绝缘子支柱中心线垂直	优良
3	△导电部分检查	触头应接触紧密，两侧压力均匀。接触表面应平整，无氧化膜。触头及开关与母线的接触面用厚 0.05mm×10mm 塞尺检查：线接触塞不进。面接触：接触面宽度在 60mm 以上，塞入深度小于 6mm。三相触头接触的前后差值应符合产品技术规定（小于等于 10mm）。开关与母线的连接应符合"标准 6"的要求	接头接触紧密，触头表面平整、无氧化膜。触头与母线接触面塞尺塞入深度 3mm。三相触头接触前后差值为 6mm，与母线连接符合"标准 6"要求	优良
4	操动机构及传动装置检查	应符合 GBJ 147—1990 第 8.2.4、第 8.2.5 条的有关规定	安装正确，操作灵活，基本符合规范规定	合格
5	接　地	应牢固，可靠	牢固，可靠	优良
6	△交流耐压试验	试验电压标准见 GB 50150—2006，试验中应无异常	265kV，耐压 1min 无异常详见试验记录	优良
7	测量操动机构线圈的最低动作电压	符合 GB 50150—2006 规定，其电压值为 80%～110%U_a	合闸 191V，分闸 173V	优良
8	开关动作情况检查	在额定操作电压（气压、液压）下进行分合闸操作 3 次，动作正常	分合闸操作 3 次，动作正常	优良

检验结果	共检验 8 项，合格 8 项，其中优良 7 项，优良率 87.5%

评　定　意　见	单元工程质量等级
主要检查项目全部符合质量标准，一般检查项目基本符合质量标准。试验结果优良	合　格

测量人	××× ××年×月×日	施工单位	××× ××年×月×日	建设（监理）单位	××× ××年×月×日

注　适用范围：额定电压 35～330kV 户外者。

表 5 - 25   厂区馈电线路安装单元工程质量评定表

单位工程名称		升压变电站	单元工程量		LGJ—70.2km
分部工程名称		其他电气设备安装	施工单位		××市第×工程局
单元工程名称、部位		厂房至坝区 10kV 线路	检验日期		××年×月×日
项次	检查项目	质量标准	检验记录		结论
1	一般规定	线路所用导线、金属、瓷件等器材的规格、型号应符合设计要求，并具有产品合格证。外观检查符合规范的有关规定。电杆基坑的施工及埋设深度应符合设计图纸和规范的有关规定	导线和所有金具均符合设计，具有合格证，基坑施工及埋设深度均符合设计要求		优良
2	△电杆组立	符合 GB 50173—1992 第 4 章的规定	预应力杆、组合符合标准		优良
3	△拉线安装	符合 GB 50173—1992 第 5 章的规定	位置及角度正确，符合标准		优良
4	导线架设	符合 GB 50173—1992 第 6 章的规定	LGJ - 70 符合设计，架设符合规范		优良
5	电杆上电器设备的安装	符合 GB 50173—1992 第 7 章的有关规定	符合标准		优良
6	绝缘电阻测量	绝缘子的绝缘电阻符合 GB 50150—2006 的有关规定（单个不小于 300MΩ）	单个测量，均不小于 400MΩ 见试验记录		优良
7	检查相位	各相两端的相位应一致	相位一致		优良
8	△冲击合闸试验	在额定电压下，对空载线路冲击合闸 3 次无异常	10kV，冲击 3 次无异常		优良
9	测量杆塔的接地电阻	接地电阻值应符合设计规定（<3Ω）	2.18～2.78Ω		优良
检验结果		共检验 9 项，合格 9 项，其中优良 9 项，优良率 87.5%			
	评 定 意 见		单元工程质量等级		
主要检查项目全部符合质量标准，一般检查项目基本符合质量标准。交接验收过程中各验收项目规范要求，其技术参数达到设计规定			优 良		
测量人	××× ××年×月×日	施工单位	××× ××年×月×日	建设（监理）单位	××× ××年×月×日

注   适用范围为额定电压 0.4～35kV。

本 章 思 考 题

1. 金属结构及启闭机安装工程质量等级评定资料如何填写？

2. 电气设备安装工程质量等级评定资料如何填写？

第六章　水利水电工艺设备材料资料整编

学习目标：了解机械设备购置程序；熟悉设备材料到货验收的内容；掌握水泥、砂石、钢筋、钢材检测试验项目；掌握工艺设备材料文件资料的归档范围与保管期限。

第一节　工艺设备资料

一、编制机械使用计划表

水利水电工程项目部应根据施工进展情况及中标的工程机械总体使用计划，编制季（月）度机械使用计划表，避免机械使用过程中的混乱。中标工程机械总体使用计划表式样见表 6-1。

表 6-1　　　　　　　　　　　中标工程机械总体使用计划表

工程名称	×××工程	所在省市	×省×市	总工作量	
工　期			工程内容		
序　号	机械名称	规　格	计划使用日期	来　源	计划台数

季（月）度机械使用计划表见 6-2。

表 6-2　　　　　　　　　　　季（月）度机械使用计划表

序号	机械名称	规格	施工计划			需要数量（台）				调配（台）			备注
			作业名称	数量	计划台班	季均需要量	月	月	月	现有	调入	调出	
1	甲	乙											
2													
3													

二、机械设备的购置

机械设备选型的主要依据使用范围、技术条件、技术装备、机型与单机价格等。

如果由承包人购置施工机械，应提交设备采购计划申报表（表 6-3）。经监理机构审核，然后填写机械设备购置申请表，监理机构审核批准后方可按申报计划进行机械设备采购。机械设备购置申请表式样见表6-4。

表6-3

设备采购计划申报表

（承包〔 〕设采 号）

合同名称：   合同编号：

承包人：

致：（监理机构）
根据合同约定和工程建设需要，我方将按下表进行工程设备采购，请审核。

序号	名称	品牌	规格/型号	厂家/产地	数量	拟采购日期/计划进场日期	备注

承包人（全称及盖章）：	监理机构将另行签发审批意见。
项目经理（签名）：	监理机构（全称及盖章）：
日期： 年 月 日	签收人（签名）：
	日期： 年 月 日

表6-4

机械设备购置申请表

序号	机械名称	规格	厂家	数量	单价	使用项目	备注
1	推土机						
2	夯实机						
3	搅拌机						
4	起重机						

三、到货验收

　　机械管理人员和设备购置部门的人员同时参加到货验收，依据合同发票和运单检查样品、规格、数量是否相符。如有问题及时向承运单位及厂家提出质问、索赔或拒付货款或运费。

　　（1）数量验收。由接运部门会同国家商检部门开箱验收，确认是否符合合同规定的数量和要求。

　　（2）质量验收请国外生产厂家派人参加验收，调试合格后签字确认。引进设备的试验及机械本身性能的试验，除运转检查外，主要技术数据要通过仪器、仪表检测。测定各种数据，是否满足合同及规范要求。

　　验收结束后填写固定资产验收单。

　　设备开箱检验记录和固定资产验收单式样见表6-5和表6-6。

表 6－5 设备开箱检验记录表

设备名称	×××	规格型号	×××	总数量	×××
装箱单号		检验数量		检查日期	

检验记录	包装情况					
	随机文件					
	备件与附件					
	外观情况					
	测试情况					

检验结果	缺损附备件明细表					
	序 号	名 称	规 格	单 位	数 量	备 注

结论：

签字栏	建设（监理）单位	施工单位	供货单位

说明：本表由施工单位填写并保存。

表 6－6 固 定 资 产 验 收 单

资产类别：　　　　　　　　　　　　　　　　　　　　　　　　验收单号：

___资产编号：　　　　　　　　　　　　　　　　　　　　　　验收日期：　　年　月　日

资产名称		型号规格		生产厂家		出厂日期		出厂号码		新旧程度		来源	
设备组成	动力	主		厂牌		型号		规格		号码		出厂年月	
		副		厂牌		型号		规格		号码		出厂年月	
	底 盘			厂牌		型号		规格		号码		出厂年月	
	附属机组			厂牌		型号		规格		号码		出厂年月	

购入价值（元）			估计重置价格（元）			外形尺寸及自重		牌照号码
原价	配套件价值	运杂费	每台价值	完全价值	残余价值	自重（kg）	外形尺寸长×宽×高（mm）	

随机工具及附件				验收情况	一、质量是否合格；二、构件是否完整齐全；三、外部是否完好无损；四、需要处理的问题或其他事项			
名称	规格	单位	数量					
				主管部门	管理	会计	验收	

四、机械设备技术试验

新购的设备在投产使用前，必须进行检查、鉴定和试运转，以测定机械的各项技术性能和工作性能。未经技术试验或试验不合格的，不得投入使用。试验合格后，应填写技术试验记录表，参加试验人员共同签字，一份交使用单位，一份归存技术档案。

第二节　施工材料管理资料

一、施工材料验收、试验文件

(一) 水泥

1. 质量验收

水泥质量的好坏，直接关系到工程质量，因此，把好水泥验收关极为重要。水泥进场时应对其品种、等级、包装或散装仓号、出厂日期等进行检查，并应对其强度、安定性及其他必要的性能指标进行复验，其质量必须符合现行国家标准的规定。

2. 水泥验收资料相关表格

水泥验收资料相关表格式样见表6-7～表6-9。

表6-7　　　　　　　　　　　水泥化学检测报告

检测单位：　　　　　　　　　　　　　　　　　　　　　　　　合同编号：

委托单位	××项目部	水泥品种	硅酸盐水泥
工程名称	×××	水泥强度等级	42.5级
检测条件		生产厂家	××厂
检测依据	GB 748—2005	出厂日期	××年×月×日
检测项目	检测结果	结　　论	
氧化镁	3.5%		
三氧化硫	2.0%	合　　格	
烧失量	2.5%		
不溶物	10.%		
备　　注		检测单位（盖章）	

负责：＿＿＿＿＿＿　　　　审核：＿＿＿＿＿＿　　　　试验：＿＿＿＿＿＿

(二) 混凝土

1. 混凝土的验收

现场混凝土多采用搅拌站预拌的方式。预拌混凝土质量检验分为出厂检验和交货检验。

(1) 出厂检验：由预拌混凝土生产企业负责。预拌混凝土生产企业在供应预拌混凝土时应向购货单位（施工单位或建设单位）提供下列出厂资料：

1) 原材料复试报告和预拌混凝土配合比报告。

表 6 - 8　　　　　　　　　　　　水 泥 检 测 报 告 表

检测单位：　　　　　　　　　　　　　　　　　　　　　　　　　合同编号：

分项工程		×××混凝土坝体	工程部位	
厂家品种和强度等级		P·S42.5	取验日期	××年×月×日
序号	检查项目		检验结果	附　记
1	密度/（g/cm³）			
2	细　度	80μm 方孔筛筛余量	—	
		比表面积	—	
3	标准稠度（%）		25.4%	
4	凝结时间	初凝（h：min）		
		终凝（h：min）		
5	安定性		合格	
6	强　度（MPa）	抗折强度	（3）d	4.4	
			（28）d	8.7	
			（　）d		
		抗压强度	（3）d	23.5	
			（28）d	53.1	
			（　）d		
7	水化热（J/g）	（　）d		
		（　）d		
		（　）d		

表 6 - 9　　　　　　　　　　　　水 泥 物 理 品 质 试 验 记 录 表

合同编号：

水泥品种	细度（0.08mm）			凝结时间（h：min）			体积安定性	
	筛前（g）	筛余（g）	细度（%）	加水时间	初凝	终凝		

2）预拌混凝土发货单和预拌混凝土合格证。

（2）交货检验：由施工单位专人按规定负责制样，预拌混凝土生产企业、监理单位、建设单位旁站见证。预拌混凝土质量判定应以交货检验结果为依据，预拌混凝土进入施工现场时，施工单位应当在建设、监理单位的监督下，会同生产单位对进场的每一车预拌混凝土进行联合验收。

2. 混凝土验收资料相关表格

混凝土验收资料相关表格式样见表 6 - 10 ～ 表 6 - 15。

表 6-10   **混凝土外加剂物理性能检验报告表**

检测单位：   合同编号：

品种名称		生产厂家	
取样地点		取样日期	××年×月×日
序号	检测项目	控制目标	检验结果	备　注
1	固体含量（%）			
2	密度（kg/m³）			
3	pH 值			
4	表面强力			
5	泡沫性能			
6				

表 6-11   **混凝土用砂检验报告表**

检测单位：   合同编号：

分项工程			工程部位			
取样地点			试验日期		××年×月×日	
项　　目	检测结果		项　　目		检测结果	
表观密度（kg/m³）			吸水率（%）			
紧密密度（kg/m³）			有机物含量（%）			
堆积密度（kg/m³）			云母含量（%）			
含泥量（%）			轻物质含量（%）			
泥块含量（%）			坚固性（%）			
氯盐含量（%）			三氧化硫含量（%）			
泥水量（%）			碱活性			
颗　粒　级　配						
筛孔尺寸（mm）	10.0	5.0	2.5	1.25	0.63	0.315	0.15
筛余百分量（%）							
累计筛余百分量（%）							
细度模数 F·M							
检验结论：							

校核：   计算：   试验：   年　月　日

（三）砂石

1. 普通混凝土用砂石的验收、运输和堆放规定

对于砂子，每验收批至少应进行颗粒级配、含泥量和泥块含量检验。如为海砂还应检验其氯离子含量。

表 6-12   **混凝土用碎石或卵石检验报告表**

检测单位：   合同编号：

分项工程		工程部位	
取样地点		试验日期	××年×月×日
项　目	检测结果	项　目	检测结果
表观密度（kg/m³）		针片状颗粒含量（%）	
紧密密度（kg/m³）		有机物含量（%）	
堆积密度（kg/m³）		云母含量（%）	
含水量（%）		压碎指标（%）	
泥块含量（%）		坚固性（%）	
吸水率（%）		三氧化硫含量（%）	
含泥量（%）		碱活性	
超逊径含量			
颗粒粒径（mm）	5～20	20～40	40～80	80～150
超径含量（%）				
逊径含量（%）				
检验结论：				

校核：_____   计算：_____   试验：_____   ××年×月×日

表 6-13   **混凝土拌和配料报告表**

检测单位：   合同编号：

分项工程			浇筑部位						
混凝土强度等级			水灰比			拌和量（m³）			
项　目	水（kg）	水泥（kg）	粉煤灰（kg）	外加剂	砂（kg）	石（kg）			备注
						5～20（mm）	20～40（mm）	40～80（mm）	8～150（mm）	
预定拌和用量									
超逊径校正用量									
表面含水率（%）									
表面含水量（kg）									
校正后拌和用量									

校核：_____   计算：_____   试验：_____   ××年×月×日

　　对于石子，每验收批至少应进行颗粒级配、含泥量、泥块含量及针、片状颗粒含量检验。对重要工程或特殊工程应根据工程要求，增加检测项目。当质量比较稳定、进料量又较大时，可定期检验。

　　（1）供货单位应提供产品合格证或质量检验报告。

表 6-14 混凝土拌和配料报告表

检测单位： 合同编号：

单位工程名称			分部工程名称		
分项工程名称			工程部位		
取样方法及检测数量			取样日期		××年×月×日
项　　目		检测项目	质量标准	检测值	说　明
拌和质量	1				
	2				
	3				
试块质量	1				
	2				
	3				
	4				
承建单位 质量评定等级	□优良　□合格 质检单位： 日期：××年×月×日		监理结构认证意见	□优良　□合格 质检单位： 日期：××年×月×日	

说明：本表一式四份报监理部，完成认证后返回报送单位两份，留存作混凝土单元工程质量评定资料备查。

表 6-15 混凝土拌和配料报告表

检测单位： 合同编号：

分项工程			工程部位		取样地点	
试件 编号	试件尺寸 （mm）	试件 日期	龄期 （d）	抗压强度		
				破坏荷载（kN）	单块强度（MPa）	平均强度（MPa）
		××年×月×日				
		××年×月×日				

负责人：＿＿＿＿＿　　校核：＿＿＿＿＿　　计算：＿＿＿＿＿　　试验：＿＿＿＿＿　　××年×月×日

（2）每验收批至少应进行颗粒级配、含泥量和泥块含量检验。

（3）砂石的数量验收，可按重量或体积计算。

测定重量可用汽车地量衡或船舶吃水线为依据。测定体积可按车皮或船的容积为依据。用其他小型工具运输时，可按量方确定。

（4）砂在运输、装卸和堆放过程中，应防止离析和混入杂质，并应按产地、种类和规格分别堆放。

2. 砂石料常用资料表格

砂石粒料常用资料表格式样见表 6-16～表 6-18。

（四）钢筋、钢材

（1）用于建筑结构的钢筋，应按以下要求进行检验。

表 6 - 16　　　　　　　　　　　　　砂石骨料产品质量检验报告表

承建单位：　　　　　　　　　　　　　　　　　　　　　　　　　　合同编号：

砂石材料种类	□砂料　□小石　□中石　□大石　□特大石			
序号	检测项目	质量标准	检测结果	说　明
1				
2				
3				
4				
5				
承建单位质量评定等级	□优良　□合格 质检单位： 日期：××年×月×日	监理结构认证意见	□优良　□合格 质检单位： 日期：××年×月×日	

说明：本表一式四份报监理部，完成认证后返回报送单位两份，留存作混凝土单元工程质量评定资料备查。

表 6 - 17　　　　　　　　　　　　　砂石骨料产品质量检验报告表

承建单位：　　　　　　　　　　　　　　　　　　　　　　　　　　合同编号：

分项工程		工程部位	
取样地点		试验日期	××年×月×日

颗　粒　级　配

筛孔尺寸（mm）	筛余量（g）		平均筛余量（g）	累计筛余量（g）	累计百分比（%）
	1	2			
$5.0A_1$					
$2.5A_2$					
$1.25A_3$					
$0.63A_4$					
$0.315A_5$					
$0.16A_6$					
<0.16					

$$F \cdot M = \left[(A_2 + A_3 + A_4 + A_5 + A_6) A - 5A_1 \right] / (100 - A_1)$$

吸水率（%）		有机物含量	
含泥量（%）		三氧化硫含量（%）	
比重（g/cm³）			

校核：＿＿＿＿＿　　计算：＿＿＿＿＿　　试验：＿＿＿＿＿　　　　　　××年×月×日

表 6-18   **粗骨料检测试验记录表**

检测单位：   合同编号：

分项工程				工程部位				
取样地点				试验日期		××年×月×日		
最大粒径 （mm）	超径 （%）	逊径 （%）	含泥量 （%）	吸水率 （%）	有机质 含量（%）	针片状 （%）	硫化 物（%）	软弱颗粒 含量（%）

校核：＿＿＿＿＿＿＿   计算：＿＿＿＿＿＿＿   试验：＿＿＿＿＿＿＿   ××年×月×日

1) 进入工地的钢筋必须具有有效的合格证，有国家或省部级批准的生产许可证编号。

2) 钢筋进场，施工单位收料人员要对照质量证明文件验证钢筋的品种、牌号、批号、炉号、数量、规格是否与合格证一致，不一致不准卸货，立即退场。

3) 对进入料场的钢筋，施工、监理单位要对照质量证明文件对钢筋的品种、牌号、批号、炉号、数量、规格等再次进行验证。检查合格后见证取样送试，力学性能、化学成分、几何尺寸复试全部合格后，方可使用。

（2）用于建筑结构的钢材，应按以下要求进行检验。

1) 施工、监理单位应对进场的钢材、钢铸件合格证明文件、中文标志及检验报告进行检查，其品种、规格、性能等应符合现行国家产品标准和设计要求。

2) 对属于《钢结构工程施工质量验收规范》（GB 50205）规定要求复试检验的钢材，除进行力学性能检验外，必须进行化学成分检验。

对钢材、钢筋的复试检验，应严格执行见证抽样制度，检测检验机构在接收试件来样时，必须核对见证和抽样人员的身份，并留存见证和抽样人员的相应证件的复印件。

（3）钢筋、钢材资料相关表格式样见表 6-19 及表 6-20。

表 6-19   **钢筋力学性能检验记录表**

检测单位：   合同编号：

分项工程		工程部位		取样地点							
厂家规格品种			试验日期	××年×月×日							
拉 伸 试 验							弯曲试验				
试件 编号	直径 （mm）	屈服力 F_g （kN）	屈服点 σ_g （MPa）	抗拉 强度 σ_b （MPa）	原始 标距 L_0 （mm）	断后 标距 L_1 （mm）	断后 延伸率 δ_b （%）	试件 编号	弯心 直径 （mm）	弯心 角度 α（°）	检验 结果	备注

校核：＿＿＿＿＿＿＿   计算：＿＿＿＿＿＿＿   试验：＿＿＿＿＿＿＿   ××年×月×日

（五）钢筋混凝土预制构件

预制厂应根据钢筋、混凝土和构件的试验、检验资料，确定构件的质量。对合格的构件应盖章，并出具"构件合格证"交付使用单位。预制构件加工单位应保存各种原材料的

表 6-20   **钢筋、钢构件焊接质量检测报告表**

承建单位：   合同编号：

单位工程名称			分部工程名称		
分项工程名称			工程部位		
取样方法及检测数量					
钢筋等级或钢号			焊接方法		
实验室名称		取样日期	年 月 日	实验室	×××
外观检查记录					
试件质量	编 号	规 格	抗拉强度	冷弯指标	说 明
	1				
	2				
	3				
承建单位质量评定等级	□优良 □合格 质检单位： 日期：××年×月×日		监理结构认证意见	□优良 □合格 质检单位： 日期：××年×月×日	

说明：本表一式四份报监理部，完成认证后返回报送单位两份，留存作混凝土单元工程质量评定资料备查。

质量证明、复试报告等资料及混凝土、钢构件、木构件的性能试验报告和有害物含量检测报告等资料，并保证资料的可追溯性。

钢筋混凝土预制构件质量报告表式样见表 6-21。

表 6-21   **钢筋混凝土预制构件质量报告表**

承建单位：   合同编号：

使用部位	单位工程名称			分部工程名称		
	分项工程名称			单元工程名称		
生产日期		报验日期		报验数量或批号		
构件名称		生产厂、站		混凝土设计强度		
序号	检查项目		检测项目		其他检测项目	
	项目	检查结果	项目	质检等级	项目	测点数	合格点数
1	配筋符合设计要求					
2	混凝土试块强度					
3	保护层厚度合格					
4	无漏筋、麻面					
施工单位抽查记录	检测点数		合格率（　）%		复检等级	复检人日期：
承建单位质量评定等级	□优良 □合格 质检单位： 日 期：××年×月×日			监理结构认证意见	□优良 □合格 质检单位： 日 期：××年×月×日	

说明：本表一式四份报监理部，完成认证后返回报送单位两份，留存作混凝土单元工程质量评定资料备查。

二、施工材料出厂证明文件

工程施工所用材料应有出厂证明文件。建设（监理）和施工单位应对质量进行检查，并填写材料出厂证明文件。相关表格式样见表 6-22～表 6-26。

表 6-22　　　　　　　　　　　　　　　　　材料质量检验合格证

承建单位：　　　　　　　　　　　　　　　　　　　　　　　　　　　　　　　　　　合同编号：

申报使用工程项目及部位				工程项目施工时段		
材料	序号	规格型号	入库数量	生产厂家	出厂日期/入库日期	材料检验单号
钢筋	1					
	2					
	3					
	4					
	5					
	6					
水泥	1					
	2					
	3					
外加剂	1					
	2					
	3					
止水材料	1					
	2					
	3					
	4					
承建单位 报送记录	报送单位： 日期：××年×月×日			监理机构 认证意见	□优良　□合格　□ 工程监理部： 认证人： 日期：××年×月×日	

表 6-23　　　　　　　　　　　　　　　　　半成品钢筋出厂合格证

工程名称		委托单位		加工日期	
钢筋种类		合格证编号		供应总量（t）		供货日期	
序号	级别规格	供应数量（t）	进货日期	生产厂家	原材报告编号	复试报告编号	使用部位
备注：							
供应单位技术负责人		填表人		供应单位名称 （盖章）			
填表日期		××年×月×日					

说明：本表由半成品钢筋供应单位提供，建设单位、施工单位各保存一份。

表 6 - 24   **预制混凝土构件出厂合格证**

编号：

工程名称				合格证编号		
构件名称			型号规格		供应数量	
混凝土设计强度等级		混凝土浇筑日期		生产制造厂及出厂日期		
性能检验评定结果	混凝土抗压强度					
	达到设计强度（％）		试验编号	力学性能		工艺性能
	外 观					
	质 量 状 况			规 格 尺 寸		
	结 构 性 能					
	承载力（kPa）		挠度（mm）	抗裂检验（kPa）		裂缝宽度（mm）
备注：				结论：		
供应单位技术负责人				供应单位名称（盖章）		
填表人						
填表日期						

说明：本表由预制混凝土构件单位提供，建设单位、施工单位各保存一份。

表 6 - 25   **钢 构 件 出 厂 合 格 证**

编号：

工程名称					合格证编号		
钢材材质			供应总量（t）		防腐状况		
焊条或焊丝型号				焊药型号			
序号	构件名称及编号	构件数量	构件单重（kg）	原材报告编号	复试报告编号		使用部位
备注：							
供应单位技术负责人				供应单位名称（盖章）			
填表人							
填表日期	××年×月×日						

说明：本表由钢构件供应单位提供，建设单位、施工单位各保存一份。

表 6-26   预拌混凝土出厂合格证

编号：

工程名称及浇筑部位				合格证编号		
配合比编号		强度等级		抗渗等级		供应数量
使用单位			供应日期	××年×月×日至××年×月×日		
原材料名称	水泥	砂	石	掺合料		外加剂
品种及规格						
试验编号						

每组抗压强度值（MPa）	试验编号	强度值	试验编号	强度值	备注：

抗渗试验	试验编号	强度值	试验编号	强度值

抗压强度统计结果		
组数 n	平均值	最小值

供应单位技术负责人	填表人	供应单位名称（盖章）
填表日期	××年×月×日	

第三节　文件资料归档范围与保管期限

水利水电工程工艺、设备材料（含国外引进设备材料）文件资料归档范围与保管期限见表 6-27。

表 6-27   文件资料归档范围与保管期限

序号	归 档 文 件	保 管 期 限		
		项目法人	支行管理	流域机构档案馆
1	工艺说明、规程、路线、试验、技术总结		长期	
2	产品检验、包装、工装图、检测记录		长期	
3	采购工作中有关询价、报价、招投标、考察、购买合同等文件材料	长期		
4	设备、材料报关（商检、海关）、商业发票等材料	永久		
5	设备、材料检验、安装手册、操作使用说明书等随机文件		长期	

续表

序号	归 档 文 件	保 管 期 限		
		项目法人	支行管理	流域机构档案馆
6	设备、材料出厂质量合格证明、装箱单、工具单,单品备件单等		短期	
7	设备、材料开箱检验记录及索赔文件等材料	永久		
8	设备、材料的防腐、保护措施等文件材料		短期	
9	设备图纸、使用说明书、零部件目录		长期	
10	设备测试、验收记录		长期	
11	设备安装调试记录、测定数据、性能鉴定		长期	

本 章 思 考 题

1. 水泥的必试项目有哪些?

2. 钢筋、钢材的检验项目有哪些?

3. 水电工艺设备文件资料的归档范围与保管期限的规定有哪些?

第七章 工程竣工验收资料整编

学习目标：通过本章学习，熟悉工程竣工验收资料收集范围、整编要求、编制方法；掌握工程竣工验收的程序及竣工验收资料的内容及归档范围。

第一节 竣工验收申请报告及批复

一、工程竣工验收一般规定

（1）竣工验收应在工程建设项目全部完成并满足一定运行条件后1年内进行。不能按期进行竣工验收的，经竣工验收主持单位同意，可适当延长期限，但最长不得超过6个月。一定运行条件是指：

1）泵站工程经过一个排水或抽水期。

2）河道疏浚工程完成后。

3）其他工程经过6个月（经过一个汛期）至12个月。

（2）工程具备验收条件时，项目法人应向竣工验收主持单位提出竣工验收申请报告。竣工验收申请报告应经法人验收监督管理机关审查后报竣工验收主持单位，竣工验收主持单位应自收到申请报告后20个工作日内决定是否同意进行竣工验收。

（3）工程未能按期进行竣工验收的，项目法人应提前30个工作日向竣工验收主持单位提出延期竣工验收专题申请报告。申请报告应包括延期竣工验收的主要愿意及计划延长的时间等内容。

（4）项目法人编制完成竣工财务决算后，应报送竣工验收主持单位财务部门进行审查和审计部门进行竣工审计。审计部门应出具竣工审计意见。项目法人应对审计意见中提出的问题进行整改并提交整改报告。

1）竣工验收分为竣工技术预验收和竣工验收两个阶段。

2）大型水利工程在竣工技术预验收前，应按照有关规定进行竣工验收技术鉴定。中型水利工程，竣工验收主持单位可以根据需要决定是否进行竣工验收技术鉴定。

二、工程竣工验收的程序

首先项目法人进行竣工验收自查；满足竣工验收条件和要求后，项目法人向竣工验收主持单位报送工程竣工验收申请报告；审查合格后，竣工验收主持单位组织进行竣工验收技术鉴定（适用于大型水利工程）、竣工技术预验收、竣工验收；通过竣工验收后，进行工程移交和备案。

三、竣工验收自查

（1）申请竣工验收前，项目法人应组织竣工验收自查。自查工作由项目法人主持，勘测、设计、监理、施工、主要设备制造（供应）商以及运行管理等单位的代表参加。

（2）竣工验收自查应包括以下主要内容。

1）检查有关单位的工作报告。

2）检查工程建设情况，评定工程项目施工质量等级。

3）检查历次验收、专项验收的遗留问题和工程初期运行所发现问题的处理情况。

4）确定工程尾工内容及完成期限和责任单位。

5）对竣工验收前应完成的工作做出安排。

6）讨论并通过竣工验收自查工作报告。

（3）项目法人组织工程竣工验收自查前，应提前 10 个工作日通知质量和安全监督机构，同时向法人验收监督管理机关报告。质量和安全监督机构应派员列席自查工作会议。

（4）项目法人应在完成竣工验收自查工作之日起 10 个工作日内，将自查的工程项目质量结论和相关资料报质量监督机构核备。

（5）参加竣工验收自查的人员应在自查工作报告上签字。项目法人应自竣工验收自查工作报告通过之日起 30 个工作日内，将自查报告报法人验收监督管理机关。工程项目竣工验收自查工作报告格式见表 7-1。

表 7-1　　　　　　　　　　　工程项目竣工验收自查工作报告格式

××××工程项目竣工验收 自查工作报告 ×××工程项目竣工验收自查工作组 ××年×月×日	自查主持单位： 法人验收监督管理机关： 项目法人： 代建机构（如有时）： 设计单位： 监理单位： 主要施工单位： 主要设备制造（供应）商单位： 质量和安全监督机构： 运行管理单位：	前言（包括组织机构、自查工作过程等） 一、工程概况 （一）工程名称及位置 （二）工程主要建设内容 （三）工程建设过程 二、工程项目完成情况 （一）工程项目完成情况 （二）完成工程量与初设批复工程量比较 （三）工程验收情况 （四）工程投资完成及审计情况 （五）工程项目移交和运行情况 三、工程项目质量评定 四、验收遗留问题处理情况 五、尾工及安排意见 六、存在的问题及处理意见 七、结论 八、工程项目竣工验收检查工作组成员签字表

四、竣工验收申请报告及批复

竣工验收申请报告式样见表 7-2。

五、竣工技术预验收

（1）竣工技术预验收应由竣工验收主持单位组织的专家组负责。技术预验收专家组成员应具有高级技术职称或相应执业资格，2/3 以上成员应来自工程非参建单位。工程参建单位的代表应参加技术预验收，负责回答专家组提出的问题。

表 7 - 2 竣工验收申请报告格式

×××××工程 竣工验收申请报告 项目法人：××× ××年×月×日	竣工验收申请报告续表包括以下主要内容： 一、该工程的基本情况 二、竣工验收应具备条件的检查情况 三、尾工情况及安排意见 四、验收准备工作情况及建议验收时间 　　附件：1. 竣工验收自查工作报告 　　　　　2. 专项验收成果性文件 法人验收监督管理机关初步审查意见： 法人验收监督管理机关：（单位名称） 法人验收监督机关初审时间：

（2）竣工技术预验收专家组可下设专业工作组，并在各专业工作组检查意见的基础上形成竣工技术预验收工作报告。

（3）竣工技术预验收应包括以下主要内容。

1）检查工程是否按批准的设计完成。

2）检查工程是否存在质量隐患和影响工程安全运行的问题。

3）检查历次验收、专项验收的遗留问题和工程初期运行中所发现问题的处理情况。

4）对工程重大技术问题作出评价。

5）检查工程尾工安排情况。

6）鉴定工程施工质量。

7）检查工程投资、财务情况。

8）对验收中发现的问题提出处理意见。

（4）竣工技术预验收应按以下程序进行。

1）现场检查工程建设情况并查阅有关工程建设资料。

2）听取项目法人、设计、监理、施工、质量和安全监督机构、运行管理等单位工作报告。

3）听取竣工验收技术鉴定报告和工程质量抽样检测报告。

4）专业工作组讨论并形成各专业工作组意见。

5）讨论并通过竣工技术预验收工作报告。

6）讨论并形成竣工验收鉴定书初稿。

竣工技术预验收工作报告格式见表 7 - 3。

六、竣工验收

（1）竣工验收委员会可设主任委员 1 名，副主任委员以及委员若干名，主任委员应由验收主持单位代表担任。竣工验收委员会由竣工验收主持单位、有关地方人民政府和部门、有关水行政投资方代表可参加竣工验收委员会。

（2）项目法人、勘测、设计、监理、施工和主要设备制造（供应）商等单位应派代表参加竣工验收，负责解答验收委员会提出的问题，并作为被验收单位代表在验收鉴定书上签字。

（3）竣工验收会议应包括以下主要内容和程序。

表 7 - 3   竣工技术预验收工作报告格式

	前言（包括验收依据、组织机构、验收过程等）
	第一部分　工程建设
	一、工程概况
	（一）工程名称、位置
	（二）工程主要任务和作用
××××××工程	（三）工程设计主要内容
竣工技术预验收工作报告	1. 工程立项、设计批复文件
	2. 设计标准、规模及主要技术经济指标
	3. 主要建设内容及建设工期
	二、工程施工过程
	1. 主要工程开工、完工时间（附表）
	2. 重大技术问题及处理
	3. 重大设计变更
××××工程竣工技术预验收专家组	三、工程完成情况和完成的主要工程量
××年×月×日	四、工程验收、鉴定情况
	（一）单位工程验收
	（二）阶段验收
	（三）专项验收（包括主要结论）
	（四）竣工验收技术鉴定（包括主要结论）
五、工程质量	三、环境保护
（一）工程质量监督	（一）设计情况
（二）工程项目划分	（二）完成情况
（三）工程质量检测	（三）验收情况及主要结论
（四）工程质量核定	四、工程档案（验收情况及主要结论）
六、工程运行管理	五、消防设施（验收情况及主要结论）
（一）管理机构、人员和经费	六、其他
（二）工程移交	
七、工程初期运行及效益	第三部分　财务审计
（一）工程初期运行情况	一、概算批复
（二）工程初期运行效益	二、投资计划下达及资金到位
（三）初期运行检测资料分析	三、投资完成及交付资产
八、历次验收及相关鉴定提出主要问题的处理情况	四、征地拆迁及移民安置资金
九、工程尾工安排	五、结余资金
十、评价意见	六、预计未完工程投资及费用
	七、财务管理
第二部分　专项工程（工作）及验收	八、竣工财务决算报告编制
一、征地补偿和移民安置	九、稽查、检查、审计
（一）规划（设计）情况	十、评价意见
（二）完成情况	
（三）验收情况及主要结论	第四部分　意见和建议
二、水土保持设施	
（一）设计情况	第五部分　结论
（二）完成情况	
（三）验收情况及主要结论	第六部分　竣工技术预验收专家组专家签名表

1）现场检查工程建设情况及查阅有关资料。

2）召开大会。

a. 宣布验收委员会组成人员名单。

b. 观看工程建设声像资料。

c. 听取工程建设管理工作报告。

d. 听取竣工技术预验收工作报告。

e. 听取验收委员会确定的其他报告。

f. 讨论并通过竣工验收鉴定书。

g. 验收委员会和被验收单位代表在竣工验收鉴定书上签字。

（4）工程项目质量达到合格上等级的，竣工验收的质量结论意见为合格。

（5）数量按验收委员会组成单位、工程主要参建单位各 1 份以及归档所需份数确定。自鉴定书通过之日起 30 个工作日内，由竣工验收主持单位发送有关单位。

第二节　工程建设管理工作报告

工程建设管理工作报告其内容与格式见表 7 - 4。

表 7 - 4　　　　　　　　　工程建设管理工作报告

×××××工程 建设管理工作报告 建设单位： 　年　月　日	一、工程概况
	二、主要项目的施工工程及重大问题处理
	三、项目管理
	四、工程质量
	五、工程初期运用及效益
	六、历次验收情况
	七、工程移交及遗留问题
	八、竣工决算
	九、经验与建议
	十、附件

第三节　设 计 工 作 报 告

设计工作报告表内容与格式见表 7 - 5。

表 7 - 5　　　　　　　　　设 计 工 作 报 告 表

×××××工程竣工验收 工程设计工作报告 ××××水利勘测设计院 　年　月　日	一、工程概况
	二、工程规划设计要点
	三、工程设计审查意见落实
	四、工程标准
	五、设计变更
	六、设计文件质量管理
	七、设计服务
	八、工程评价
	九、经验与建议
	十、附件
	1. 设计机构设置和主要工作人员情况表
	2. 工程设计大事记

第四节 施工管理工作报告

施工管理工作报告内容及式样见表 7-6。

表 7-6 施工管理工作报告表

×××××工程 施工管理报告	一、工程概况	五、施工质量管理
	1. 地理位置及工程简介	1. 质量保证体系
	2. 气象与水文	2. 质量保证措施
	3. 工程地形地质	3. 质量事故及处理
	4. 工程内容及特点	4. 施工质量自检情况
	二、工程投标	六、文明施工与安全生产
	1. 标前准备	1. 文明施工
	2. 投标书的编制依据	2. 安全生产
	3. 施工组织设计编制原则	七、价款结算与财务管理
	4. 施工组织设计编制依据	1. 价款结算
	5. 开标、中标与签订施工承包合同	2. 财务管理
	三、施工总体布置	八、经验与建议
	1. 施工总体布置	1. 经验
	2. 施工总进度	2. 建议
	3. 工程完成情况	九、附件
	四、主要施工方案	1. 施工管理机构设置及主要工作人员情况表
施工单位：_____	1. 原有混凝土拆除施工	2. 投标时计划投入的资源与施工实际投入资源情况
××年×月×日	2. 混凝土浇筑施工	3. ××××工程施工大事记
	3. 土石方施工	4. 本单位工程竣工图纸
	4. 金结安装施工	5. 向建设单位提交的案卷目录清单

第五节 工程监理工作报告

工程监理工作报告内容及式样见表 7-7。

表 7-7 工程监理工作报告

×××××工程竣工验收 监理工作报告	一、工程概况	2. 进度控制
	1. 工程说明	3. 合同管理和信息资料管理
	2. 工程项目划分	四、监理效果
	3. 主要项目工作内容及设计变更	1. 质量控制情况
	4. 本工程完成的主要工程量	2. 工程进度执行情况
	二、监理规划	3. 工程投资执行情况
	1. 监理范围和监理目标	4. 文明施工与安全生产管理情况
	2. 监理依据	五、特别采取的技术及管理措施
	3. 建立健全各项监理制度	六、经验与建议
监理单位：_____	三、监理过程	七、监理大事记
××年×月×日	1. 工程质量控制	

第六节 工程运行管理工作报告

工程运行管理工作报告内容及表格式样见表7-8和表7-9。

表7-8 **工程运行管理工作报告**

	工程运行管理准备工作报告
	一、工程概况
	二、管理单位筹建及参与工程建设情况
×××××工程	三、工程初期运行情况
运行管理准备工作报告	四、对工程建设的建议
	五、运行管理
	六、人员培训情况
	七、已接管工程运行维护情况
	八、规章制度建设情况
	九、工程效益发挥情况
	十、附件
××××管理处××××管理所	1. 运行管理机构设置的批文
××年×月×日	2. 运行机构的设置情况及人员情况
	3. 规章制度目录

表7-9 **工程运行管理总结报告**

	一、概况
×××××工程	二、运行工作完成情况简述
运行管理总结报告	三、运行设备缺陷及处理
	四、安全文明生产运行
	1. 安全运行管理组织机构
	2. 主要安全管理措施及制度
××××管区管理处××××管理所	五、运行管理制度
××年×月×日	六、运行设施及设备的主要缺陷及建设工作展望

第七节 工程质量监督工作报告

一、建设工程质量监督报告

建设工程质量监督报告是指监督机构在建设单位组织的工程竣工验收合格后向备案机关提交的，在监督检查（包括工程竣工验收监督）过程中形成的，评估各方责任主体和有关机构履行质量责任，执行工程建设强制性标准的情况及工程是否符合备案条件的综合文件。其填写要点如下：

（一）工程报监，开工前的质量监督情况

（1）办理报监手续的日期；报监资料是否齐全。

（2）进行首次监督检查的日期；检查的内容和检查的结果。

××年×月×日，办理报监手续，报监资料齐全（或报监时缺资料、手续，经督促，已补齐或未见效）。

××年×月×日，监督人员到现场进行了首次监督检查。审查了各方质量保证体系文件、各方有关人员的资格证书和岗位证书，审查了施工组织设计、监理规划和细则等文件的内容和审批手续，检查了施工现场的质量标准条件。经审查，基本符合规定要求。

或发现有问题，要求整改（见××号整改单）。××年×月×日，整改完毕。

（二）工程参见各方执行有关建设工程的法律、法规、强制性标准、质量行为及质量责任制履行的情况

（1）在什么施工阶段进行了监督检查。

（2）监督检查的结果。建设参与各方质量保证体系是否基本达到规定要求，有关人员质量责任是否基本落实。

（三）施工过程中质量监督检查情况

（1）施工过程中共进行了几次质量监督检查。

（2）每次检查的形象进度、抽查部位。

（3）每次质量检查的结果。

（四）工程施工技术管理文件、竣工技术资料抽查情况

（1）建设参与各方是否已经分别提交了经签字盖章、内容填写齐全的工程质量"合格证明书"。

（2）抽查的工程实物竣工质量、技术资料是否基本符合规定要求。

1）施工过程中出现的质量问题的整改情况。

a. 共开出几张"整改指令单"。

b. 是否已经收到经参与各方签证的书面整改回复。

c. 经现场复查，质量问题是否已经进行整改。

2）工程竣工验收监督意见。

a. 通过竣工验收的日期。

b. 是否符合工程竣工的标准。

c. 工程竣工验收的组织形成、验收程序、执行标准、验收内容是否正确。

d. 工程实物质量与质量保证资料有无重大缺陷。

e. 竣工验收人员及建设参与各方主要质量责任人签字手续是否齐全。

（五）监督部门签证

（1）对工程遗留质量缺陷的监督意见。

（2）工程遗留质量缺陷是否已有处理意见（论证）和处理方案；按处理意见处理后，经各方验收的结论。

二、工程质量检测报告

工程质量检测报告见表 7-10。

表 7 - 10 　　　　　　　　工 程 质 量 检 测 报 告

××××××工程 质量检测报告	一、工程概况
	二、检测内容
	三、检测成果
××××水利水电工程质量检测中心 年　月　日	四、检测结论

第八节　工　程　决　算　报　告

一、竣工决算报告内容

竣工决算报告是考核基本建设项目投资效益、反映建设成果的文件，是建设单位向生产、使用或管理单位移交财产的依据。建设单位从项目筹建开始，即应明确专人负责，做好有关资料的收集、整理、积累、分析工作。项目完建时，应组织工程技术、计划、财务、物资、统计等有关人员共同完成工程竣工决算报告的编制工作。

基本建设项目完建后，在竣工验收之前应当根据有关资料开列的数字预编制竣工决算报告。未预编制竣工决算报告的项目原则上不能通过竣工验收。

编制竣工决算报告应当依据以下文件、资料。

（1）经批准的初步设计、修正概算、变更设计文件以及批准的开工报告文件。

（2）历年年度的基本建设投资计划。

（3）经核复的历年年度的基本建设财务决算。

（4）与有关部门或单位签订的施工合同、投资包干合同和竣工结算文件，与有关单位签订的终止经济合同（或协议）等有关文件。

（5）历年有关物资、统计、财务会计核算、劳动工资、环境保护等有关资料。

（6）工程质量鉴定、检验等有关文件，工程监理有关资料。

（7）施工企业交工报告等有关技术经济资料。

（8）有关建设项目附产品、简易投产、试生产、重载负荷试车等产生基本建设收入的财务资料。

（9）其他有关的文件。

二、竣工决算报告组成

竣工决算报告由四部分组成：竣工决算报告的封面、目录；竣工工程平面示意图；竣工决算报告说明书；竣工决算表格。

（1）竣工决算报告说明书是竣工报告的重要组成部分，主要内容包括：工程项目概况，工程建设过程和工程管理工作中的重大事件、经验教训，工程投资支出和财务管理工作的基本情况，以及工程遗留问题和有哪些需要解决的问题。

（2）竣工决算报告表式分两部分：第一部分为工程概况表专用表式；第二部分为通用表式。表式包括以下内容。

　　1）工程概况表。

　　2）通用表式。

　　a. 财务决算总表。

　　b. 财务决算明细表。

　　c. 资金来源情况表。

　　d. 应核销投资及转出投资明细表。

　　e. 建设成本和概算执行情况表。

　　f. 外资使用情况表。

　　g. 交付使用财产总表。

　　h. 交付使用财产明细表。

第九节　工程建设声像材料

　　规划、建设、管理工作中形成的有保存价值的照片、影片、录音带、录像带、视盘、唱盘、磁盘等以特殊材料为载体，以声音、图像同步，文字说明、视听结合为形式的反映工程建设和发展过程为内容的历史记录。

第十节　工程交接与移交及竣工证书颁发

一、工程交接

　　(1) 通过合同工程完工验收或投入使用验收后，项目法人与施工单位应在30个工作日内组织专人负责工程的交接工作，交接过程应有完整的文字记录并有双方交接负责人签字。

　　(2) 项目法人与施工单位应在施工合同或验收鉴定书约定的时间内完成工程及其档案资料的交接工作。

　　(3) 工程办理具体交接手续的同时，施工单位应向项目法人递交工程质量保修书（表7-11），保修书的内容符合合同约定的条件。

表7-11　　　　　　　　　　　　工程质量保修书格式

×××××× 工程 质量保修书 施工单位：＿＿＿＿＿＿＿ ××年×月×日	××××工程质量保修书 一、合同工程完工验收情况 二、质量保修的范围和内容 三、质量保修期 四、质量保修责任 五、质量保修费用 六、其他 施工单位： 法定代表人（签字） 　　　　××年×月×日

（4）工程质量保修期从工程通过合同完工验收后开始计算，但合同另有约定的除外。

（5）在施工单位递交了工程质量保修书、完成施工场地清理以及提交有关竣工资料后，项目法人应在 30 个工作日内向施工单位颁发合同完工证书（表 7－12）。

表 7－12 **工　程　完　工　证　书　格　式**

×××××工程 ××××合同工程 （合同名称及编号） 完　工　证　书 项目法人： ××年×月×日	项目法人： 代建机构（如有时）： 设计单位： 监理单位： 施工单位： 主要设备制造（供应）商单位： 运行管理单位：

续表

合同工程完工证书

　　××××合同工程已于××××年××月××日通过了由××××主持的合同工程完工验收，现颁发合同工程完工证书。

项目法人：

法定代表人：（签字）

××年×月×日

二、工程移交

（1）工程通过投入使用验收后，项目法人宜及时将工程移交运行管理单位管理，并与其签订工程提前启用协议。

（2）在竣工验收鉴定书印发后 60 个工作日内，项目法人与运行管理单位应完成工程移交手续。

（3）工程移交应包括工程实体、其他固定资产和工程档案资料等，应按照初步设计时的有关批准文件进行逐项清点，并办理移交手续。

（4）办理工程移交，应有完整的文字记录和双方法定代表人签字。

三、竣工证书颁发

（一）验收遗留问题及尾工处理

（1）有关验收成果性文件应对验收遗留问题有明确的记载。影响工程正常运行的，不得作为验收遗留问题处理。

（2）验收遗留问题和尾工的处理由项目法人负责。项目法人应按照竣工验收鉴定书、合同约定等要求，督促有关责任单位完成处理工作。

（3）验收遗留问题和尾工处理完成后，有关单位应组织验收，并形成验收成果性文件。项目法人应参加验收并负责将验收成果性文件报竣工验收主持单位。

（4）工程竣工验收后，应由项目法人负责处理的验收遗留问题，项目法人已撤销的，由组建或批准组项目法人的单位或其指定的单位处理完成。

（二）工程竣工证书颁发

（1）工程质量保修期满后 30 个工作日内，项目法人应向施工单位颁发工程质量保修责任终止证书，但保修责任范围内的质量缺陷未处理完成的除外。

（2）工程质量保修期满以及验收遗留问题和尾工处理完成后，项目法人应向工程竣工验收主持单位申请领取竣工证书。申请报告应包括以下内容。

1）工程移交情况。

2）工程运行管理情况。

3）验收遗留问题和尾工处理情况。

4）工程质量保修期有关情况。

（3）竣工验收主持单位应自收到项目法人申请报告后 30 个工作日内决定是否颁发工程竣工证书，颁发竣工证书应符合以下条件。

1）竣工验收鉴定书已印发。

2）工程遗留问题和尾工处理已完成并通过验收。

3）工程已全面移交运行管理单位管理。

（4）工程竣工证书是项目法人全面完成工程项目建设管理任务的证书，也是工程参见单位完成相应工程建设任务的最终证明文件。

（5）工程竣工证书数量按正本 3 份和副本若干份颁发，正本由项目法人、运行管理单位和档案部门保存，副本由工程主要参建单位保存。

竣工证书颁发相关表格式样见表 7-13～表 7-15。

表 7-13 　　　　　　　　　　工程质量保修责任终止证书格式

××××工程 （合同名称及编号） 质量保修责任终止证书 项目法人： ××年×月×日	××××××工程 质量保修责任终止证书 　　××××工程（合同名称及编号）质量编号保修期已于××××年××月××日期满，合同约定的质量保修责任已履行完毕，现颁发质量保修责任终止证书。 　　项目法人： 　　法定代表人：（签字） 　　××年×月×日

表 7-14　　　　　　　　　　工程竣工证书格式（正本）

××××工程竣工证书 　××××工程已于××××年××月××日通过了由××××主持的竣工验收，现颁发工程竣工证书。 　　　　　颁发机构： 　　　　　　　　　　　××年×月×日

说明：正本证书外形尺寸：长 60cm×宽 40cm。

表 7-15　　　　　　　　　　工程竣工证书格式（副本）

××××工程 竣工证书 ××年×月×日	竣工验收主持单位： 法人验收监督管理机关： 项目法人： 项目代建机构（如有时）： 设计单位： 监理单位： 主要施工单位： 主要设备制造（供应）商单位： 运行管理单位： 质量和安全监督机构： 工程开工日期：××年×月×日 竣工验收日期：××年×月×日

续表

工程竣工证书 　××××工程已于××××年××月××日通过了由××××主持的竣工验收，现颁发工程竣工证书。 　　　　　颁发机构： 　　　　　　　　　　　××年×月×日

第十一节　工程竣工验收文件材料归档范围与保管期限

水利水电工程竣工验收文件材料归档范围与保管期限见表 7-16。

表 7-16　　　　工程竣工验收文件材料归档范围与保管期限

序号	归 档 文 件 材 料	项目法人	运行管理单位	流域机构档案馆
9	竣工验收文件材料			
9.1	工程验收文件材料	永久	永久	永久
9.2	工程建设管理工作报告	永久	永久	永久
9.3	工程设计总结（设计工作报告）	永久	永久	永久
9.4	工程施工总结（施工管理工作报告）	永久	永久	永久
9.5	工程监理工作报告	永久	永久	永久

续表

序号	归 档 文 件 材 料	项目法人	运行管理单位	流域机构档案馆
9.6	工程运行管理工作报告	永久	永久	永久
9.7	工程质量监督工作报告（含工程质量检测报告）	永久	永久	永久
9.8	工程建设声像材料	永久	永久	永久
9.9	工程审计文件、材料、决算报告	永久	永久	永久
9.10	环境保护、水土保持、消防、人防、档案等专项验收意见	永久	永久	永久
9.11	工程竣工验收鉴定书及验收委员签字表	永久	永久	永久
9.12	竣工验收会议其他重要文件材料及记载验收会议主要情况的声像材料	永久	永久	永久
9.13	项目评优报奖申报材料、批准文件及证书	永久	永久	永久

本 章 思 考 题

1. 水利水电工程竣工验收的程序是什么？

2. 竣工验收要具备什么条件？

3. 竣工技术预验收与竣工验收各主要验收哪些内容？形成什么文件资料？

4. 竣工验收文件的归档范围是什么？

第八章　水利水电工程资料组卷与归档

学习目标：通过学习档案管理的基本知识，了解档案管理的主要内容；理解工程档案资料的收集、建档、验收的过程和管理办法；掌握水利水电工程资料组卷和归档表格填写的方法。

第一节　档　案　管　理

一、档案与档案工作

（1）水利工程档案是指水利工程在前期、实施、竣工验收等各建设阶段过程中形成的，具有保存价值的文字、图表、声像等不同形式的历史记录。

（2）水利工程档案工作是水利工程建设与管理工作的重要组成部分。有关单位应加强领导，将档案工作纳入水利工程建设与管理工作中，明确相关部门、人员的岗位职责，健全制度，统筹安排档案工作经费，确保水利工程档案工作的正常开展。

二、档案管理的内容

（1）水利工程档案工作应贯穿于水利工程建设程序的各个阶段。即：从水利工程建设前期就应进行文件材料的收集和整理工作；在签订有关合同、协议时，应对水利工程档案的收集、整理、移交提出明确要求；在检查水利工程进度与施工质量时，要同时检查水利工程档案的收集、整理情况；在进行项目成果评审、鉴定和水利工程重要阶段的验收与竣工验收时，要同时审查、验收工程档案的内容与质量，并做出相应的鉴定评语。

（2）各级建设管理部门应积极配合档案业务主管部门，认真履行监督、检查和指导职责，共同抓好水利工程档案工作。

（3）项目法人对水利工程档案工作负总责，须认真做好档案的收集、整理、保管工作，并应加强对各参建单位归档工作的监督、检查和指导。大中型水利工程的项目法人，应设立档案室，落实专职档案人员；其他水利工程的项目法人也应配备相应人员负责工程档案工作。项目法人的档案人员对各职能处室归档工作具有监督、检查和指导职责。

（4）勘察设计、监理、施工等参建单位，应明确本单位相关部门和人员的归档责任，切实做好职责范围内水利工程档案的收集、整理、归档和保管工作；属于向项目法人等单位移交的应归档文件材料，在完成收集、整理、审核工作后，应及时提交项目法人。项目法人应认真做好有关档案的接收、归档和向流域机构档案馆的移交工作。

（5）工程建设的专业技术人员和管理人员是归档工作的直接责任人，须按要求将工作中形成的应归档文件材料，进行收集、整理、归档，如遇工作变动，须先交清原岗位应归档的文件材料。

（6）水利工程档案的质量是衡量水利工程质量的重要依据，应将其纳入工程质量管理程序。质量管理部门应认真把好质量监督检查关，凡参建单位未按规定要求提交工程档案的，不得通过验收或进行质量等级评定。工程档案达不到规定要求的，项目法人不得返还其工程质量保证金。

（7）大中型水利工程均应建设与工作任务相适应的、符合规范要求的专用档案库房，配备必要的档案装具和设备；其他建设项目也应有满足档案工作需要的库房、装具和设备。所需费用可分别列入工程总概算的管理房屋建设工程项目类和生产准备费中。

（8）项目法人应按照国家信息化建设的有关要求，充分利用新技术，开展水利工程档案数字化工作，建立工程档案数据库，大力开发档案信息资源，提高档案管理水平，为工程建设与管理服务。

三、项目法人上交资料

项目法人应按时向上级主管单位报送"水利工程建设项目档案管理情况登记表"。国家重点建设项目，还应同时向水利部报送"国家重点建设项目档案管理登记表"。

水利基本建设档案管理情况登记表式样见表 8-1；国家重点建设项目档案管理登记表式样见表 8-2。

表 8-1   **水利基本建设档案管理情况登记表**

项目名称					
主要项目法人					
主要设计单位					
主要施工单位					
主要安装单位					
主要监理单位					
主要管理单位					
批准概算总投资	万元	计划工期	年 月 日至 年 月 日		
项目档案资料管理情况（项目法人）					
档案资料管理部门		隶属部门	负责人	联系电话	
联系地址				邮 编	
库房面积		档案工作其他用房面积			
设备	档案架（套/组）	计算机（台）	复印机（台）	空调机（台）	其他设备
资料数量					
项目法人代表： （公章） ××年×月×日					

表 8 - 2　　　　　　　　　　国家重点建设项目档案管理登记表

项目名称					
建设单位或项目法人					
地址				邮编	
上级主管部门					
批准概算总投资	万元		计划工期	年　月　日至　年　月　日	
主要单位工程名称					
现已完成单位或单项工程					
主要设计单位					
主要施工单位					
主要安装单位					
主要监理单位					
项目档案和资料管理情况					
档案资料管理部门名称			隶属部门		
联系地址/电话			负责人		
项目建档时间					
专职档案人员数量					
库房面积/档案其他用房面积					
设施设备					
现有档案资料数量（正本）					
图纸张数				卷（册）	
对项目档案日常监督、指导的上级单位					
填报单位： 　　　　　　　　　　　　　　　　　　　　　　　　　　　　　　　　　　（公章） 　　　　　　　　　　　　　　　　　　　　　　　　　　　　　　××年×月×日					

说明：此表应于项目开工后 6 个月内，经行业主管部门报国家档案局，对于未验收的国家建设项目，应每年填报
　　　一次。

第二节　归　档　与　移　交

　　水利工程档案的归档工作，一般是由产生文件材料的单位或部门负责。总包单位对各
分包单位提交的归档材料负有汇总责任。各参建单位技术负责人应对其提供档案的内容及
质量负责；监理工程师对施工单位提交的归档材料应履行审核签字手续，监理单位应向项
目法人提交对工程档案内容与整编质量情况的专题审核报告。

一、文件材料

　　水利工程文件材料的收集、整理应符合《科学技术档案案卷构成的一般要求》（GB/
T 11822—2009）。归档文件材料的内容与形式均应满足档案整理规范要求，即：内容应完
整、准确、系统；形式应字迹清楚、图样清晰、图表整洁、竣工图及声像材料须标注的内

容清楚、签字（章）手续完备，归档图纸应按《技术制图/复制图的折叠方法》（GB/T 10609.3—2009）要求统一折叠。

二、竣工图

竣工图是水利工程档案的重要组成部分，必须做到完整、准确、清晰、系统、修改规范、签字手续完备。项目法人应负责编制项目总平面图和综合管线竣工图。施工单位应以单位工程或专业为单位编制竣工图。竣工图须由编制单位在图标上方空白处逐张加盖"竣工图章"，有关单位和责任人应严格履行签字手续。每套竣工图应附编制说明、鉴定意见及目录。施工单位应按以下要求编制竣工图。

（1）按施工图施工没有变动的，须在施工图上加盖并签署竣工图章。竣工图章中（×××工程）应在图章制作时，直接填写上工程项目的全称，竣工图章与确认章中的编制单位与监理单位均可在图章制作时，直接填写清楚。

（2）一般性的图纸变更及符合杠改或划改要求的，可在原施工图上更改，在说明栏内注明变更依据，加盖并签署竣工图章。

（3）凡涉及结构形式、工艺、平面布置等重大改变，或图面变更超过 1/3 的，应重新绘制竣工图（可不再加盖竣工图章）。重绘图应按原图编号，并在说明栏内注明变更依据，在图标栏内注明"竣工阶段"和绘制竣工图的时间、单位、责任人。监理单位应在图档上方加盖并签署"竣工图确认章"。

三、工程建设声像档案

水利工程建设声像档案是纸制载体档案的必要补充。参建单位应指定专人，负责各自产生的照片、胶片、录音、录像等声像材料的收集、整理、归档工作，归档的声像材料均应标注事由、时间、地点、人物、作者等内容。工程建设重要阶段、重大事件、事故，必须要有完整的声像材料归档。

四、电子文件与电子档案管理

（一）电子文件的代码标识和格式

（1）电子文件的代码应包括稿本代码和类别代码，并应符合以下规定。

1）稿本代码应按表 8-3 标识。

2）类别代码应按表 8-4 标识。

（2）各种不同类别电子文件的存储应采用通用格式。通用格式应符合表 8-5 的规定。

表 8-3　稿本代码

稿　　本	代码
草稿性电子文件	M
非正式电子文件	U
正式电子文件	F

表 8-4　类别代码

文件类别	代码
文本文件（Text）	T
图像文件（Image）	I
图形文件（Graphics）	G
影像文件（Video）	V
声音文件（Audio）	A
程序文件（Program）	P
数据文件（Data）	D

表 8-5　各类电子文件的通用格式

文件类别	通用格式
文本文件	XML、DOC、TXT、RTF
表格文件	XLS、ET
图像文件	JPEG、TIFF
图形文件	DWG
影像文件	MPEG、AVI
声音文件	WAV、MP3

（3）各种不同类别电子文件的存储亦可采用国务院建设行政主管部门和信息化主管部门认可的，能兼容各种电子文件的通用文档格式。

（4）脱机存储电子档案的载体应采用一次写光盘、磁带、可擦写光盘、硬磁盘等。移动硬盘、U盘、软磁盘等不宜作为电子档案长期保存的载体。

（二）电子文件的收集与积累

1. 收集积累的范围

（1）凡是在工程建设活动中形成的具有重要凭证、依据和参考价值的电子文件和数据等都应属于建设系统业务管理电子文件的收集范围。

（2）凡是记录与工程建设有关的重要活动，记载工程建设主要过程和现状的具有重要凭证、依据和参考价值的电子文件和相关数据等都应属于建设工程电子文件的收集范围。

2. 收集积累的要求

（1）建设电子文件形成单位必须做好电子文件的收集积累工作。

（2）建设电子文件的内容必须真实、准确。工程电子文件内容必须与工程实际相符合，且内容及深度必须符合国家有关工程勘察、设计、施工、监理、测量等方面的技术规范、标准和规程。

（3）记录了重要文件的主要修改过程和办理情况，有参考价值的建设电子文件的不同稿本均应保留。

（4）凡属于收集积累范围的建设电子文件，收集积累时均应进行登记。登记时应按照表8-6和表8-7的要求，填写建设电子文件（档案）的案卷级和文件级登记表。

（5）应采取严密的安全措施，保证建设电子文件在形成和处理过程中不被非正常改动。积累过程中更改建设系统业务管理电子文件或建设工程电子文件应按要求填写建设电子文件更改记录表（表8-8）。

（6）应定期备份建设电子文件，并存储于能够脱机保存的载体上。对于多年才能完成的项目，应实行分段积累，宜一年拷贝一次。

（7）对通用软件产生的建设电子文件，应同时收集其软件型号、名称、版本号和相关参数手册、说明资料等。专用软件产生的建设电子文件应转换成通用型建设电子文件。

（8）对内容信息是由多个子电子文件或数据链接组合而成的建设电子文件，链接的电子文件或数据应一并归档，并保证其可准确还原；当难以保证归档建设电子文件的完整性与稳定性时，可采取固化的方式将其转换为一种相对稳定的通用文件格式。

（9）与建设电子文件的真实性、完整性、有效性、安全性等有关的管理控制信息（如电子签章等）必须与建设电子文件一同收集。

（10）对采用统一套用格式的建设电子文件，在保证能恢复原格式形态的情况下，其内容信息可不按原格式存储。

（11）计算机系统运行和信息处理等过程中涉及与建设电子文件处理有关的著录数据、元数据等必须与建设电子文件一同收集。

表 8-6 建设电子文件（档案）案卷（或项目）级登记表

文件特征	内　容		
	工程地点		
	形成单位	名　称	
		联系人	联系电话
	归档时间		
	载体类型		载体编号
设备环境特征	硬件环境（主机、网络服务器型号、制造厂商等）		
	软件环境（型号、版本等）	操作系统	
		数据库系统	
		相关文件（文字处理工具、浏览器、压缩或解密软件等）	
文件记录特征	记录结构（物理、逻辑）		记录类型 □定长 □可变长 □其他 / 记录总数 / 总字节数
	记录字符、图形、音频、视频文件格式		
	文件载体	型号：数量：备份数：	□一件一盘 □多件一盘 □一件多盘 □多件一盘
制表审核	填表人（签名）：		××年×月×日
	审核人（签名）：		××年×月×日

表 8-7 建设电子文件（档案）文件级登记表

文件编号	文件名	文件稿本代码	文件类别代码	形成时间	载体编号	保管期限	备注

表 8-8 建设电子文件更改记录表

序号	电子文件名	更改单号	更改者	更改日期	备注

3．收集积累的程序

（1）收集积累建设电子文件，均应进行登记，并应符合以下规定。

1）工作人员应按本单位文件归档和保管期限的规定，从电子文件生成起对需归档的电子文件性质、类别、期限等进行标记。

2）应运用建设电子文件归档与管理系统对每份建设电子文件进行登记，电子文件登记表应与电子文件同时保存。

（2）对已登记的建设电子文件必须进行初步鉴定，并将鉴定结果录入建设电子文件归档与管理系统。

（3）对经过初步鉴定的建设电子文件应进行著录，并将结果录入建设电子文件归档与管理系统。

（4）对已收集积累的建设电子文件，应按业务案件或工程项目来组织存储。

（5）对存储的建设电子文件的命名，宜由3位阿拉伯数字或3位阿拉伯数字加汉字组成，数字是本文件保管单元内电子文件编排顺序号，汉字部分则体现本电子文件的内容及特征或图纸的专业名称和编号。建设电子文件保管单元的命名规则可按建设电子文件的命名规则进行。

（6）建设电子文件与相应的纸质文件应建立关联，在内容、相关说明及描述上应保持一致。

（三）电子文件的整理、鉴定与归档

1．整理

（1）建设电子文件的形成单位应做好电子文件的整理工作。

（2）对于建设系统业务管理电子文件或建设工程电子文件，业务案件办理完结或工程项目完成后，应在收集积累的基础上，对该案件或项目的电子文件进行整理。

（3）整理应遵循建设系统业务管理电子文件或建设工程电子文件的自然形成规律，保持案件或项目内建设电子文件间的有机联系，便于建设电子档案的保管和利用。

（4）同一个保管单元内建设电子文件的组织和排序可按相应的建设纸质文件整理要求进行。

2．鉴定

（1）鉴定工作应贯穿于建设电子文件归档与电子档案管理的全过程。电子文件的鉴定工作，应包括对电子文件的真实性、完整性、有效性的鉴定及确定归档范围和划定保管期限。

（2）归档前，建设电子文件形成单位应按照规定的项目，对建设电子文件的真实性、完整性和有效性进行鉴定。

（3）建设电子文件的归档范围、保管期限应按照国家关于建设纸质文件材料归档范围、保管期限的有关规定执行。建设电子文件元数据的保管期限应与内容信息的保管期限一致。

3．归档

（1）建设电子文件形成单位应定期把经过鉴定合格的电子文件向本单位档案部门归档移交。

（2）归档的建设电子文件应符合以下要求。

1）已按电子档案管理要求的格式将其存储到符合保管要求的脱机载体上。

2）必须完整、准确、系统，能够反映建设活动的全过程。

（3）建设电子文件的归档方式包括在线式归档和离线式归档。可根据实际情况选择其中的一种或两种方式进行电子文件的归档。

（4）建设系统业务管理电子文件的在线式归档可实时进行；离线式归档应与相应的建设系统业务管理纸质或其他载体形式文件归档同时进行。工程电子文件应与相应的工程纸质或其他载体形式的文件同时归档。

（5）建设电子文件形成单位在实施在线式归档时，应将建设电子文件的管理权从网络上转移至本单位档案部门，并将建设电子文件及其元数据等通过网络提交给档案部门。

（6）建设电子文件形成单位在实施离线式归档时，应按以下步骤进行。

1）将已整理好的建设电子文件及其著录数据、元数据、各种管理登记数据等分案件（或项目）按要求从原系统中导出。

2）将导出的建设电子文件及其著录数据、元数据、各种管理登记数据等按照要求存储到耐久性好的载体上，同一案件（或项目）的电子文件及著录数据、元数据、各种管理登记数据等必须存储在同一载体上。

3）应对存储的建设电子文件进行检验。

4）在存储建设电子文件的载体或装具上编制封面。封面内容的填写应符合表8-9的要求，同时存储载体应设置成禁止写操作的状态。

表8-9　　　　　　　　　　　建设电子文件（档案）载体封面

载体编号：_____	类　　别：_____
档　　号：_____	套　　别：_____
内　　容：_____	
地　　址：_____	
编制单位：_____	编制日期：_____
保管期限：_____	密　　级：_____
文件格式：_____	
软硬件平台说明：_____	
_____	

5）将存储建设电子文件并贴好封面的载体移交给本单位档案部门。

6）归档移交时，交接双方必须办理归档移交手续。档案部门必须对归档的建设电子文件进行检验，并按照要求填写建设电子档案移交、接收登记表（表8-10）。交接双方负责人必须签署审核意见。当文件形成单位采用了某些技术方法保证电子文件的真实性、完整性和有效性时，则应把其技术方法和相关软件一同移交给接收单位。

表 8-10   建设电子档案移交、接收登记表

载体编号		载体标识		
载体类型		载体数量		
载体外观检查	有无划伤		是否清洁	
病毒检查	杀毒软件名称		版　本	
	病毒检查结果报告			
载体存储电子文件检验项目	载体存储电子文件总数		文件夹数	
	已用存储空间			字节
载体存储信息读取检验项目	编制说明文件中相关内容记录是否完整			
	是否存有电子文件目录文件			
	载体存储信息能否正常读取			
移交人（签名） ××年×月×日		接收人（签名） ××年×月×日		
移交单位审核人（签名） ××年×月×日		接收单位审核人（签名） ××年×月×日		
移交单位（印章） ××年×月×日		接收单位（印章） ××年×月×日		

密级指文件的保密等级。按 GB/T 7156—1987 第四章文献保管等级代码表划分为六个等级，名称与代码见表 8-11 所示。

表 8-11   文件保密等级代码表

名　称	数字代码	汉语拼音代码	汉字代码	名　称	数字代码	汉语拼音代码	汉字代码
公开级	0	GK	公　开	秘密级	3	MM	秘　密
国内级	1	GN	国　内	机密级	4	JM	机　密
内部级	2	NB	内　部	绝密级	5	UM	绝　密

4. 检验

（1）建设系统业务管理电子文件形成部门在向本单位档案部门移交电子文件之前，以及本单位档案部门在接收电子文件之前，均应对移交的载体及其技术环境进行检验，检验合格后方可进行交接。

（2）勘察、设计、施工、监理、测量等单位形成的工程电子档案应由建设单位进行检验。检验审查合格后方可向建设单位移交。

（3）在对建设电子档案进行检验时，应重点检查以下内容。

1）建设电子档案的真实性、完整性、有效性。

2）建设电子档案与纸质档案是否一致，是否已建立关联。

3）载体有无病毒、有无划痕。

4）登记表、著录数据、软件、说明资料等是否齐全。

5. 汇总

建设单位应将勘察、设计、施工、监理、测量等单位提交的工程电子档案及相关数据与本单位形成的工程前期电子档案及验收电子档案一起按项目进行汇总，并对汇总后的工程电子档案按要求进行检验。

（四）电子档案的验收与移交

1. 建设系统业务管理电子档案的移交

（1）建设系统业务管理电子档案形成单位应按照有关规定，定期向城建档案馆（室）移交已归档的建设系统业务管理电子档案。移交方式包括在线式和离线式。

（2）凡已向城建档案馆（室）移交建设系统业务管理电子档案的单位，如工作中确实需要继续保存纸质档案的，可适当延缓向城建档案馆（室）移交纸质档案的时间。

2. 建设工程电子档案的验收与移交

（1）建设单位在组织工程竣工验收前，提请当地建设（城建）档案管理机构对工程纸质档案进行预验收时，应同时提请对工程电子档案进行预验收。

（2）列入城建档案馆（室）接收范围的建设工程，建设单位向城建档案馆（室）移交工程纸质档案时，应同时移交一套工程电子档案。

（3）停建、缓建建设工程的电子档案，暂由建设单位保管。

（4）对改建、扩建和维修工程，建设单位应组织设计、施工单位据实修改、补充、完善原工程电子档案。对改变的部位，应重新编制工程电子档案，并和重新编制的工程纸质档案一起向城建档案馆（室）移交。

3. 办理移交手续

（1）城建档案馆（室）接收建设电子档案时，应按要求对电子档案再次检验，检验合格后，将检验结果按要求填入"建设电子档案移交、接收登记表"（表 8-10），交接双方签字、盖章。

（2）登记表应一式两份，移交和接收单位各存一份。

（五）电子档案的管理

1. 脱机保管

（1）建设电子档案的保管单位应配备必要的计算机及软、硬件系统，实现建设电子档案的在线管理与集成管理。并将建设电子档案的转存和迁移结合起来，定期将在线建设电子档案按要求转存为一套脱机保管的建设电子档案，以保障建设电子档案的安全保存。

（2）脱机建设电子档案（载体）应在符合保管条件的环境中存放，一式三套，一套封存保管，一套异地保存，一套提供利用。

（3）脱机建设电子档案的保管，应符合以下条件。

1）归档载体应作防写处理，不得擦、划、触摸记录涂层。

2）环境温度应保持在 17~20℃，相对湿度应保持在 35%~45%。

3）存放时应注意远离强磁场，并与有害气体隔离。

4）存放地点必须做到防火、防虫、防鼠、防盗、防尘、防湿、防高温、防光。

5）单片载体应装盒，竖立存放，且避免挤压。

2. 有效存储

（1）建设电子档案保管单位应每年对电子档案读取、处理设备的更新情况进行一次检查登记。设备环境更新时应确认库存载体与新设备的兼容性，如不兼容，必须进行载体转换。

（2）对所保存的电子档案载体，必须进行定期检测及抽样机读检验，如发现问题应及时采取恢复措施。

（3）应根据载体的寿命，定期对磁性载体、光盘载体等载体的建设电子档案进行转存。转存时必须进行登记，登记内容应按表8-12的要求填写。

表8-12　　　　　　　　　　建设电子档案转存登记表

存储设备更新与兼容性 检验情况登记		
光盘载体转存登记		
磁性载体转存登记		
填表人（签名）： 　　　　××年×月×日	审核人（签名）： 　　　　××年×月×日	单位（盖章）： 　　　　××年×月×日

（4）在采取各种有效存储措施后，原载体必须保留3个月以上。

3. 迁移

（1）建设电子档案保管单位必须在计算机软、硬件系统更新前或电子文件格式淘汰前，将建设电子档案迁移到新的系统中或进行格式转换，保证其在新环境中完全兼容。

（2）建设电子档案迁移时必须进行数据校验，保证迁移前后数据的完全一致。

（3）建设电子档案迁移时必须进行迁移登记，登记内容应按表8-13的要求填写。

表8-13　　　　　　　　　　建设电子档案迁移登记表

原系统 设备情况	硬件系统： 系统软件： 应用软件： 存储设备：
目标系统 设备情况	硬件系统： 系统软件： 应用软件： 存储设备：
被迁移归档 电子文件情况	原文件格式： 目标文件格式： 迁移文件数： 迁移时间：
迁移检验情况	硬件系统校验： 系统软件校验： 应用软件校验： 存储载体校验： 电子文件内容校验： 电子文件形态校验：
迁移操作者（签名）： 　　　××年×月×日	迁移校验者（签名）： 　　　××年×月×日	单位（盖章）： 　　　××年×月×日

（4）建设电子档案迁移后，原格式电子档案必须同时保留的时间不少于3年，但对于一些较为特殊必须以原始格式进行还原显示的电子档案，可采用保存原始档案的电子图像的方式。

4. 利用

（1）建设电子档案保管单位应编制各种检索工具，提供在线利用和信息服务。

（2）利用时必须严格遵守国家保密法规和规定。凡利用互联网发布或在线利用建设电子档案时，应报请有关部门审核批准。

（3）对具有保密要求的建设电子档案采用联网的方式利用时，必须按照国家、地方及部门有关计算机和网络保密安全管理的规定，采取必要的安全保密措施，报经国家或地方保密管理部门审批，确保国家利益和国家安全。

（4）利用时应采取在线利用或使用拷贝文件，电子档案的封存载体不得外借。脱机建设电子档案（载体）不得外借，未经批准，任何单位或人员不得擅自复制、拷贝、修改、转送他人。

（5）利用者对电子档案的使用应在权限规定范围之内。

5. 鉴定销毁

建设电子档案的鉴定销毁，应按照国家关于档案鉴定销毁的有关规定执行。销毁建设电子档案必须在办理审批手续后实施，并按要求填写建设电子档案销毁登记表（表8-14）。

表8-14　　　　　　　　　　建设电子档案销毁登记表

序号	文件名称	文件字号	归档日期	页次	销毁原因	销毁人签字	备注

第三节　工程档案的建立

一、工程档案封面

在水利工程资料案卷封面上，应注明工程名称、案卷题名、编制单位、技术主管、保存期限及档案密级等。工程资料案卷封面宜采用城市建设档案封面形式，见表8-15。

表 8-15　　　　　　　　　　　**工 程 档 案 封 面 格 式**

工 程 资 料

名　　　称：_____

_____

案卷题名：_____

_____

编制单位：_____
单位主管：_____
编制日期：_自××年×月×日起至××年×月×日_____
保管期限：_____
档　　　号：_____

共　　册　　第　　册

二、工程资料总目录

工程资料总目录由工程资料总目录汇总表和工程资料总目录组成，资料编制人员应根据工程资料的组卷情况依次填写。

1. 工程资料总目录汇总表

工程资料组卷完成后，应对案卷进行汇总记录，形成工程资料总目录汇总表（表 8-16），其内容应包括名称、案卷类别、案卷名称、册数、汇总日期、档案管理员签字。其填写要求如下：

表 8-16　　　　　　　　　　　**工程资料总目录汇总表**

工程名称	×××生态水系输水工程			
案卷类别	案卷名称	册数	汇总日期	档案管理员签字
J	基建文件	1	××年×月×日	×××
L	监理资料	4	××年×月×日	×××
S	施工资料	12	××年×月×日	×××
SP	水工建筑物质量评定资料	6	××年×月×日	×××
FY	房屋建筑资料验收资料	3	××年×月×日	×××

说明：1. 各单位工程资料由各单位档案管理员负责组卷并签字。

2. 设计资料由建设单位档案管理员负责检查验收并签字。

（1）工程名称：填写工程建设项目竣工后使用名称（或曾用名）。若本工程分为几个（子）单位工程，应在第二行填写（子）单位工程名称。

（2）案卷名称：填写本卷卷名，如基建文件、监理资料、施工资料、质量评定资料、质量验收资料。

（3）册数：案卷的数量。

（4）技术主管：编制单位技术负责人签名或盖章。

（5）汇总日期：填写卷内资料汇总的时间。

（6）档案管理员签字：各单位档案管理员签字。

2. 工程资料总目录

水利工程资料总目录（表 8-17）的内容应包括序号、案卷号、案卷题名、起止页数、保存单位、保存期限、整理日期等。各单位档案管理员应分别对各个单位工程资料的组卷负责并签字。

表 8-17　　　　　　　　　　　　工 程 资 料 总 目 录

工程名称			×××水利枢纽工程		类别		
整理单位			×××建筑公司				
序号	案卷号	案卷题名	起止页数	保存单位	保存期限	整理日期	
1	J—1	基建文件	1～35	建设单位☑ 监理单位□ 施工单位□ 档案馆□	长久☑ 长期□ 短期□	××年×月×日	
2	J—2	监理文件	36～100	建设单位□ 监理单位☑ 施工单位□ 档案馆□	长久□ 长期☑ 短期□	××年×月×日	
3	S—1	施工资料	101～200	建设单位□ 监理单位□ 施工单位☑ 档案馆□	长久□ 长期☑ 短期□	××年×月×日	
4	S—2	施工资料	201～350	建设单位□ 监理单位□ 施工单位☑ 档案馆□	长久□ 长期☑ 短期□	××年×月×日	
			～	建设单位□ 监理单位□ 施工单位□ 档案馆□	长久□ 长期□ 短期□		
			～	建设单位□ 监理单位□ 施工单位□ 档案馆□	长久□ 长期□ 短期□		

档案管理员签字：

（1）序号：案卷内资料排列先后用阿拉伯数字从 1 开始依次标注。

（2）案卷题名：填写文字材料和图纸名称，无标题的资料应根据内容拟写标题。

（3）起止页数：填写每份资料在本案卷的页次或起止的页次。

（4）保存单位：资料的形成单位或主要负责单位名称。

（5）保存期限：永久、长期、短期。

（6）整理日期：资料的形成时间（文字材料为原资料形成日期，竣工图为编制日期）。

三、工程档案卷内目录与备案

1. 工程档案卷内目录

工程档案卷内目录（表8-18）一般包括序号、资料名称、资料编号、资料内容、编制日期、页次及备注等，其填写要求如下：

（1）填写的目录应与案卷内容相符，排列在卷内文件首页之前，原文件目录及文件图纸目录不能代替。编制单位即案卷编制单位。

（2）序号：按卷内文件排列先后用阿拉伯数字从1开始依次标注。

（3）资料名称：即表格和图纸名称，无标题或无相应表格的文件应根据内容拟写标题。

（4）资料编号：表格编号或图纸编号。

（5）资料内容：资料的摘要内容。

（6）编制日期：资料的形成日期（文字材料为原文件形成日期，汇总表为汇总日期，竣工图为编制日期）。

（7）页次：填写每份文件材料在本案卷页次或终止页次。

（8）备注：填写需要说明的问题。

表8-18　　　　　　　　　　工程档案卷内目录

工程名称		××水利枢纽工程	案卷编号		××-×		
编制单位			××水利工程建筑有限公司				
序号	资料名称	资料编号	资料内容		编制日期	页次	备注
1	钢筋试验报告	×××-1329	拉伸、弯曲、试验		××年×月×日	1	
2	水泥试验报告	×××-134	强度、安定性、凝结时间		××年×月×日	45	
3	砂试验报告	×××-175	含泥量、泥块含量		××年×月×日	66	
4	碎石试验报告	×××-176	含泥量、泥块含量		××年×月×日	73	
5	外加剂试验报告	×××-13	强度、减水率		××年×月×日	82	

2. 工程档案卷内备案

工程档案卷内备案（表8-19）的内容包括卷内文字材料张数、图样材料张数、照片张数等，立卷单位的立卷人、审核人及接收单位的审核人、接收人应签字。

（1）案卷审核备考表分为上下两栏，上一栏由立卷单位填写，下一栏由接收单位填写。

（2）上栏应标明本案卷已编号资料的总张数，包括文字、图纸、照片等的张数。审核说明填写立卷时资料的完整和质量情况，以及应归档而缺少的资料的名称和原因；立卷人由责任立卷人签名；审核人由案卷审查人签名；年月日按立卷、审核时间分别填写。

（3）下栏由接收单位根据案卷的完成及质量情况标明审核意见。技术审核人由接收单位工程档案技术审核人签名；档案接收人由接收单位档案管理接收人签名；年月日按审核、接收时间分别填写。

表 8 - 19　　　　　　　　　　工程资料档案卷内备案

案卷编号：××××

本案卷已编号的文件资料共<u>268</u>张，其中：文字资料<u>220</u>张，图样资料<u>36</u>张，照片<u>12</u>张。 对本案卷完整、准确情况的说明：本案卷完整准确。 　　　　　　　　　　　　　　　　立卷人：×××　　××××年××月××日 　　　　　　　　　　　　　　　　审核人：×××　　××××年××月××日
保存单位的审核人说明： 　　工程资料齐全、有效，符合规定要求。 　　　　　　　　　　　　　　　　技术审核人：×××　　××××年××月××日 　　　　　　　　　　　　　　　　档案接受人：×××　　××××年××月××日

四、档案交接

工程档案的归档与移交必须编制档案目录。档案目录应为案卷级，并填写工程档案交接单。交接双方应认真核对目录与实物，并由经手人签字、加盖单位公章确认。

工程档案的归档时间，可由项目法人根据实际情况确定。可分阶段在单位工程或单项工程完工后向项目法人归档，也可在主体工程全部完工后向项目法人归档。整个项目的归档工作和项目法人向有关单位的档案移交工作，应在工程竣工验收后 3 个月内完成。档案交接单式样见表 8 - 20。

表 8 - 20　　　　　　　　　　档 案 交 接 单

（×××）工程 　　　　　　　　　　档 案 交 接 单 　　本单附有目录____张，包含工程档案资料____卷。 　　（其中永久____卷，长期____卷，短期____卷；在永久卷中包含竣工图____张） 　　归档或移交单位（签章）： 　　经手人：　　　　　　　　××年×月×日 　　接收单位（签章）： 　　经手人：　　　　　　　　××年×月×日

第四节　工程档案验收

水利工程档案验收是水利工程竣工验收的重要内容，应提前或与工程竣工验收同步进行。凡档案内容与质量达不到要求的水利工程，不得通过档案验收；未通过档案验收或档案验收不合格的，不得进行或通过工程的竣工验收。

一、档案验收要求

（1）各级水行政主管部门组织的水利工程竣工验收，应有档案人员作为验收委员参加。水利部组织的工程验收，由水利部办公厅档案部门派员参加；流域机构或省级水行政主管部门组织的工程验收，由相应的档案管理部门派员参加；其他单位组织的有关工程项目的验收，由组织工程验收单位的档案人员参加。

（2）大中型水利工程在竣工验收前要进行档案专项验收。其他工程的档案验收应与工程竣工验收同步进行。档案专项验收可分为初步验收和正式验收。初步验收可由工程竣工验收主持单位委托相关单位组织进行；正式验收应由工程竣工验收主持单位的档案业务主管部门负责。

（3）水利工程在进行档案专项验收前，项目法人应组织工程参建单位对工程档案的收集、整理、保管与归档情况进行自检，确认工程档案的内容与质量已达要求后，可向有关单位报送档案自检报告，并提出档案专项验收申请。

档案自检报告应包括：工程概况，工程档案管理情况，文件材料的收集、整理、归档与保管情况，竣工图的编制与整编质量，工程档案完整、准确、系统、安全性的自我评价等内容。

（4）档案专项验收的主持单位在收到申请后，可委托有关单位对其工程档案进行验收前检查评定，对具备验收条件的项目，应成立档案专项验收组进行验收。档案专项验收组由验收主持单位、国家或地方档案行政主管部门、地方水行政主管部门及有关流域机构等单位组成。必要时，可聘请相关单位的档案专家作为验收组成员参加验收。

二、档案专项验收工作的步骤、方法与内容

（1）听取项目法人有关工程建设情况和档案收集、整理、归档、移交、管理与保管情况的自检报告。

（2）听取监理工程单位对项目档案整理情况的审核报告。

（3）对验收前已进行档案检查评定的水利工程，还应听取被委托单位的检查评定意见。

（4）查看现场（了解工程建设实际情况）。

（5）根据水利工程建设规模，抽查各单位档案整理情况。抽查比例一般不得少于项目法人应保存档案数量的8%，其中竣工图不得少于一套竣工图总张数的10%，抽查档案总量应在200卷以上。

（6）验收组成员进行综合评议。

（7）形成档案专项验收意见，并向项目法人和所有会议代表反馈。

（8）验收主持单位以文件形式正式印发档案专项验收意见。

三、档案专项验收意见

（1）工程概况。

（2）工程档案管理情况：

1）工程档案工作管理体制与管理状况。

2）文件材料的收集、整理、立卷质量与数量。

3）竣工图的编制质量与整编情况。

4）工程档案的完整、准确、系统性评价。

（3）存在问题及整改要求。

（4）验收结论。

（5）验收组成员签字表。

本 章 思 考 题

1. 档案管理的主要内容是什么？

2. 如何管理电子文件与电子档案？

3. 工程档案的封面、目录与备案有何规定？

4. 竣工图包含的主要内容是什么？

5. 竣工图的绘制有什么要求？

6. 档案的验收有何要求？

参 考 文 献

［1］ SL 288—2003 水利工程建设项目施工监理规范［S］. 北京：中国水利水电出版社，2003.

［2］ DL/T 5111—2000 水利水电工程施工监理规范［S］. 北京：中国电力出版社，2001.

［3］ SL 223—2008 水利水电建设工程验收规程［S］. 北京：中国水利水电出版社，2008.

［4］ DL/T 5113.1—2005 水电水利基本建设工程单元工程质量等级评定标准—第 1 部分：土建工程［S］. 北京：中国电力出版社，2005.

［5］ DL/T 5113.8—2000 水利水电基本建设工程单元工程质量等级评定标准（八）：水工碾压混凝土工程［S］. 北京：中国电力出版社，2001.

［6］ SL 176—2007 水利水电工程施工质量检验与评定规程［S］. 北京：中国水利水电出版社，2007.

［7］ 水利部建设与管理司，水利部水利工程质量监督总站. 水利水电工程施工质量评定表填表说明与示范［M］. 北京：中国水利水电出版社，2003.

［8］ 秦复良. 资料员一本通：水利水电工程现场管理人员一本通系列丛书［M］. 北京：中国建材工业出版社，2008.

［9］ 张家驹. 水利水电工程资料员培训教材［M］. 北京：中国建材工业出版社，2010.